U0010179

　　再次感謝晨星出版社邀請我為這一本新版的《臺灣淡水及河口魚蝦圖鑑》寫序及審查。坦白說淡水魚蝦並非我個人的擅長，我只對海水魚類的分類、生態較為熟悉。大概是因為我多年來投入在臺灣魚類資料庫的建置及生物多樣性的研究、保育、教育較多，所以受到出版社的青睞，常邀請我幫忙為一些新書推薦、審查或是寫序。這正好也給了我一個學習和增廣見聞的機會，所以我多半會自不量力的答應下來。接到這本書的完整稿件時，讓我特別感到高興和佩服的是作者在短短十年不到的時間裡，把臺灣淡水魚的種數從 2011 年出版《臺灣淡水及河口魚圖鑑》的 300 多種魚類增加到了 400 多種；另外還邀請到兩位共同作者，臺灣淡水蝦達人張瑞宗和廖竣先生把 40 種原生蝦類納入書中，讓臺灣溪流生態系中最重要的魚和蝦兩類成員，也是陸域生態調查或環境影響評估工作中最重要的兩個類群，能夠有一本相當完整的圖鑑來作物種的初步辨識。如果和上一個版本來比較，更會發現在這一版中，也對許多魚類的學名和中文名作了修訂，讓這本書的內容更為完整及正確。

　　記得 2012 年農委會林務局曾出版了一本《臺灣淡水魚類紅皮書》，依據臺灣淡水魚類瀕危物種的評估方法，書中曾建議有 52 種淡水魚類都應該納入保育物種，而當時官方正式公告的國家級保育類淡水魚還只有 10 種。這 42 種建議新增的瀕危魚種中，有些種甚至是在剛被發現，也還來不及被命名和發表為新種的時候，牠們分布的水域就只剩下在非常狹窄的範圍。同樣在這本新書中，作者也發現了一些可能是新紀錄種，甚至是新種的淡水魚，牠們應該也是處於危機存亡之秋，再次突顯了臺灣淡水生態保育的急迫性和重要性。此外，新種或新紀錄種的發現也非常具有學術價值。希望作者願意和分類學者合作，提供標本及採集時間、地點資訊，在確認之後能夠發表於學術期刊上，才能在臺灣的物種名錄資料庫中正式被登錄。

　　臺灣淡水魚的保育，這些年來由於民眾保育意識提升，社區自發性封溪護魚行動、河川汙染整治、下水道建設、野生動物保育法在保育物種名錄的修訂，以及政府加強管理取締的工作等等，都使得臺灣淡水及河口的生態有逐漸好轉的跡象。然而宗教及民眾不當放生，特別是觀賞魚的棄養，未來經合法管道引進的外來種所造成入侵種的問題，仍然會對本土河川生態造成很大的破壞。希望政府主管單位及民眾大家能夠一起努力，積極地來保育河川生態，讓這些生活在臺灣河川湖泊或河口的淡水魚蝦類能夠繼續在這塊土地上生活下去。

謹識

國立臺灣海洋大學榮譽講座教授
中央研究院生物多樣性研究中心前代主任

　　近年來網路資訊發達，臺灣淡水域魚類或鰕虎科及白鰻、鱸鰻這類的兩側洄游魚類也漸漸明朗化。因為資訊的公開與傳遞，以至於魚類資訊越來越多，而相互討論的同好也逐漸增加；那些漂亮的枝牙鰕虎屬或韌鰕虎屬等也相繼有了新記錄及未描述種類，更發現了不少讓人驚奇的魚種，像是淡水的石狗公、裸胸鱔等，可見臺灣的溪流淡水域魚類其生物多樣性之高。

　　在臺灣面積三萬六千多平方公里的土地上有高山、丘陵、平原等地形，孕育出的河川型態也非常多元，如西部河口紅樹林與潟湖泥質、沙質地帶魚類的神祕生態；東部河口石礫灘生態；河口沒口下游孕育了海魚進入河川下游生態；東部獨立溪流迎接在海中漂浮好幾個月的兩側洄游魚類生態；由黑潮帶來異鄉客新記錄種的生態系，還有臺灣各地初級性淡水魚經長久演化所分支的特有種，也就是在世界鮭魚分布最南限的溫帶魚種，我們的國寶魚臺灣櫻花鉤吻鮭，可見臺灣的淡水及河口魚類資源是多麼豐富。

　　這本書是 2011 年出版《臺灣淡水及河口魚圖鑑》的修訂版，書中修正了一些筆者先前誤鑑以及無效的未描述種，加入近年來學者們發表的新種與新紀錄種，並將自己及提供協助的夥伴們所發現的新記錄與未描述種編列在此書中。

　　新版本中，凡是能進入河口區的海魚都將編列進來，原因是我們無法得知每種魚類耐受鹽度多寡的變化，且每條河川汽水域感潮帶的範圍、深淺及地形等條件都會影響河口與河川下游汽水域的魚類相，故在此放寬了河口魚的定義。原則上河口與河川下游的汽水域魚類還是以海魚成員為主，所以讀者們可細心觀察河川中有哪些能進入此區域的海魚。由於篇幅關係，外來種部分將編列至此書後的附錄，不加以敘述，並加入淡水蝦的介紹，以利愛好者的觀察與辨識。

　　最後，要感謝一群熱愛臺灣魚類的朋友們，因為有你們的支持鼓勵與幫忙，讓我銘感五內；還有永遠活在我心中的高瑞卿大哥，雖然你已離開，但精神同在，這本修訂版依舊是我們共同完成。

　　或許我早已忘記從什麼時候起，踏上了鑽研臺灣淡水生態的道路，只記得我是如何走進臺灣淡水蝦的世界裡。最初因喜愛臺灣原生種的淡水魚類，而於求學過程中跟隨研究室所執行之溪流、河川監測計畫案實地進行田野調查，慢慢累積自己的知識與經驗後，才逐漸驚覺每每採捕到的淡水蝦在鑑定過程中，可利用的工具圖鑑卻不多。記得當時的有關資訊中，施志昀老師與游祥平老師共同撰寫的《台灣的淡水蝦》是唯一一本有關臺灣原生淡水蝦的圖鑑，除了這本，其他相關資訊就得從各國際期刊中的論文去蒐集。經過每一次反覆地研讀圖鑑與國內外有關期刊後，才逐漸對臺灣淡水蝦的分類有了依稀的輪廓，也在這樣鑽研的過程中，逐漸忽略了對原生淡水魚分類與野採的念頭，取而代之的是滿滿想要釐清臺灣原生淡水蝦分類的慾望。在清華大學研讀碩士期間，認識了當時利用分子生物方式來釐清臺灣原生淡水蝦親緣關係的劉名允學長，記得他當時拿了一本《Developmental And Genetic Studies Of The Genus Macrobrachium Bate》給我，讓我對淡水蝦開啟了更廣的視野，奠定了臺灣原生淡水蝦與我至今的連結。

　　跟周銘泰大哥的相識，源於我尚在讀碩士班的時光。當時的周銘泰大哥就已是拿著單眼相機紀錄臺灣原生種淡水魚類的專業職人，每次見到周大哥所拍攝的臺灣原生淡水魚畫面時，心中總是讚嘆地想著，到底是有著什麼樣的理由，可以讓一個非學術界的素人，這樣執著地鑽研與紀錄臺灣寶貴的淡水魚類；到底是有什麼動力，可以驅使著周大哥持之以恆的為臺灣原生種淡水魚類付出。沒想到 2020 年時，在周銘泰大哥的邀約下，我也投入了臺灣淡水蝦相關資訊的撰寫，身為編撰圖鑑局中之人，方理解原來能夠持之以恆地為臺灣原生淡水蝦付出的，除了提供給愛好臺灣原生種淡水蝦讀者更明確的資訊這責任外，更重要的是希望可以對得起這些讓我拍到好照片的原生種淡水蝦。此次再版更新除了保留原來魚種之介紹外，更新增臺灣原生種的淡水沼蝦與淡水米蝦，除了希望能吸引更多愛好者之外，更希望可提供有興趣的朋友於野外時「一書看懂溪流中的淡水魚與淡水蝦」，讓這樣的一本專書可以發揮超越過往更多之價值。

張瑞宗

　　隨著時間的流逝，人類對於地球上生物相關的研究也越來越透徹。自十九世紀達爾文發表著名的「演化論」至今已達 160 年，生物的研究遍及世界各地以及各式各樣的棲息環境，從陸地上一望無際的草原、溫度變化劇烈的高原、生存條件嚴苛的高山與荒漠，甚至到自成體系的島嶼生態系。研究的主題，從基礎的分類學、生理學、生態學等，逐漸地更上一層樓，到現今透過生物學與統計學等各領域知識的結合運用，衍生成為廣為人知的大數據分析，透過這些分析結果我們能夠探討過去數年間，氣候與生態系統的變化機制，又或是推估未來可能會面臨的氣候變遷與生態浩劫，以制定相關法令與計畫來降低發生的機會。這一切都是透過科學家經年累月的研究而得到的豐碩成果，無疑是對人類或是整個地球而言，極為重要的貢獻。

　　在此同時，因為大數據的整理分析逐漸成為研究主流，使得許多基礎研究從螢光幕的主角逐漸轉為幕後的推手；然而還是有為數不多的學者與生物愛好者，仍熱情不減地默默耕耘，希望能將這世上生物的美，介紹給一般大眾，進而使一般大眾也能夠參與其中，同時培養其對於大自然的愛好並產生關懷之情愫。

　　2011 年，引領我進入淡水生物領域的張瑞宗學長，送了我一本書，便是周銘泰大哥與高瑞卿大哥於同年所出版的圖鑑，還記得當時懵懵懂懂的我，反覆翻閱了不下數十次，仍然分辨不出許多物種間的細微差異；然而，當下更佩服的是，身為非學術研究體系出身的周大哥，憑藉其對淡水魚的熱情，日以繼夜地鑽研、累積，就是為了讓社會大眾能夠更認識我們臺灣的原生魚類，也讓我一腳踏進了這未知且有趣的領域。

　　此次再版更新魚種的介紹與種類的增加，再次顯示臺灣的生態多樣性極其豐富；同時也增加相對於魚類而言，研究上難度較高且較為冷門的沼蝦與米蝦，希望藉此能吸引更多的愛好者加入，一同前往這無盡無涯的探索旅程。

臺灣山高水急，因此淡水區域不是很廣大，且受到內陸的不斷開發，使得適合淡水魚蝦棲息的環境受到局限，然在這塊寶島上，我們依然孕育了豐富的魚蝦資源。

資訊欄

說明該物種的別名、分布地及棲息環境，以便讀者查詢。

主文

介紹有關該魚種的棲息活動環境、生活習性、防禦方式及攝食種類。

側欄資訊

以鹽度耐受度來分，將其分為：

1. 初級性淡水魚：通常生活於淡水水域中。
2. 次級性淡水魚：通常棲息於淡水水域中，偶爾能進入汽水域或海水中活動。
3. 周緣性淡水魚：能棲息於海水、汽水域或者是淡海水雙棲的魚類。

科名側欄

提供該種所屬科名以便物種查索。

長身裂身鰕虎

Schismatogobius sp.1

體長 可達 5cm

未描沭種

| 別名 | 迷彩熊貓鰕虎 | 分布 | 臺灣東部、南部、東南部 | 棲息環境 | 兩側洄游（溯河型）、河川下游 |

雌魚

底棲性的小型魚類，通常出現於清澈未受汙染的小型溪流下游之純淡水域，喜愛棲息在水流稍緩的淺瀨或平瀨區，底質為細小的石礫區，泳力差，不好活動。擬態能力強，遇驚嚇時會躲入小石礫灘中，且體色會隨周遭環境改變。一般以水生昆蟲為食，具領域性，夜間通常躲於小石礫灘中。

形態特徵

體延長，前部圓筒形，後部側扁，背緣與腹緣平直。體細長，尾柄為體高 2/3，頭長約體長 1/4 ～ 1/3。眼上側位，眼間距小於眼徑。頰部有 4 條黑色斑紋。口前位，斜裂，下頜較上頜突出，口裂可延伸至眼後部下方。

體呈乳黃色，腹部白色。體側上部具 3 道橫斑，尾柄基部中央有一黑斑，體側下方有許多不規則縱斑。橫斑間體表呈褐色網紋。背鰭二枚，第一背鰭具點紋，鰭膜透明。第二背鰭具 3 列縱向點紋。胸鰭圓扇形，下部白色，具 5 ～ 6 列點紋，鰭膜灰白。腹鰭呈吸盤狀。臀鰭透明無斑與第二背鰭同形。尾鰭圓形，基部中央有一黑斑，上下各有一橢圓白斑，後部具 2 ～ 3 道點紋。

本書完整收錄臺灣420餘種淡水及河口魚類及40種原生淡水蝦類，介紹牠們的形態特徵，詳細說明其體長、食性、活動習性、分布及棲息型態，帶您全面認識臺灣淡水及河口魚蝦。

寬顎裂身鰕虎

Schismatogobius sp.2

體長 可達 5 ～ 6cm

未描述種

| 別名 | 闊嘴熊貓鰕虎 | 分布 | 臺灣東南部 | 棲息環境 | 兩側洄游（溯河型）、河川下游 |

張大口狀

兩側洄游型魚類，主要棲息於河口未汙染的小溪中。發現此魚的環境在一條溪流的中下游流域，底質為小石礫灘。此魚住在小石穴，遇驚嚇時會躲入小石礫灘中。泳力差，不好游動。擬態能力強。一般在稍有流速的淺瀨中。以水生昆蟲為食。

形態特徵

體延長，前部呈圓筒形，後部側扁，背緣與腹緣平直。頭部頗大，乳白色，頭長為體長 1/3。背鰭前緣有一大黑斑塊。眼上側位，眼間距小於眼徑，眼後有 3 條放射紋。吻長小於眼徑，口前位，斜裂。上下頜具黑色斑點，口裂長可達前鰓蓋。頰部具小細點。

體呈白色，體側上部有三大斑塊，體側下方為 6 個不規則小斑塊。背鰭二枚，第一背鰭有 3 ～ 4 道點紋，第二背鰭具 4 ～ 5 道點紋。胸鰭長圓形，具 5 ～ 6 道點紋，具白斑，基底白色。腹鰭呈吸盤狀。臀鰭與第二背鰭同形，鰭膜透明。尾鰭圓形，具數列黑色點紋。尾柄有一斑塊。

周緣性淡水魚

鰕虎科

409

臺灣特有種：一群自然分布的生物，僅局限於在臺灣生長。

臺灣特有亞種：一群自然分布的生物在鄰近國家也有分布，但臺灣的族群已再行演化成有差異但卻不足以成為個別種群之生物。

未描述種：生物種群尚未有學名或不明確的皆可稱之。本書針對未鑑定物種會先提供暫定的中文名，以便於讀者查找相關資訊。

形態特徵

詳述該魚種的外部形態、魚鰭、體色、斑紋及特殊器官等特徵，以讓讀者輕鬆掌握辨識重點。

目次 Contents

淡水及河口魚篇

魚類與水域環境

魚與水的關係密不可分，除了少數幾種能在乾旱環境度過枯水期的魚種之外，多數魚類在無水狀態下會立刻窒息，短時間內便會喪命。水對魚類如此重要，但並非所有的水域環境都適合魚類生存，如同陸域環境有高山原野，水域環境也有不同的風貌與特性，各種棲息環境都為不同魚類所喜好，即使同樣是不受人類干擾所影響的自然水域，也不見得就適合各種魚類棲息，例如：受雨季洪水所致，棲息在山區沼澤的蓋斑鬥魚游到水勢湍急的溪流，或是臺灣間爬岩鰍被沖到下游混濁的池塘中，處在這樣難以適應的環境下，雖然短期內不至於殞命，但魚隻長期以來所積累的壓力，對存活勢必有負面影響。因此，在自然狀態下，魚類會找尋最適合的環境生存、繁衍，各種水域環境便伴隨著不同的魚種棲息。因應臺灣環境的特色，水域環境大致可區分為大型溪流、小型獨立溪流、野塘池沼與水田溝渠、湖泊水庫及汽水域等五類，茲介紹如下：

■ 大型溪流

擁有廣闊集水區的大型溪流，其所蓄積的水量十分豐沛，斷流情形相當罕見，多半是人為干擾所造成。大型溪流源遠流長，自溪流源頭至感潮河口，隨著不同海拔高度而有著多樣的環境變化。從上游開始，高海拔的溪段山高水急、倒木巨礫，溪水清澈冷冽，且往往座落在森林之中；再逐漸往低海拔的中下游前進，溪段進入丘陵低地，水勢趨緩，溪底多為小石與泥沙，溪水相對溫度較高且混濁，並流經人口密集的開發區，如淡水河、大甲溪、高屏溪、卑南溪、花蓮溪等標準的大型溪流，也是臺灣重要的市鎮地所在。

通常棲息在大型溪流的魚類主要為陸封型的成員，少數為洄游型，上、中、下游各有不同類型的魚類棲息，上游溪段魚類適應低溫、清澈且巨石林立的環境，因此主要分布魚種為以石頭上的附著藻為食魚鯝屬（*Onychostoma*）與間爬岩鰍屬（*Hemimyzon*），以漂流無脊椎生物、水棲昆蟲為主食的鮭屬（*Oncorhynchus*）與縱紋鱲屬（*Candidia*），以及吻鰕虎屬（*Rhinogobius*）的細斑吻鰕虎、紅斑吻鰕虎與明潭吻鰕虎等成員；中游溪段的特性為介於上游與下游之間的緩衝段，魚種有藻食偏雜食的中華爬岩鰍屬（*Sinogastromyzon*）與石鱝屬（*Acrossocheilus*）等成員，蟲食偏

雜食的有馬口鱲屬（*Opsariichthys*）、唇䱻屬（*Hemibarbus*）、圓吻鯝屬（*Distoechodon*）、棘䰾屬（*Spinibarbus*）等成員，以及蟲食偏肉食的鮠屬（*Leiocassis*）、鰍屬（*Liobagrus*）及吻鰕虎屬（*Rhinogobius*）的南臺吻鰕虎（*Rhinogobius nantaiensis*）、大吻鰕虎（*Rhinogobius gigas*）與臺灣吻鰕虎（*Rhinogobius nagoyae formosanus*）等成員；下游溪段的水域環境特色為溪面寬闊，流速緩，溪床底質以泥沙為主，岸邊多為草本植物，魚種為雜食性的鰍鮀屬（*Gobiobotia*）、花鰍屬（*Cobitis*）、小鰁鮈屬（*Microphysogobio*）、小䰾屬（*Puntius*）等成員，以及雜食性偏肉食性的吻鰕虎屬（*Rhinogobius*）成員，如下游常見的斑帶吻鰕虎（*Rhinogobius maculafasciatus*）與極樂吻鰕虎（*Rhinogobius giurinus*）。

↑ 上游的清澈溪水。

↑ 標準的中游溪段。

↑ 溪哥與石鱎喜好的緩流。

↑ 下游底質主要為泥與沙。

■ 小型獨立溪流

小型獨立溪流主要分布在臺灣南部、東北部與花東，特色為集水區面積不大，溪流短且水量小，枯水期有斷流現象，由於流域的溪谷窄小，不適合

開發、居住與農耕，因此小型獨立溪流常有茂密森林覆蓋且水質良好，不像大型溪流下游的高汙染水體阻斷洄游路徑，加上鮮少有陸封型魚種棲息，小型溪流係爲洄游魚類的天堂。

　　雖然小型獨立溪流的長度短，但依據溪流的坡度、距海遠近與植物覆蓋度等環境不同，每個溪段各有相對應的魚類群聚組成。整體而言，小型獨立溪流的魚類以藻類、水棲昆蟲與小型無脊椎動物爲食，魚種組成以鰕虎科（Gobiidae）與塘鱧科（Eleotridae）最爲大宗，包含禿頭鯊屬（*Sicyopterus*）、塘鱧屬（*Eleotris*）、頭孔塘鱧屬（*Ophiocara*）、無孔塘鱧屬（*Ophioeleotris*）、裸身鰕虎屬（*Schismatogobius*)、黃瓜鰕虎屬（*Sicyopus*）、韌鰕虎屬（*Lentipes*）、枝牙鰕虎屬（*Stiphodon*）等成員，其他還包括鰻鱺屬（*Anguilla*）、溪鱧屬（*Rhyacicthys*）、湯鯉屬（*Kuhlia*）與腹囊海龍屬（*Hippichthys*）等魚類。

↑獨立溪流的林下風貌。

↑日本禿頭鯊喜好開闊的獨立溪流。

■ 野塘池沼與水田溝渠

　　野塘池沼與水田溝渠接近於封閉的水域環境，最大特色在於流速趨近於零，水深通常爲0.5～3公尺之間。一般而言，野塘池沼的周圍會長有茂盛的草本植物，水田溝渠則有水稻等作物，兩者的底質皆以泥爲主，並沉積許多有機碎屑物，且由於水體肥沃，營養鹽含量高，故浮游藻類與浮游動物的數量相當豐富。魚類主要以雜食性的鱂魚屬（*Oryzias*）、鯽屬（*Carassius*）、鰲條屬（*Hemiculter*）、羅漢魚屬（*Pseudorasbora*）、鱊鮍屬（*Rhodeus*）、泥鰍屬（*Misgurnus*）、鬥魚屬（*Macropodus*）與肉食性的鮊屬（*Culter*）、黃鱔屬（*Monopterus*）、鱧屬（*Channa*）成員所組成。

↑ 沼澤水色較為混濁。

↑ 茂盛的草本植物是野塘的特色。

← 此處溝渠住了許多高體鰟鮍。

■ 湖泊水庫

　　大多數的湖泊水庫皆為人工所建造的水域環境，水源為欄蓄溪流而來，並在水壩固定釋出基流水量，故水體流速雖緩，但相較於野塘池沼，水庫湖泊並不算是靜止水體。水庫湖泊的蓄水量大，深度可達數米至數十米，除了在溪流進入水庫湖泊的匯流處偶有溪流魚類出現外，由於開闊的湖面缺乏棲息地，且湖心深水區域有著一般魚類難以承受的巨大水壓，故湖泊水庫通常放養大型的經濟性深潭魚種，如草魚（*Ctenopharyngodon idella*）、青魚（*Mylopharyngodon piceus*）、鯉（*Cyprinus carpio carpio*）、白鰱

↑ 水庫的湖面相當遼闊。

↑ 水庫深度遠遠超過水壩高度。

（*Hypophthalmichthys molitrix*）、鱅（*Aristichthys nobilis*）、鯪魚（*Cirrhinus molitorella*）、團頭魴（*Megalobrama amblycephala*）等魚類成員。

■ 汽水域

汽水域為溪流河川的感潮段，受潮汐漲退影響，鹽分變化劇烈，因此，滲透壓的調節是生存在汽水域魚類的重要能力。感潮帶範圍在每處的溪流河川各有不同，主要受坡度所影響，大型溪流的坡度緩，因此感潮帶可往上延伸到內陸，距離為數公里至數十公里不等，主要底質為泥與沙，岸邊常可見紅樹林溼地；小型溪流的坡度較陡，感潮帶僅局限在溪流入海的一小段匯流口，通常僅有數公尺至數十公尺，底質通常為碎石與砂礫，岸上多為裸露地。

汽水域出現的魚種繁多，包含一小部分隨著海水漲潮進入河口的海水魚，但這些海水魚在退潮後即不見蹤影，所以並不歸類為汽水域魚類。常見的汽水域魚類成員為虱目魚（*Chanos chanos*）、海鰱（*Elops machnata*）、大眼海鰱（*Megalops cyprinoides*）、金錢魚（*Scatophagus argus*）、銀鱗鯧（*Monodactylus argenteus*），及雙邊魚屬（*Ambassis*）、鯻屬（*Terapon*）、鯛屬（*Acanthopagrus*）、鮻屬（*Liza*）、鯔屬（*Mugil*）、塘鱧屬（*Eleotris*）、肩鰓鳚屬（*Omobranchus*）、凹鼻魨屬（*Chelonodon*）等魚類，其中數量最龐大的就屬鰕虎科（Gobiidae）的擬鰕虎屬（*Pseudogobius*）、鯔鰕虎屬（*Mugilogobius*）、彈塗魚屬（*Periophthalmus*)、叉舌鰕虎屬（*Glossogobius*）、鴿鯊屬（*Oxyurichthys*）、深鰕虎屬（*Bathygobius*）等魚種，鰕虎科魚類是汽水域的重要成員，常常一處小面積的水體就有數種的鰕虎魚棲息其中，魚隻個體更是不計其數。

↑ 紅樹林是汽水域的代表植被。

↑ 小溪流的鹽度受每日漲退潮影響。

淡水魚類的生態類型

以鹽度耐受度來分，可分為三大類：

■ 初級性淡水魚類

對於鹽度的忍受力最差，一生均居住於淡水水域中，故初級性淡水魚類又可稱之為「純淡水魚類」。若再以演化來分，又可分成海源性淡水魚類及陸源性淡水域：

↑ 短吻紅斑吻鰕虎。

1. **海源性淡水魚類**：源於洄游或海水域而演化成純淡水魚類者，例如：鮭科的臺灣櫻花鉤吻鮭；鰕虎科的明潭吻鰕虎、細斑吻鰕虎、南臺吻鰕虎和短吻紅斑吻鰕虎等。

2. **陸源性淡水魚類**：河川中的純淡水魚類，例如：分布在溪流中上游的臺灣縱紋鱲、臺灣石䱹、粗首鱲、臺灣鏟頜魚等鯉科魚類；平原性的臺灣石鮒、高體鰟鮍、羅漢魚；鯰科的鯰魚；平鰭鰍科的埔里中華爬岩鰍等。

↑ 羅漢魚。

↑ 臺灣縱紋鱲。

■ 次級性淡水魚類

通常棲息於淡水水域中，偶爾能進入汽水域或海水中活動；例如：慈鯛科魚類、胎鱂科魚類都屬於次級性淡水魚類。

↑ 雜交非鯽。

▊ 周緣性淡水魚類

　　能棲息於海水、汽水域或者是淡海水雙棲的魚類都可以稱之為周緣性淡水魚類。依不同洄游方向與棲息型態又可以分成下列三種：

1.**溯河型洄游魚類**：此魚種在淡水域中產卵。孵化後的仔稚魚由於泳力極差，順流漂至河口或海洋，仔稚魚具有長時間的漂浮期，成長至能上溯之幼魚型態，上溯至河川中的純淡水域繁衍，具有上述週期之魚種皆可稱之。例如：禿頭鯊、黃瓜鰕虎、韌鰕虎、大吻鰕虎、蘭嶼吻鰕虎、枝牙鰕虎等都屬於這類型魚類。

↑ 韌鰕虎。

2.**降海型洄游魚類**：其生活史大多棲息於河川淡水域中，到了成魚之後會降海進行繁衍動作。繁殖孵化後，仔稚魚隨波漂流至島嶼與大陸的河口區，然後上溯至溪流或河川之中生活成長，例如：白鰻、鱸鰻，而龍口蛇鰻亦有可能為此類型。

↑ 白鰻。

↑ 鱸鰻。

3.**河口區汽水域之魚類**：大部分時間都在海洋中生活，然而某些時期會在河口區或汽水域產卵、生長、覓食等行為都可以稱之為此類魚種，例如：雙邊魚、某些笛鯛科魚種、鯔科、鯵科、鰏科甚至是藍子魚科或刺尾鯛科都是此類型魚種。

↑ 黑邊布氏鰏。

魚類各部位及相關名詞介紹

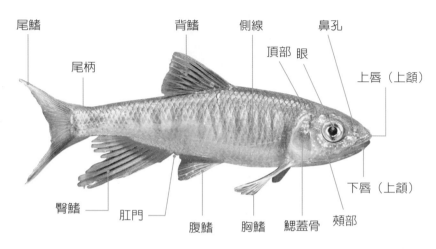

尾鰭　　　　背鰭　　側線　　鼻孔
尾柄　　　　　　頂部　眼
　　　　　　　　　　　　　上唇（上頷）
　　　　　　　　　　　　　下唇（上頷）
臀鰭　　肛門　　腹鰭　胸鰭　鰓蓋骨　頰部

↑ 魚類各部位介紹（長鰭鱲）

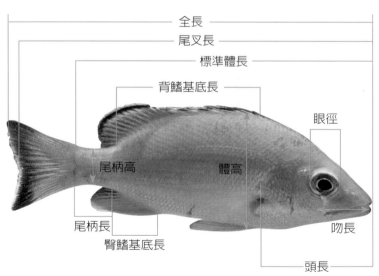

全長
尾叉長
標準體長
背鰭基底長
眼徑
尾柄高　　　體高
尾柄長　　　　　　吻長
臀鰭基底長
頭長

↑ 魚類各部位介紹（黃足笛鯛）

背鰭軟條　　　背鰭硬棘

↑背鰭具硬棘部與軟條部，兩者間無缺
　刻。（雜交口孵非鯽）

背鰭硬棘　　　背鰭軟條

↑背鰭具硬棘部與軟條部，兩者間有缺
　刻。（條紋雞魚）

脂鰭

↑介於背鰭與尾鰭之間的脂鰭。（香魚）

第一背鰭　　　第二背鰭

↑具2背鰭。（恆春吻鰕虎）

↑圓形斑點。（金錢魚）

↑背部至腹部方向的體紋橫帶或橫斑。
　（臺灣石𩼧）

← 頭部至尾部方向的體紋──
　縱帶。（臺灣馬口魚）

↑ 圓柱形。（環帶黃瓜鰕虎）

↑ 紡錘形。（何氏棘魞）

↑ 側扁形。（短棘鯿）

↑ 平扁形。（臺灣間爬岩鰍）

↑ 球形。（菲律賓叉鼻魨）

↑ 蛇形。（太平洋雙色鰻）

口位類型

↑ 端位。（尖吻鱸）

↑ 亞端位。（白頸赤尾冬）

↑ 下位。（圓吻鯝）

↑ 上位。（翹嘴鮊）

腹鰭類型

↑ 喉位。（兇猛肩鰓鳚）

↑ 腹位。（鯉魚）

↑ 胸位。（浪人鰺）

↑ 圓形。（臺灣吻鰕虎）

↑ 凹形。（太平洋棘鯛）

↑ 新月形。（蓋斑鬥魚）

↑ 無明顯尾鰭。（鱸鰻）

↑ 截形。（雜交口孵非鯽）

↑ 叉形。（虱目魚）

↑ 菱形。（鱗鰭叫姑魚）

↑ 尖形。（矛狀溝鰕虎）

魚類現況與保育觀

　　臺灣位處季風氣候帶上，乾溼季分明，季節的變化成為牽動溪流河川生物命脈的重要因素之一。整體而言，臺灣中北部的降雨較為平均，一年四季無明顯乾溼季之分，但往南部前進，乾溼兩季越趨分明。在乾季之時，河川主流僅剩涓涓細流；而溼季之時，大雨傾盆，溪水有如萬馬奔騰。然而，對於已在臺灣溪流河川裡生存千萬年的魚隻來說，乾旱與洪泛的差異就僅止於水少水多，對魚類族群的生存與繁衍絲毫不構成威脅。

　　颱風是臺灣的自然氣候現象之一，古時對颱風的意象是風大雨大，只要三兩天避避風頭，雨過天青的大地即會因豐沛雨量而充滿生機。但曾幾何時，颱風在人們心中已成為一種具有毀滅性破壞力的極端氣候現象。尤其近年來，颱風帶來罕見的暴雨，洪水挾帶土石，泥石流巨大的破壞力使得居住在低地平原的人們流離失所，人身安全受到極大威脅，而陸地如此，更遑論住在溪流河川裡的魚隻們，往往是凶多吉少。

↑ 泥石流侵襲前後的溪流地貌。

每個物種終將會消失在地球上，這是確切且非常緩慢的自然過程，但現在許多生物所面臨的絕種，是由人類活動所造成的立即性迫害，因為天然災害對物種的威脅僅是微不足道的開端，人類活動所加諸的才是物種滅絕關鍵。以臺灣為例，颱風所帶來的強風暴雨，只是推動山川地貌與生物群聚自然演替的過程之一，但大規模開發山林與都市化，暴雨沖蝕裸露地後形成的泥石流才是致命的威脅。居住在溪流的魚隻對泥石流毫無招架之力，近乎全軍覆沒，若有倖存的魚隻，仍需忍受混濁水體對呼吸系統的長期傷害，且日光難以穿透濁水以供藻類行光合作用，使得做為餌食的藻類、昆蟲與無脊椎生物的復原遙遙無期；再者，溪流棲地與繁殖場遭破壞殆盡，僅剩單調且流速強勁的水域型態，沒有可供棲身的緩流或深潭，所以魚隻在惡劣的環境條件下存活已是極限，有殘存能量成功進行繁衍者更是微乎其微。

↑ 護魚有成的魚故鄉，洪災後已成黃土一片。

↑ 溪水中懸浮的泥沙阻礙魚類呼吸與日光穿透。　　↑ 地表逕流的溪水消失，形成看不見的伏流。

　　洪患過後，魚隻們的苦難並未結束。由於坡地嚴重崩塌，大量土石覆蓋在河床上，許多支流在數周後將不見地表逕流水，轉而形成在土石下的伏流，而地表上少數成為魚隻暫時棲所的水窪與積水，在崩塌河床地上受烈日長期曝晒，魚隻終因難以承受缺氧與高溫的惡劣環境，短期內將相繼死亡。此外，水澇過後的工程，更是造成溪流河川水體長期混濁、棲地淤沙的主要原因，只是疏濬、修堤等工事無可避免，也只能盼望魚隻能就近找到合適的庇護所存活。

　　從暴雨所帶來的一系列災難，終究歸因於人類活動的干擾所引起。檢視人類歷史，所有古文明與文化重鎮都構築在鄰近溪流河川的土地上，原因在於能夠方便取得生存所需的重要民生物資——淡水。臺灣也不例外，大型都市皆座落在大型溪流河川的流域內，但臺灣地狹人稠，高密度的人口與產業，積累了許多的環境壓力，而川流不息的溪流河川，就成了人們直接或間接宣洩環境壓力的主要出口。

　　汙染物的排放是破壞溪流河川環境生態最常見且主要的形式，包含家庭、畜牧、農墾、工業等活動所排放的廢水，在此要強調的是，通稱的汙染物並非全為有害物質，其中多為生物所需的有機物與營養鹽，所以低量的汙染物可藉由河川的自淨能力加以吸收分解，將能量釋放後循環在水生態系之中。但大規模的市鎮所排放的往往是高量的汙染物，遠大於溪流河川的自淨負載力，使得水體產生缺氧、汙濁、酸化與優養化等不利魚類生存的環境條件，長期下來終將使魚類消失在受汙染的溪流河川之中。

　　此外，隨著人口日漸增加，人們的足跡也開始往山林擴展，將森林坡地開墾為果樹茶園，坡陡易坍的溪流則以水泥構築補強，人為干擾漸漸的從低地往高山逼近，隨之而至的是山林與溪流的棲地破壞，魚隻生存的空間也日漸縮小，在人禍天災接踵而來的情況下，夾縫中求生成為臺灣魚隻當今處境的最佳寫照。

↑ 滿山遍野的芒果園就位在水源保護區　　↑ 渠道化的溪流已喪失生態功能。
內。

　　慶幸的是，近年來國內環境生態保育的意識高漲，政府機關與民間團體陸續進行一系列的生態資源調查，希望掌握生物資源，保護與改善棲地環境，並擬定合理的保育策略。

　　在現今生態資源調查的物種中，魚類是外來種入侵極其嚴重的一類生物，如大肚魚、吳郭魚、琵琶鼠、線鱧、類小鲃、爪哇鲃等外來魚種在野外已有繁殖紀錄，族群量也相當可觀，這些外來魚種透過競爭與掠食，已危害許多臺灣原生魚種的生存，甚至導致部分原生魚種的滅絕。在此勸導宗教放生團體，善施功德的方式有許多，放生的深層意義並非施善，而是殺生。

　　外來種入侵所產生的危害需要時間，但棲地破壞對魚類的傷害是立即且致命的，因此棲地保護是當今片刻不得容緩之事，生物可以忍受水深火熱與飢寒交迫，但絕無法忍受沒有立足之地，尤其是分布狹隘的瀕臨絕種、珍貴稀有與應予保育的生物，政府除了公告為保育類動物之外，更應為其出沒地點詳加規劃與管理，並施以法律效力的保護。

↑ 保護溪流河川的魚隻，需要政府與人民的共同努力。

　　源遠流長的山川與不擇細流的江河，如今已有無法承載的哀愁。對於保護溪流河川的環境生態，除了政府單位與民間團體積極的治理與補救之外，唯有宣導環境保育及教育事宜，方能讓環境保護的概念進入人們日常生活的言行舉止，達到預防勝於治療之效。相信人類身為生態系的一員，終將自覺綠野山川才是生命源起的搖籃，進而珍惜與愛護，並傳承文明發展與自然環境和諧共存的理念，這會是我們給下一代最好的禮物。

淡水及河口魚篇

黃土魟
Dasyatis bennettii

別名	白肉鯆、白玉鯆、黃魟、笨氏土魟	分布	臺灣東部、西部、南部、北部、東北部	棲息環境	河口

底棲性魚類，主要出現於沙泥底質海域，具有季節性遷移習性。夏季時往北移動，冬季則往南移動。在每年春雨時節，也就是清明前後則會大量出現於西部近海或是河口。尾刺具毒腺。肉食性，以底棲生物為食。

形態特徵

體態平扁，呈菱盤狀。背緣平直，腹部平扁。體盤寬大於體盤長。吻部頗尖，吻長為體盤寬的 1/4。兩眼間距頗寬，眼間距大於眼徑但略小於吻長，眼徑與噴水孔相等。口部頗小，口吻長大於口吻寬。

體呈黃褐色，體背中央具一列小棘。腹部平扁呈雪白色。腹鰭頗大。尾鰭如鞭，尾長大於體盤長的 2.5 倍，具尾刺。

周緣性淡水魚

魟科

32

大眼海鰱

Elops machnata

別名	海鰱、爛曹	分布	臺灣各地均有	棲息環境	河口、河川下游

外 洋性之洄游魚類，活動水層為中上層。一般出現於沙質底的海岸、沙泥底的潮溝、沿海溝渠、海邊內灣、河口及河川下游處。泳力佳、泳速快。此魚較不會進入純淡水域，只有少量個體進入淡水域的紀錄。通常進入河口與河川下游的為較小魚體，大型魚體均在外海出沒。肉食性魚類，以小魚、小蝦為食。幼魚有柳葉形的變態，小型魚以浮游生物為食。

形態特徵

　　體延長，前部呈圓筒狀，後部側扁。頭背緣頗為平直。頭部約體長的 1/3。眼上側位，無脂眼瞼。眼間距有內凹。吻長大於眼徑。口大，端位，上頜與下頜等長，上頜骨可延長至眼後下方處。

　　體背呈青綠色，鱗片細小，體側與腹部銀白。側線完全，側線稍下斜後平直延伸至尾柄處。背鰭居背緣中央偏後處，鰭條上部為黑色，下部白色，鰭緣黑色，下部鰭膜透明。胸鰭黃色。腹鰭與背鰭相對，上部鰭膜黃色，下部鰭膜白色。臀鰭前部鰭膜白色，後部鰭條微黑。尾柄頗細，尾鰭分叉深，鰭緣黑色，鰭膜白色。

周緣性淡水魚

海鰱科

大海鰱

Megalops cyprinoides

別名	海菴、海鰱、草鰱	分布	臺灣各地均有	棲息環境	河口、河川下游

近海之中上層魚類，一般出現於近海內灣、潟湖、河口、河口紅樹林區以及河川下游處，可溯游至純淡水域中。泳力強，泳速快，是典型的掠食性魚類。此魚呼吸頗為特殊，可用泳鰾來輔助呼吸，故可忍受低溶氧環境，幼魚有柳葉型變態。屬肉食性魚類，以小魚、小蝦、浮游生物為食。

周緣性淡水魚

大海鰱科

形態特徵

體延長，呈側扁狀。頭背緣稍斜，至背鰭之背緣平直，尾柄長大於尾柄高，尾柄高約體高 1/3 ～ 1/2。頭長略小於體長的 1/3。眼大，具脂眼瞼，上側位。吻短尖鈍。口大，端位。下頜較上頜突出。口斜裂，上頜骨可延伸至眼中部下方。

體背呈青灰色，體側鱗大，無任何斑點。腹部為銀白色。體高約體長 1/3。側線完全而平直。背鰭最後之鰭條延長呈絲狀，鰭膜黑色。胸鰭鰭膜透明帶黃。腹鰭腹位，與背鰭相對應，鰭膜亦與胸鰭相同。臀鰭前部鰭條較長至後部漸短，基底為黑色，上部微黑。尾鰭深叉形，鰭膜黑色。

太平洋雙色鰻鱺

Anguilla bicolor pacifica

別名	短鰭鰻、太平洋雙色鰻、赤鬚仔、大目仔、大眼睛、雙色鰻	分布	臺灣東部	棲息環境	河口、河川下游

幼鰻

夜行性，降海產卵之迴游型魚類，生活史與白鰻類似，只是產卵地點未知。幼苗從柳葉型變成鰻線後，便會上溯至河口未汙染的河流中生活。屬肉食性魚類，以魚、蝦、蟹類為主食，幼鰻則大多以水生昆蟲及小型甲殼類為食。在臺灣此鰻並不常見，見到幼鰻的機會較高，大型成鰻則極為罕見。

形態特徵

　　體延長，體態如蛇狀。頭長約體長的 1/7，體前部呈圓筒狀，肛門以後則漸側扁。頭大於身體直徑。吻短而圓鈍，吻前端有一對明顯的鼻管。眼小，口裂可達眼末下方。口寬大，前位，下頜較上頜突出。

　　體有細小之鱗片隱藏於皮下，表面光滑附黏液。胸鰭短小，呈圓形，透明無色。無腹鰭。背鰭、臀鰭與尾鰭相連。身體上部呈深褐色或灰褐色。胸鰭至背鰭起點之距離大於背鰭起點至肛門的距離。背鰭與臀鰭偏灰色帶透明，無任何斑點。尾鰭圓鈍如船槳，顏色則與背鰭、臀鰭相同。

周緣性淡水魚

鰻鱺科

35

日本鰻鱺

Anguilla japonica

| 別名 | 鰻鱺、日本鰻、溪鰻、白鰻 | 分布 | 臺灣各地河口、河川中下游、河川下游之天然池沼均有分布 | 棲息環境 | 河口、河川中下游 |

躲在石縫中的日本鰻鱺

夜行性魚類，屬降海產卵洄游型魚類，成魚棲息於河流中下游之深潭中。秋天時會下海產卵，孵化之柳葉型幼魚會在冬末～春初時大量出現於港灣、河口處，經柳葉型變態成鰻線時會溯溪至河川中生活。白天躲藏於石穴或枯木中，夜間再出來覓食，通常以小魚、甲殼類之蝦、蟹等為食。

形態特徵

體態細長如蛇狀。前部至肛門為圓柱狀，肛門以後至尾部稍呈側扁狀。頭長約體長的 1/8。眼小。吻稍長而尖。口前位，稍斜裂。下頜比上頜突出，上頜骨可延伸至眼後下方。

體背呈墨綠色或灰色，腹部則為白色帶些微黃。體表光滑具黏液。鱗片細小，體側線完全。胸鰭短小而圓，無腹鰭，背鰭、臀鰭與尾鰭相連。尾鰭圓鈍。胸鰭後緣至背鰭起點約等於背鰭起點至肛門間之距離。背鰭與臀鰭為灰黑色帶透明，尾鰭亦為灰黑而透明，但鰭緣則帶些黑色。

周緣性淡水魚

鰻鱺科

花鰻鱺

Anguilla marmorata

| 別名 | 石喬仔、花鰻、烏耳鰻、鱸鰻 | 分布 | 臺灣北部、中部、南部、恆春半島、東部、蘭嶼綠島 | 棲息環境 | 河口、河川全段 |

小型的花鰻鱺

棲息於溪流中上游，通常藏匿於深潭大石之中，屬兩側迴游型魚類。冬末春初時以柳葉型之鰻苗出現在內灣與河口處，稍大之鰻線會上溯至溪流成長，河口至下游處則以幼鰻居多。性情兇猛，常於夜間活動覓食，魚、蝦、蟹水生昆蟲無不是牠的食物來源，巨大型的鱸鰻更有吞食兩生類、爬蟲類以及小型哺乳類的情形發生。受到保育觀念的提倡，其數量已比白鰻還多。

形態特徵

體延長，如蛇狀，體態粗壯，前部至肛門前呈圓筒狀，肛門後之體態則較為側扁。頭部稍大於身體之直徑。頭大、眼小。吻大而平直，吻前端有一對短小的鼻管。眼間距寬平。口裂可至眼後下方處。上頜較下頜稍短。

體呈黃褐色，體側有黑褐色斑點，腹部為白色。背鰭、臀鰭、尾鰭相連。體側線完全。無腹鰭。胸鰭呈長圓形，鰭之顏色則偏黃，胸鰭基部呈白色。體具小鱗附有黏液。胸鰭末端至背鰭起點則小於背鰭起點至肛門的距離。尾鰭圓鈍。

周緣性淡水魚

鰻鱺科

37

大鰭蚓鰻

Moringua macrochir

體長 可達 45cm

別名	蚓鰻	分布	臺灣西部、東北部	棲息環境	河口、河川下游

生態頗為神祕，在沙泥底質的近海至深海處都有紀錄，河口與河川下游之半淡鹹水區亦有此魚的行蹤。通常穴居於泥穴中，夜間出來覓食。泳力極差，遇危險時會躲入泥穴中。一般以小型甲殼類、多毛類為食。

周緣性淡水魚

蚓鰻科

形態特徵

體極長，如蛇形。剖面為圓柱形，至尾鰭為側扁狀。頭部極小，頰部有許多皺褶。眼小，側位。吻短而鈍。口大斜裂。下頜較上頜稍突出，上頜骨可延伸至眼後下方處。

體呈粉紅色，背鰭與臀鰭至尾鰭相連，背鰭短，背鰭起點在肛門之後上方處，臀鰭與背鰭相對，臀鰭起點亦為肛門之後，背鰭與臀鰭鰭高極低。側線平直由鰓蓋拉至尾鰭。無胸鰭。

玫唇蝮鯙

Echidna rhodochilus

體長 可達 40cm

| 別名 | 黑鰻、玫唇蛇鱔 | 分布 | 目前僅記錄於臺灣東北部 | 棲息環境 | 河口、河川下游 |

口裂上下各有一條白色斑

廣鹽性魚類。此魚適應力極強，可見於河口區、紅樹林區、潟湖、河川下游汽水域等地方，亦能進入純淡水域。一般會躲入泥穴或泥穴旁的礁岩石縫中。嗅覺極為靈敏。性情較為溫馴，底棲性。肉食性，以小魚、小型蝦蟹為食。由於體型較小，故生性膽怯，白天較不易見到。

附註：2019 年首度紀錄於臺灣宜蘭。

形態特徵

　　體延長，呈長條狀。背緣與腹緣平直。頭小，頭部呈褐色。頭長為體長的 1/8 ～ 1/9。眼小，具一白色眼緣，兩眼間距大於眼徑。吻部頗長，吻長為眼徑 2 倍。前鼻孔呈管狀。口大，斜裂，上下頜等長，上頜前部與吻部兩側各具 5 ～ 6 個白斑，下頜下方兩側則各具 6 個白點。口裂末端之上下頜具長條白斑，與上下頜平行，至口裂末端雖未相接，但看似平行的 V 形。頭緣帶螢光綠色。牙齒短尖。

　　體呈紫黑色，後部呈褐色，體上部帶螢光綠，往後逐漸消失。體具黏液，無鱗。背鰭與臀鰭及尾鰭相互連接。背鰭起點在鰓孔稍後處。無胸鰭。尾鰭、背鰭及臀鰭具螢光綠色。

周緣性淡水魚

海鱔科

39

豹紋裸胸鯙

Gymnothorax polyuranodon

別名	淡水薯鰻、薯鰻、淡水錢鰻	分布	臺灣東北部、西南部、東部	棲息環境	河口、河川中下游

周緣性淡水魚

海鱔科

廣鹽性魚類。此魚適應力頗強,耐淡能力佳,可深入河川中游的純淡水水域,常駐淡水域中,為臺灣目前唯一能真正長時間棲息於淡水域的裸胸鯙。此魚喜愛棲息於石礫灘,有大石頭的深瀨區或潭區兩旁的石縫中。

性情較溫馴,若不過於干擾不會有攻擊動作出現。均為單獨行動。底棲性,生命力極強,可離水數小時後還不易死亡。肉食性,以小魚、小型蝦蟹為食。

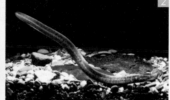

1. 躲於石縫中的豹紋裸胸鯙
2. 幼魚
3. 張口的豹紋裸胸鯙

形態特徵

　　體延長，呈蛇狀。背緣與腹緣平直。眼小，位居上頜中央上方。口大，口裂稍斜裂，長度過眼睛，約為眼睛後方 2 倍處。上下頜等長，口裂長為吻長的 3 倍，頭部具 7 ～ 8 條褐色斑點形成的放射性紋路。頭緣與吻部也具褐色斑點。

　　體呈鮮黃色，整個身體、背鰭與臀鰭均布滿褐色斑塊。體具黏液，無鱗。背鰭、臀鰭及尾鰭相互連接，顏色呈鮮黃色。背鰭起點在頭部鰓孔之前。無胸鰭。

周緣性淡水魚

海鱔科

41

長鯙

Strophidon sathete

體長 可達 200cm 以上

| 別名 | 紡車索、竹管仔鰻 | 分布 | 臺灣南部、東北部、東南部 | 棲息環境 | 河口、河川下游 |

廣鹽性魚類，適應力極強，出現於沙泥底質略深的海域、河口區、紅樹林區、潟湖、河川下游汽水域，也可進入淡水域中，是淡海水皆可棲息的魚種，通常躲在泥穴或泥穴旁的礁岩石縫中。嗅覺極為靈敏，常誤入陷籠裡。性情頗為兇猛，底棲性，常被底拖網所捕獲，生命力極強，可離水後數小時還不易死亡。肉食性，以小魚、小型蝦蟹為食。

形態特徵

體極為延長，呈長條狀。背緣與腹緣平直。眼小，眼睛接近於吻端。前鼻孔呈管狀。口大，上下頜等長，口裂為吻長的 3 倍，下頜前端上鉤，牙齒呈尖牙狀。

體呈紅褐色，具黏液，無鱗。背鰭與臀鰭及尾鰭相互連接。背鰭起點在頭部鰓孔之前。無胸鰭。尾鰭、背鰭及臀鰭具黑緣。

周緣性淡水魚

海鱔科

42

明多羅龍口蛇鰻

Lamnostoma mindora

體長　可達 120cm

別名	粗糙鰻、淡水蛇鰻、淡水土龍	分布	臺灣東部、東北部、東南部	棲息環境	河口、河川中下游

尾部前方背鰭有隆起

降河型兩側洄游魚類，幼苗期通常在河口半淡鹹水區出沒，而幼鰻與成鰻可在河川下游的純淡水域發現，甚至可溯游至河川中游處。一般來說，要在未汙染的河流才有機會見到此魚。以棲息環境來說，偏向小細沙與小石礫底質的平緩區域，含泥量過高的地方並不太能見到此鰻。性情溫馴，較少咬人，有時張口只不過是虛張聲勢。以小魚、甲殼類為食。

形態特徵

　　體延長，前部至尾部均呈圓筒形。尾部尖而硬，呈粉紅色。體如蛇形。頭長占體長 1/6 左右。眼小，上側位，眼間距約眼徑的 2 倍。吻長約頭背緣長的 1/6，吻端如鉤狀。口裂大，端位，口裂可延伸至眼後緣下方處。項部有一道橫向白色圓斑群，這道圓斑群左右邊多一道白色圓斑，口裂後方亦有 L 形的白色圓斑群。鰓蓋前有一道與鰓蓋平行的白色圓斑所形成的斜紋。背鰭前的體背有 5 ～ 7 點圓斑。

　　體背呈墨綠色，腹部為白色。體側有一道由白色斑點形成的縱線，在尾部前方之背鰭有隆起現象。臀鰭高較低，起點由肛門處延伸至尾部前方。無胸鰭、腹鰭。

周緣性淡水魚

蛇鰻科

43

多斑龍口蛇鰻

Lamnostoma polyophthalmum

| 別名 | 多斑粗犁蛇鰻 | 分布 | 臺灣東北部地區 | 棲息環境 | 河口、河川中下游 |

頭部以及前半身特寫

降河型兩側洄游魚類，幼苗期通常在河口半淡鹹水區出沒，而幼鰻與成鰻可在河川下游的純淡水域發現，甚至可溯游至河川中游處。通常河口未汙染的河流才有機會見到此魚。一般棲息環境偏向小細沙與小石礫底質的平緩區域，含泥量過高的地方不太能見到此鰻，通常躲於洞穴中。性情溫馴，不太會咬人，有時張口只不過是虛張聲勢。以小魚、甲殼類為食。附註：臺灣 2018 年整理的新紀錄魚種。

形態特徵

體延長，前部至尾部均呈圓筒型。尾部尖而硬。體如蛇形。頭小，頭長約體長 1/8。眼小，上側位。吻短，吻長約頭背緣長的 1/6，吻端如鉤狀。口裂大，端位，可延伸至眼後緣下方，口裂末端上方有幾個白斑，頭部兩側均有。項部有一道橫向白色圓斑群，左右邊多一道白色圓斑，鰓孔前頭部兩側有雙列白斑，背鰭前的體背有許多圓斑。

體側呈銀灰色，腹部白色。體側一道由白色斑點形成的縱線，有如拉鍊般，由項部下方之頭部延伸至尾部，有 20 幾個大白斑間隔。尾部尖銳，顏色為白色。背鰭頗長，背緣延伸至尾部前方，在尾部前方之背鰭有隆起現象。臀鰭鰭高較低，由肛門處延伸至尾部前方。無胸鰭、腹鰭。

周緣性淡水魚

蛇鰻科

44

臺灣龍口蛇鰻

Lamnostoma taiwanense

體長 可達 70cm

別名	粗莘鰻、淡水土龍、土龍、短身龍口蛇鰻	分布	臺灣東部	棲息環境	河口、河川下游

棲息於河川下游純淡水域，可於河口發現幼苗與幼鰻蹤跡，棲息環境為小石礫或細沙區。尾部極硬，通常利用尾部來鑽沙與鑽洞，屬洞穴型魚類，平時躲藏於洞穴中，晚上再出來覓食。以小魚及小型甲殼類為食。附註：為 2018 年發表的新種龍口蛇鰻。

形態特徵

體延長，呈圓筒型，尾部圓尖，呈紅色。體型呈蛇形。體高約體長 1/10。頭長約體長 1/7。眼小，上側位。吻長約頭背緣 1/5，吻端成鉤狀。口裂平直，口裂可至眼後下方。頭背緣上有一橫向圓斑群，圓斑呈橫列，左右兩側各有兩短縱列圓斑。鰓裂處有一圓弧狀之圓斑群。第一背鰭與頭背緣間有 7～9 顆分散的圓斑，眼後亦有一縱列圓斑群。

體背呈銀灰色，腹部白色。體中央為一縱列圓斑群，由頭中央處為起點，呈圓弧狀至頭部尾端拉直延伸至尾部，此列圓斑至後部漸小而變得不明顯。背鰭頗長。尾鰭無隆起現象。臀鰭則由肛門為起點，延伸至尾部前方。無胸鰭與腹鰭。

周緣性淡水魚

蛇鰻科

褐色龍口蛇鰻

Lamnostoma sp.1

別名	粗聲鰻、淡水土龍、土龍	分布	臺灣東部	棲息環境	河口、河川下游

周緣性淡水魚

蛇鰻科

生長於河川下游與河口，屬兩側洄游降海型魚類。此魚為穴居性，遇驚嚇或危險時會用尾巴鑽砂、鑽洞逃離。覓食時會露出頭來伏擊經過的獵物。夜行性魚類，由於穴居性再加上數量稀少，故不常見到。棲息環境為小石礫灘，以小魚、小型蝦、蟹為食。

1. 體上部為細小斑點
2. 頭部特寫

形態特徵

　　體延長，至尾部較為側扁，呈蛇形狀。頭部頗大。頭背緣隆起，背鰭前緣平直。頭長約體長 1/7。眼小，上側位。兩眼間距平扁，眼間距約眼徑的 1.5 倍。吻長約頭背緣長的 1/5，吻尖，吻端如鉤。口裂頗大，可延伸至眼部後下方處。臉頰、項部無任何斑點。

　　體側上部為褐色，具若干小黑點，腹部為白色。側線上有一圓斑群，圓斑成列，由鰓蓋為起點延伸至尾部，圓斑前部較明顯也較大，至尾部漸小而不明顯，此列圓斑上方有一金黃色縱線。背鰭頗長，起點由頭部後方的背緣處延伸至尾部前端處，背鰭至尾部有明顯隆起。臀鰭較短，起點由肛門延伸至尾部前端，有明顯隆起現象。尾部尖，呈紅色。無胸鰭與腹鰭。

周緣性淡水魚

蛇鰻科

47

線細龍口蛇鰻

Lamnostoma sp.2

體長 可達 50cm

未描述種

| 別名 | 粗聲鰻、小土龍、淡水土龍、土龍 | 分布 | 臺灣東部 | 棲息環境 | 河口、河川下游 |

頭部極小，吻部頗尖。

棲息於河口與河川下游處，甚至可游入河川中游的純淡水域。性情膽小，遇驚嚇時會用尾巴鑽沙以躲入洞穴中。屬穴居性，白天躲藏於小石礫灘之洞穴，夜間露出頭來伏擊經過的小生物。一般以小魚及小型甲殼類為食。

形態特徵

體延長，呈圓筒狀，體態極為細長，呈蛇形狀。尾部露出，尾尖，呈紅色。項部隆起，背鰭前背緣平直。頭小，身體細長，頭長約體長的 1/15。眼小，上側位，眼間距約眼徑 3 倍或以上。吻長小於項部，吻尖，吻端呈鉤狀。上頜突出下頜許多。口裂頗大，可延伸至眼部後下方。頭部布滿許多細小黑點。眼後方與鰓蓋處均有一紅色斑塊。

體呈黑褐色，腹部微黃。體側中央側線處有一白色圓斑群成列，起點由頭部中央延伸至尾部。背鰭長，起點由頭部後方之背緣延伸至尾部前方。尾部之背鰭無隆起，臀鰭由肛門延伸至尾部前端亦無隆起。無胸鰭與腹鰭。

周緣性淡水魚

蛇鰻科

波路荳齒蛇鰻

Pisodonophis boro

體長 可達100cm

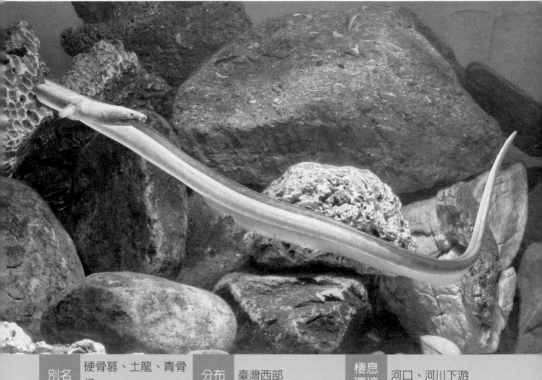

別名	硬骨簑、土龍、青骨仔	分布	臺灣西部	棲息環境	河口、河川下游

尾部特寫

周緣性淡水魚類。主要棲息於沙泥底質的海域、潟湖、河口、河川下游的汽水域，不曾進入純淡水域。底質皆為泥底，紅樹林亦是此魚喜愛的環境。大部分時間都躲在泥穴中，少出泥穴。獨居的底棲魚類，以貝類、甲殼類、無脊椎動物為食。

附註：此魚有可能是 *Ophichthus retrodorsalis* Liu, Tang & Zhang 2010（後背蛇鰻），因為波路荳齒蛇鰻屬於印度種。在無模式標本情況，再加上波路荳齒蛇鰻其背鰭應該更為後面，所以有學者認為臺灣並無波路荳齒蛇鰻存在。

形態特徵

體極為延長，呈長條狀。前部呈圓筒形，後部側扁。背緣與腹緣平直。頭部呈長錐形，頭長約體長 1/9。眼小，前側位，眼徑小於兩眼間距。吻長而尖，長度大於眼間距。前鼻孔呈短管狀。口裂大，端位，口裂可延伸至眼後下方。

體呈灰褐色或黃褐色。側線孔明顯，側線位居體側上部，側線與背緣、腹緣平行。背鰭基部極長，起點約肛門與胸鰭間的 1/2 上方背緣處，背鰭末端則於尾部稍前處，鰭膜灰黑色，鰭緣較黑。胸鰭短小呈圓形，鰭膜為灰白色。無腹鰭與尾鰭。臀鰭起點為居肛門稍後處，末端止於尾部稍前處，鰭膜灰黑色，鰭緣稍黑。尾部尖，呈胭脂紅色。

周緣性淡水魚

蛇鰻科

食蟹荳齒蛇鰻

Pisodonophis cancrivorus

別名	硬骨簒、簒仔、硬骨仔	分布	臺灣各地均有	棲息環境	河口、河川下游

周緣性淡水魚

蛇鰻科

主要棲息於沙泥底質海域，以穴居為主。尾巴強而有力，可用尾巴鑽入泥沙中，於受到驚嚇時此鑽入動作相當迅速。大多單獨行動。常見於河口紅樹林區、潟湖區，耐淡、耐汙力頗強，故可進入河川下游，然而通常不進入純淡水區域。性情頗兇猛，以甲殼類為食，亦會吃些小型魚類。

1. 背鰭起點與胸鰭距離較短
2. 尾部特徵

形態特徵

　　體極為延長，呈長條狀。前部呈圓筒形，後部側扁。背緣與腹緣平直。頭部呈長錐形，頭長約體長 1/10。眼中大，前側位，眼徑等於兩眼間距。吻尖，吻長約眼徑 1.5～2 倍。吻部具 4～6 個小點。上唇緣具 2 個肉質突起。口裂大，端位，口裂可延伸至眼睛後下方。上頜較下頜突出。鰓孔處鼓起明顯，皺褶較為粗大。

　　體呈黃褐色或灰褐色，腹部黃色。側線孔明顯，側線位居體側上部，側線與背緣、腹緣平行。背鰭起點位居胸鰭後部上方，末端則於尾部稍前處，鰭棘在末端隆起，鰭膜為深褐色。胸鰭長圓形，鰭膜黃褐色。無腹鰭與尾鰭。臀鰭起點位居肛門稍後處，末端止於尾部稍前處，鰭膜灰黑色，鰭緣稍黑。尾部尖，呈不明顯且面積較小的胭脂紅色。

周緣性淡水魚

蛇鰻科

51

灰糯鰻
Conger cinereus

| 別名 | 灰康吉鰻、糯米鰻、穴子鰻、臭腥鰻、海鰻、沙鰻 | 分布 | 臺灣各地均有 | 棲息環境 | 河口 |

棲息於淺海岩礁區、沙泥底質海域。常出現於潮池中，河口沙泥底質也是此魚喜愛的棲地。夜行性魚類。不具群居性，通常單獨行動。性情較為溫馴，受驚嚇時通常以躲藏為主。肉食性魚類，以小魚與甲殼類為食。

周緣性淡水魚

糯鰻科

形態特徵

體延長，呈蛇狀。頭長而尖，頭背緣平寬。吻尖而長，吻長約眼徑 1.5～1.8 倍。口裂大，可至眼睛後緣。上頜較下頜突出。上頜上方有一條黑紋。眼中大，兩眼間距約等於眼徑。

體呈淡褐色，受驚嚇時會出現 18～20 道淡黃色橫斑。胸鰭位居中央偏下處，胸鰭帶黑斑。背鰭起點位於胸鰭中部上方，約占全長 6/7，鰭膜透明，鰭緣帶黑。臀鰭與背鰭同形，臀鰭由背鰭 1/3 處為起點，臀鰭約 2/3 的背鰭長，臀鰭鰭緣帶黑。無腹鰭。背鰭、臀鰭、尾鰭相連。

芝蕪稜鯷

Thryssa chefuensis

體長

可達 20cm

別名	突鼻仔、含西	分布	臺灣西部、南部、北部	棲息環境	河口、河川下游

近 海中上層之魚類，稍能忍受低鹽度環境，主要出現於港灣、潟湖、河口及紅樹林。性情膽小，夜晚若以大燈探照時會因受到驚嚇而亂竄。生命力頗弱，鱗片易脫落而導致死亡。群居性，大多以浮游生物或多毛類為食。

形態特徵

體延長，側扁。背緣與腹緣呈淺弧形。尾柄長約與尾柄高相等。尾柄高約體高 1/2。頭部頗大，頭長為體長 1/4，體高約與體長相等。眼大，前側位。吻短而鈍，吻長小於眼徑。口大，斜裂，上頜較下頜突出，上頜骨可延伸至主鰓蓋稍前處。

體呈灰白或銀白色。體背青綠色。鱗中大，易脫落。無側線。背鰭一枚，背緣位居背鰭中央處，鰭膜灰白色。胸鰭長形，鰭膜灰白。腹鰭腹位，鰭膜灰白。臀鰭基底較長，前部鰭條較長而後漸短，起點位居背鰭基部末端下方，鰭膜灰白。尾鰭分叉，鰭膜黃色，鰭緣黑色。

周緣性淡水魚

鯷科

環球海鰶
Nematalosa come

| 別名 | 扁屏仔、油魚、海鯽仔、土黃、西太平洋海鰶 | 分布 | 臺灣西部、南部、北部 | 棲息環境 | 河口、河川下游 |

體側鱗片之顯現

沿海中上層洄游魚類，亦為廣鹽性魚類，對低鹽度水體頗能忍受。一般見於港灣、潟湖、紅樹林、河口以及河川下游汽水域中。性情膽怯，容易受驚嚇，生命脆弱，離水後很容易死亡。仔稚魚具漂浮期。群居性，中上層魚類以浮游生物為食。

形態特徵

體延長，呈長卵圓形，側扁。背緣與腹緣呈圓弧形，腹緣具鋸齒狀稜鱗。尾柄高則為體高的 1/4 ～ 1/3。頭長為體長的 1/4。眼大，側位，兩眼間距小於眼徑。吻短，吻長小於眼徑。口小，平直，上頜較下頜突出，上頜骨末端下彎，可延伸至眼前緣下方處。頰部乾淨。

體背與體側上部呈青綠色，腹部銀白色。鰓蓋後上方體側具一藍黑色斑點，體側上方具 6 ～ 8 條褐色縱紋。背鰭一枚，位居背緣中央稍前，末端軟條呈絲狀，鰭膜微黃。胸鰭長形，鰭膜白色。腹鰭腹位，鰭膜白色。臀鰭第一根鰭條最長而後漸短，軟條數約 23 ～ 25 條。尾鰭分叉，鰭膜淡黃色。

日本海鰶

Nematalosa japonica

別名	扁屏仔、油魚、海鯽仔、日本水滑	分布	臺灣西部、南部、北部	棲息環境	河口、河川下游

體側鱗片之顯現

近海中層洄游型魚類，廣鹽性魚類，頗耐低鹽度之水體。在沿海區、港灣、河口、潟湖區頗為常見，見於河川汽水域中，但不曾進入純淡水域。此魚性情膽怯，容易受驚嚇，生命力頗為脆弱，短暫離水極易掉鱗並且死亡。仔稚魚具漂浮期。群游性，以浮游生物為食。

形態特徵

　　體延長呈長卵圓形，側扁。背緣與腹緣隆起明顯呈圓弧形，腹緣具鋸齒狀稜鱗。尾柄高約體高的 1/4。頭長為體長 1/4 左右。頰部銀白帶藍黑色。眼側位，眼徑大於兩眼間距。吻短，吻部小於眼徑。口小，下位，上頜略突出於下頜，末端下彎可延伸至眼前緣下方。

　　體背與體側上部為綠褐色，腹部銀白。體側上部約有 7～8 條縱紋，鰓蓋後上方具一藍黑色斑點。背鰭一枚，位居背緣中央偏前，末端軟條延長成絲狀，鰭膜灰黑或黑褐色。胸鰭長形，呈白色。腹鰭腹位，與背鰭相對。臀鰭第一根鰭條最長而後漸短，鰭條數目約 21～23 條，鰭膜淡黃色。尾鰭分叉，鰭膜淡黃色。

周緣性淡水魚

鯡科

55

高鼻海鰶

Nematalosa nasus

別名	圓吻海鰶、扁屏仔、油魚、黃腸魚、海鯽仔	分布	臺灣西部、北部、東北部、西南部	棲息環境	河口、河川下游

頭部特寫

周緣性淡水魚

鯡科

海洋性表層洄游性魚類，屬廣鹽性魚類，對低鹽度水體頗能忍受。通常出現於沿岸港灣區、潟湖區、紅樹林、河口、河川下游汽水域。性情膽怯，容易受驚嚇，具趨光性。生命力脆弱，離水面不久即死亡。仔稚魚具漂浮性。群游性，以藻類、浮游生物、小型無脊椎動物為食。

形態特徵

體延長呈卵圓形，側扁。背緣與腹緣隆起明顯呈圓弧形。腹緣具鋸齒狀稜鱗。頭長為體長的 1/3。眼大，側位，兩眼間距小於眼徑。吻短，吻長小於眼徑。口小，下位，平直，上頜略突出下頜，上頜骨可延伸至眼前緣下方。頰部乾淨無斑。

體背與體側上部為青綠色，腹部銀白色。鰓蓋後上方具一藍黑色斑點。體側上部有 7～8 條褐色縱紋。背鰭一枚，位居背緣中央稍前處，末端軟條延長呈絲狀，胸鰭長形，鰭膜白色。腹鰭腹位，與背鰭相對，鰭膜白色。臀鰭基底頗長，第一根鰭條最長而後漸短，具軟條 20～24 條，鰭膜灰白色。尾鰭分叉，鰭膜淡黃色。

虱目魚

Chanos chanos

別名	麻虱目仔、安平魚、海草魚	分布	臺灣西部、南部、北部、東北部	棲息環境	河口、河川下游

周緣性淡水魚類，常見於沿海、港灣、河口與河川下游，對於淡水耐受力頗強，故能在淡水或鹹水中活動。泳力極佳，跳躍力強，屬中上層之魚類。極易受到驚嚇，上岸時鱗片容易脫落。雜食偏向素食性魚類，主要以藻類如藍綠藻、矽藻為食，也會食用一些小型生物。

附註：臺灣西南部重要的經濟養殖魚種。

形態特徵

體延長，身體紡錘狀，背緣與腹緣呈淺弧形，尾柄長大於尾柄高，尾柄高為體高 1/3。頭長為體長 1/4。吻短尖，眼中側位，約占頭部 1/4，脂眼瞼發達。口小，前位。上頜較下頜突出，上頜有一缺刻，下頜前端有一瘤狀突起物與上頜缺刻相切合。上頜骨可延伸至眼前緣下方處。

體背呈青灰色，體側銀白，腹部為白色。體側線完全，側線由鰓蓋處稍下斜後平直延伸至尾鰭基部中央。背鰭位居體中央，呈鐮刀狀，鰭膜透明狀。腹鰭約背鰭基底 1/3，腹鰭透明。胸鰭向外展開時為三角形，透明無色。臀鰭基底短，鰭膜透明。尾鰭深叉形，鰭條微黑，鰭膜透明。

周緣性淡水魚

虱目魚科

臺灣石䱽

Acrossocheilus paradoxus

體長　最大可達 35cm
特有種

別名	石斑、石䱽、秋斑、臺灣光唇魚、番仔鯉	分布	原本分布於東北角的雙溪經西部至南部枋山溪流域。近年來由於不當放流，分布已擴展至東部地區及恆春半島	棲息環境	河川中上游

棲息於河川中上游之初級性淡水魚類，能忍受低汙染的溪流。喜愛水流些許湍急的河段、潭區石縫、大石較多的瀨區等環境，幼魚苗則見於小淺灘中。幼魚與成魚具群居性，繁殖期有領域性，會攻擊入侵的其他魚類。以水生昆蟲為食，亦會刮食藻類，在溪流中如有見到石頭上的長圓形刮痕，大部分為此魚傑作。魚卵有毒，請別誤食。

形態特徵

　　體延長，呈紡錘形，前部渾圓，後部側扁。背緣與腹緣隆起呈圓弧形。尾柄高約體高的 1/3。頭長為體長的 1/5 左右。眼上側位，眼徑約與兩眼間距相等。吻部圓鈍，位居鼻孔前方稍呈內凹狀，吻長大於眼徑，吻端包覆上頜。口下位，上頜較下頜前突。具口鬚 2 對。

　　體呈黃綠色。體背顏色較深。鱗片邊緣帶黑色。側線完全。體側具 7 ～ 9 條黑色橫帶。大型魚體黑色橫帶會變得不明顯。具背鰭一枚，位居背緣中央處，鰭條帶黑紋，鰭膜紅色。胸鰭為長形狀，鰭膜紅色。腹鰭腹位，鰭膜紅色，鰭緣灰白色。臀鰭鰭條帶黑色線紋，鰭膜紅色。尾鰭分叉，上下葉帶些紅色，中央略帶黃綠色。

初級性淡水魚

鯉科

溪流細鯽

Aphyocypris amnis

| 別名 | 日月潭細鯽、日月潭白魚 | 分布 | 臺灣南投 | 棲息環境 | 河川上游 |

較小個體

此魚主要棲息於河川上游的小支流。棲息環境為一處靜水域，水流平緩，有如沼澤區。該地為泥質，落葉底質，水質偏黃褐色，有如含鐵質水色。兩邊為草澤植被。此魚以飛蚊及有機碎屑物為食。具群居性，跳躍力頗強。

形態特徵

　　體延長，呈紡錘狀。前部略呈圓柱狀，後部側扁。頭長為全長 1/4 ～ 1/5 左右。背緣與腹緣同形。眼偏前，側位。口端位，斜裂，口裂未達眼睛前緣。

　　體偏黃，體背綠色。體側線完全，由鰓蓋呈圓弧狀止於臀鰭基底末端上方體側，往上呈一轉折一內凹，唯彎曲延伸至尾鰭基底中央。體側中央為一大片縱帶，此縱帶約占體側 1/3。縱帶上方帶一金線，有時會消失。體側亦有若干小黑斑，有時會被體側那片大黑縱帶遮蓋。背鰭一枚，位居中央。胸鰭偏下側位。腹鰭腹位。臀鰭起點位居背鰭基底末端。尾鰭呈內凹形。各鰭鰭膜偏橘黃色。

初級性淡水魚

鯉科

59

菊池氏細鯽

Aphyocypris kikuchii

體長 可達 10cm

特有種

別名	馬達卡、吉氏細鯽、竹竿標仔、臺細鯽、車桱仔、瘦魚、散魚仔	分布	臺灣東部、東北部地區	棲息環境	河川中下游、溝渠、池沼、水田

初級性淡水魚類，主要見於河川中下游、池沼與溝渠，喜愛水草繁盛的淺水區段，屬群居性魚種，在某些水草掩蔽物較多的池沼也可見到。性喜跳躍，以小型無脊椎動物、小昆蟲等為食物來源。以往在東部極為常見，然由於河川引進粗首鱲與馬口魚的關係，數量明顯減少，加上棲地整地之破壞也是導致此魚急速銳減的最大原因之一。

形態特徵

體延長，側扁。背緣與腹緣呈淺弧形，頭長為體長 1/4 左右。眼大，側位，兩眼間距略小於眼徑。吻短，吻長小於眼徑。口小，端位，口斜裂，下頜略比上頜前突，上頜骨可延伸至眼前緣下方。

體呈灰黑色或黃褐色，體背顏色較深，呈黑褐色。腹部銀白稍帶綠色。體側中部鱗片基部帶小黑斑。側線不完全，由頭部鰓蓋中央偏上處下斜，達腹鰭基部起點上方處之體表。體中央有一條藍黑色縱帶，有時會消失或不明顯，縱帶上方邊緣之體表有一條青綠色縱線。背鰭一枚，居背緣偏後處。胸鰭呈長形。腹鰭腹位。臀鰭三角形。尾鰭呈叉形。各鰭鰭膜灰白微黃。

初級性淡水魚

鯉科

60

臺灣縱紋鱲
Candidia barbata

體長 可達30cm
特有種

別名	臺灣馬口魚、臺灣鬚鱲、一枝花	分布	臺灣西部、北部、東北部及高屏溪以北流域	棲息環境	溪流中上游

雌魚

初級淡水魚類，棲息於河川中上游及支流當中。較大魚體常躲於有掩蔽物的地方，如潭區的樹蔭下，中小型魚則活動於淺瀨、潭區的表層。雄魚有強烈的領域性，常用追星相互攻擊或攻擊他種魚類。大型魚體警覺性頗高，在大水過後的該段時間，大型成魚警覺性會降低，食慾變大。屬雜食性，以水生昆蟲、落水的小生物、小型甲殼類、藻類為食

初級性淡水魚

鯉科

形態特徵

體延長，側扁，體呈紡錘形。背緣與腹緣呈弧形狀。頭長約體長 1/4。眼側位，吻長與兩眼間距略為相等，吻端包覆上頜。口大，端位，口斜裂，上頜與下頜等長，上頜骨可延伸至眼前部下方，下頜前端略為上鈎。口角具 1 對細小短鬚，雄魚追星較為粗大，頤部、峽部與頰部呈橘紅色。

體側上部略帶青綠色，腹部銀白。體側鱗片頗細，中央具 1 條藍黑色縱帶，縱線上方邊緣帶青綠色。側線完全。背鰭一枚，位於背緣中央。胸鰭長形狀。腹鰭與背鰭相對，臀鰭位居背鰭基部末端後下方。尾鰭淺叉。背鰭、胸鰭、腹鰭偏橘紅色，臀鰭偏黃，尾鰭上下葉微黃。

屏東縱紋鱲

Candidia pingtungensis

| 別名 | 屏東馬口魚、馬口魚、憨仔魚、山鰱仔、一枝花、屏東鬚鱲 | 分布 | 臺灣南部 | 棲息環境 | 河川中上游 |

頭部具口鬚 2 對

初級性淡水魚類。主要分布於河川中上游及其支流，棲息環境為清澈的水體，喜愛稍有水流的瀨區，在潭區也可見到其蹤跡，通常躲藏於有掩蔽物的樹蔭下，瀨區的石頭中，屬中上層之魚類。大型魚較為單獨，小型魚群居性明顯。繁殖期雄魚有極高的領域性，相遇時會利用其追星互鬥。屬雜食性魚類，以水生昆蟲、小型甲殼類、小魚、落水昆蟲、水面上飛蚊及藻類為食。

形態特徵

體延長，前部渾圓，後部側扁。背緣與腹緣呈淺弧形。頭大，頭長為體長 1/3。眼側位，眼眶上部帶紅色，眼徑與眼間距相等。吻圓鈍。口端位，斜裂，上頷較下頷前突，上頷骨可延伸至眼前部下方。具 2 對口鬚。成熟雄魚吻部追星明顯粗大，頰部呈鮮紅色偏橘紅色。

體呈黑灰色，體背略為偏綠，腹部白色，成熟雄魚腹部帶橘紅色。側線完全。體中央有深藍色縱帶。背鰭一枚，位居背緣中央稍後處，鰭條黑色，上部鰭膜帶橘紅色。胸鰭長形，平展時內緣帶黃色，外緣橘紅色。腹鰭腹位，鰭膜帶紅。臀鰭三角形，鰭膜微紅帶黃色。尾鰭分叉，呈灰黑色。雌魚體色較樸素。

鯽

Carassius auratus auratus

體長　可達 30cm 以上

別名	土鯽、鯽仔	分布	臺灣各地均有	棲息環境	河川中下游、溝渠、池沼、水庫

初級性淡水魚類，主要棲息於池沼、野塘，水生植物繁茂的低海拔湖泊也有蹤跡，溪流中的平緩潭區及潭區旁的草邊也是此魚喜愛的環境。魚卵具有黏著性，故產卵時會進入水生植物較多的地方把卵黏在水草中，有時卵會被水鳥帶至他處繁衍。警覺性頗高，屬雜食性魚類，以浮游生物、有機碎屑物、水草、水生昆蟲、藻類為食。

形態特徵

體延長，側扁。腹部渾圓。背緣、腹緣呈圓弧形。尾柄高大於尾柄長，尾柄高為體高的 1/2。頭長為體長的 1/4。眼側位，眼間距大於眼徑。吻長與眼徑相等，鼻孔前稍內凹。口端位，呈微弧形，稍斜裂，上頜比下頜前突，上頜骨可延伸至眼前緣下方。

體呈銀白色，體背呈黃綠色。側線完全，位於身體中央，由鰓蓋為起點延伸至尾鰭基部，側線平直微下彎。體側無任何斑紋。背鰭第三根鰭棘有鋸齒。胸鰭、腹鰭、臀鰭皆為三角形，臀鰭最後一根鰭棘有鋸齒。尾鰭呈淺叉狀。各鰭顏色均為灰色帶點黃色。

初級性淡水魚

鯉科

63

紅鰭鮊

Chanodichthys erythropterus

別名	小總統魚、總統魚、翹嘴仔、短鰭鮊魚、小曲腰	分布	臺灣西部、南部、北部、中部	棲息環境	河川中下游、湖泊、池沼、水庫

初級性淡水魚類，主要分布於河川中下游、野塘、池沼、水庫等環境，屬於中上層魚類，會躲於潭區枯木區、兩旁的植被區及水生植物中。性情頗為兇猛，跳躍力強，有掠食性，由於攻擊力強，近年來成為路亞一族的對象魚之一。屬肉食性魚類，以小魚、小蝦及水生昆蟲為食。

初級性淡水魚

鯉科

形態特徵

體延長，側扁。背緣、腹緣呈圓弧狀，尾柄高約體高 1/3。頭呈三角錐狀，項部內凹明顯，頭長為體長 1/4。眼大，眼側位，眼小於眼徑。吻短，吻長小於眼徑。口上位，稍斜裂，下頜較上頜突出，口裂僅達鼻孔前緣下方。頰部銀白，頭上部顏色較深呈墨綠色。

體呈銀白色，體背顏色較深，呈墨綠色。側線完全。鱗片具小黑斑。背鰭一枚，位居背緣中央，鰭膜呈灰黑色帶黃。胸鰭長形，外展後成三角形，鰭條黑色，鰭膜微黃。腹鰭長形，外展時呈三角形，鰭基灰黑色，鰭膜微黃。臀鰭位肛門稍後處，臀鰭呈簾形狀，第一根鰭條最長，而後漸短，鰭膜灰黑帶黃。尾鰭分叉，鰭膜灰黑色。

翹嘴鮊

Culter alburnus

別名	曲腰、翹嘴仔、總統魚、巴力、翹嘴紅鮊、青木鮊、翹嘴原鮊	分布	臺灣中南部地區。現今北部族群多為人工放流	棲息環境	河川中下游、湖泊、池沼、水庫

較小個體

初級性淡水魚類，在臺灣主要出現於河川中下游、湖泊、野塘及池沼處，在大型的人工溝渠也有其蹤跡。棲息環境大多為寬廣的靜水域中，屬中上層魚類。此魚具有掠食性，性情兇猛。肉食性，以魚、蝦、水生昆蟲為食，小型魚體則以浮游動植物、米蝦類或幼蝦、小型水生昆蟲為食。

形態特徵

　　體延長，側扁。背緣呈淺弧形，腹緣平直。尾柄高為體高 1/3 ～ 1/2。頭長為體長 1/4，項部內凹。眼大，眼間距窄，眼間距小於眼徑。吻長小於眼徑。口上位，斜裂，下頜較上頜突出，下頜突出上翹，上頜骨延伸至鼻孔下方，前鰓蓋有一不明顯黑斑。

　　體呈銀白色，體背為青綠色。鱗片細小。側線完全，由頭部鰓蓋上方為起點，下斜呈圓弧形，而後平直延伸至尾鰭基部中央。背鰭一枚，位居背緣中央，鰭膜灰白微黑。胸鰭長形，外展後呈三角形，鰭膜灰白微黑。腹鰭腹位，鰭膜灰白微黑。臀鰭略呈鐮刀形，鰭膜灰白帶黑。尾鰭分叉，鰭膜灰白微黑。

初級性淡水魚

鯉科

鯉

Cyprinus carpio carpio

別名	呆仔	分布	臺灣各地均有	棲息環境	河川中下游、溝渠、池沼、水庫

初級性淡水魚類，適應力極佳，在稍具鹹水的汽水域也能生存。主要見於平原型河川的中下游，棲息環境為平緩的大型潭區、水庫、湖泊、野塘、池沼等區域，常躲於大型水生植物如蘆葦草的下方。具有固定的洄游路線，屬中下層魚類，有群游習性。雜食性，以溪流底部的有機質、水生植物、小型甲殼類、貝類等為食。

養殖個體

形態特徵

體延長，側扁，腹部渾圓，體呈紡錘形。背緣、腹緣為淺弧形，尾柄高為體高 1/3。頭長為體長 1/3。眼中大，上側位，兩眼間距頗寬，眼間距大於眼徑。吻部頗長，約為眼徑的 1.5 ～ 2 倍。口下位，呈圓形，具鬚 2 對，吻鬚比頷鬚短。

體呈黃褐色、金黃色及青黑色。側線完全，背鰭一枚，基部頗長，約占背緣的 1/2，鰭膜微黑。胸鰭長形，鰭膜稍帶橘紅色。腹鰭腹位，鰭膜橘紅帶黑。臀鰭呈橘紅，鰭膜微黑。尾鰭分叉，尾鰭上下葉呈橘紅色，鰭膜黃中帶黑。

初級性淡水魚

鯉科

66

圓吻鯝

Distoechodon tumirostris

體長  可達 50cm

別名	更魚、憨魚、甘仔魚、鮕魚、阿嬤魚	分布	臺灣北部、東北部。目前花蓮溪有放流的族群	棲息環境	河川中下游、溝渠、池沼、湖泊

初級性淡水魚類，一般出現於河川中下游，池沼與湖泊亦有蹤跡。棲息環境為稍有水流的地方，像是河川潭區、潭頭、潭尾及較深的瀨區，大多在底質為石礫區的池沼與湖泊，此魚較不喜愛泥底質。屬於中下層魚類，具群居性，常可看到成群的魚隻在河川、池沼或湖泊中刮食藻類。雜食，較偏向藻食性，主要以藻類為食。

形態特徵

體延長，側扁，呈紡錘形。背緣與腹緣略呈弧形。頭長為體長的 1/4。眼部側位，眼徑大於兩眼間距。吻長，大於眼徑。口下位，口橫裂，下頜前緣具發達的角質層。

體呈銀白色，略帶黃色。體背為黃褐色。側線完全，背鰭一枚，位居背緣中央，鰭膜灰白。胸鰭為長形，向外平展呈扇形，鰭為橘黃色。腹鰭腹位，向外平展呈三角形，鰭呈橘黃色。臀鰭呈橘黃色。尾鰭分叉，鰭膜灰白，內緣稍帶黃色。

初級性淡水魚

鯉科

67

陳氏鰍鮀
Gobiobotia cheni

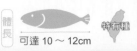

| 別名 | 臺灣鰍鮀、八鬚鯉、老公仔 | 分布 | 臺灣中部 | 棲息環境 | 河川中下游 |

雌魚

初級性淡水魚類，主要活動於河川中下游，棲息於稍有水流的環境，底質大多為小石礫灘與沙質底處，以潭頭、潭尾及淺瀨、平瀨為棲息環境。泳速不佳，遇驚嚇時會躲入沙中，在石礫灘中具有擬態能力。群居性，屬底棲性魚類，會利用 4 對鬚來找尋食物。雜食性魚類，以有機碎屑物、藻類及底棲性小型無脊椎動物為食。

初級性淡水魚

鯉科

形態特徵

體延長，前部略呈圓筒狀，後部側扁。背緣與腹緣呈弧形狀。尾柄高約體高 1/2。頭略為平扁，頭頂部略有些許黑色斑點，頭長約體長的 1/5。眼小，上側位，眼間距大於眼徑。吻鈍，鼻孔處內凹。口下位。具鬚 4 對，頤鬚 3 對，領鬚 1 對。

體呈灰褐色，腹部白色。體背約有 9～12 塊黑色斑塊。體側中央有一列縱向斑塊，其斑塊數目約 9～12，各鱗具黑斑。側線完全，背鰭位居背緣中央，鰭膜灰白，鰭棘為黑色。胸鰭長形，向外平展呈扇形，鰭膜微黃，基部具一黑斑。腹鰭腹位向外平展呈三角形。臀鰭三角形，鰭膜灰白微黃。尾鰭分叉，尾鰭上下葉接近基部處微黑，鰭膜灰白。

科勒氏鰍鮀

Gobiobotia kolleri

體長
可達 10cm

| 別名 | 八鬚鯉、老公仔 | 分布 | 臺灣南部 | 棲息環境 | 河川中下游 |

初級性小型淡水魚類，活動於河川中下游，大多出現於稍有水流的潭頭、潭尾、平瀨和淺瀨區，棲息環境大多為小石礫底質或細沙底質，屬中下層魚類。有鑽沙的習性，一般大多朝有流速的地方游動，遇驚嚇時會躲入沙中，擬態頗強。群居性。雜食性，會攝食一些底部的小生物、濾食有機碎屑物等。

附註：以前所記載之中間鰍鮀（*Gobiobotia intermedia*）為本種之同種異名。

形態特徵

體延長，前部稍呈圓筒狀，後部側扁。背緣與腹緣淺弧形。尾柄窄，尾柄高小於體高 1/2 左右。頭長為體長 1/4 左右，頭部具小碎斑。眼大，上側位，眼間距小於眼徑。吻長，口下位，口型呈弧形狀，具鬚 4 對，頤鬚 3 對，頜鬚 1 對，頜鬚可達眼前緣下方，口上唇具皺褶，下唇則無。

體呈銀灰色，腹部白色。體背有若干黑色斑塊群。側線完全，頗為平直，體中央有一條 7～9 個黑色斑塊。背鰭一枚，居背緣中央，鰭膜灰白。胸鰭向外平展，基部有一黑點。腹鰭腹位，鰭膜灰白透明帶黃色。臀鰭鰭膜黃褐色。尾鰭分叉，鰭膜灰白，接近尾鰭基部的尾鰭上下緣具黑色斑塊。

初級性淡水魚

鯉科

69

唇䱻

Hemibarbus labeo

| 別名 | 竹竿頭、鯮、真口魚 | 分布 | 臺灣北部地區。而東北部的雙溪川、宜蘭地區以及中北部的苗栗地區均非自然分布區。目前花蓮地區有人為不當放流紀錄 | 棲息環境 | 河川中下游 |

較小個體

初級性淡水魚類，主要出現於河川中游處。棲息於稍有水流的潭區、較深的瀨區，較不喜愛泥底的底質環境。白天均躲於潭區石縫中，夜間與大水後水濁時會出來覓食、活動。屬中下層魚類，具群居性。主要以肉食性為主，水生昆蟲、魚、蝦、蟹及貝類皆為其食物來源。

形態特徵

　　體延長，前部亞圓筒形，後部側扁。背緣、腹緣呈淺弧形。尾柄高略小於體高1/2左右。頭長約體長1/4。眼上側位，位居頭部偏上處。鼻孔前呈內凹狀，吻長為眼徑的2倍，吻端可包覆上唇。口下位，呈弧形，具1對口鬚。

　　體呈灰黃色，腹部銀白。體側線完全，幼魚體表具若干黑色小斑塊，成魚則無。背鰭位居背緣中央，鰭條微黑，鰭膜灰黑色帶些黃色。胸鰭長形，外展呈三角狀，鰭膜橘黃。腹鰭鰭膜橘黃色。臀鰭三角形，鰭膜橘黃色，幼魚鰭膜較呈灰白，鰭棘有若干黑斑。尾鰭分叉，鰭膜灰白微黃，鰭棘微黑。

初級性淡水魚

鯉科

鰵條

Hemiculter leucisculus

別名	苦槽仔、海鰱仔、奇力仔、白條、白鰷、烏尾冬	分布	臺灣南部、北部、中部、東北部、恆春半島	棲息環境	河川中下游、溝渠、池沼野塘、水庫

水面上的鰵條

初級性淡水魚類，主要分布於平原型河川中，棲息環境大多為河川中下游之潭區、水庫、野塘、池沼等處，屬中上層魚類，具群居性。跳躍力頗強，此魚警覺性高，性情膽怯，容易受驚嚇，離水後極易死亡。卵具黏性，繁殖時會將卵產於水草或水生植物中。屬雜食性，以水生昆蟲、藻類、有機碎屑物、浮游生物、小型甲殼類及小魚為食。耐汙性強，但過於嚴重的汙染水體也是無法生存。

形態特徵

　　體延長，側扁。背鰭平直。腹緣呈淺弧形，尾柄高為體高的 1/2 左右。頭長為體長的 1/4 ～ 1/5。眼徑大於兩眼間距。吻長小於眼徑。口端位，斜裂，嘴小稍上翹，下頜略比上頜前突，上頜骨可延伸至眼前部下方。

　　體背呈青綠色，體呈銀白色。體側上部有一條金黃色縱線，有時會消失。

側線完全，背鰭一枚，位居背緣稍後處，鰭膜灰白。胸鰭長形，鰭膜灰白，第一根鰭棘為黑褐色。腹鰭腹位，鰭膜灰白，內緣黃。臀鰭呈簾形，鰭膜前部微黃，後部灰白色。尾鰭分叉，下葉略突於上葉，鰭膜灰白，鰭緣微黑。

初級性淡水魚

鯉科

臺灣梅氏鯿

Metzia formosae

體長　可達 10cm 以上

別名	車栓仔、臺灣黃鯝魚、臺灣細鯿、臺灣麥氏鯿	分布	臺灣北部、東北部	棲息環境	河川下游、溝渠、池沼、野塘

雌魚

初級性淡水魚類，主要見於平原型河川下游、野塘、溝渠等，喜愛於兩旁及底質具水生植物的緩流區。性情頗活躍，喜愛跳躍。此魚貪吃，民國 70 年代大臺北地區的野塘頗常釣獲，具群居性，常一大群躲於水草區中。屬中上層魚種。雜食性，以藻類、飛蚊、浮游生物、水生昆蟲、小蝦、有機碎屑物等為食。

附註：2009 年 4 月 1 日起公告為三級保育類。

形態特徵

　　體延長，側扁。背緣與腹緣呈淺弧形，尾柄高約體高的 1/4。頭長為體長 1/4。項部略為內凹。眼大，上側位，眼間距小於眼徑。吻短。口上位，稍斜，下頜較上頜前突，上頜骨可延伸至眼前緣下方。

　　體呈灰白色略帶黃，看似透明狀，腹部白色。體側線完全，起點位居鰓蓋中央偏上處。體側中央具 1 條藍黑色縱帶，上緣具 1 條金色縱線。具背鰭一枚，位居背緣中央。胸鰭為長形。腹鰭腹位，臀鰭基底頗長，起點位居背鰭基部末端下方處。尾鰭分叉，稍帶黑色，各鰭則為灰白色帶些透明狀。

1. 雌魚
2. 尾鰭特寫
3. 臀鰭特寫

體背青灰色，成熟雄魚體呈青黃色，腹部白色，體側體表中央則有10～13條青綠色橫紋，腹部為銀白色，雌魚體側青黃色，中央處亦具有10～13條橫紋，但不像雄魚明顯，腹部銀白。側線完全。背鰭一枚，位居背緣中央，呈紅色，鰭條為黑色。胸鰭為長形，內緣橘紅色，外緣偏黃。腹鰭與背鰭相對，腹鰭基部起點較背鰭基部起點為後，雄魚鰭膜內緣橘紅，中央部分偏黃，外緣灰白，雌魚腹鰭鰭膜則為灰白色。雄魚臀鰭極為發達寬大，以第3、4根鰭條最長，長度可達尾鰭前部，鰭膜灰白帶紅色，鰭條帶黑色，雌魚之臀鰭則較小，鰭膜灰白帶透明狀。尾鰭分叉，黃色。

77

高屏鱲

Opsariichthys kaopingensis

| 別名 | 高屏馬口鱲、溪哥、苦粗仔、紅貓 | 分布 | 臺灣高屏溪以南流域 | 棲息環境 | 河川中下游 |

初級性淡水魚

鯉科

初級性淡水魚類，主要出現南部河川中上游及其支流處，喜愛稍有水流的潭區、平瀨、急瀨、深瀨及淺瀨區。在繁殖季時可在淺瀨與平瀨見到大型雄魚追逐雌魚的狀況，屬中上層魚類，具群居性，跳躍力頗強，警覺性高，較容易受驚嚇。雜食性魚類，以藻類、水生昆蟲、水面上的昆蟲及小型無脊椎動物、小魚、小蝦為食。

形態特徵

體延長，側扁。背緣與腹緣隆起明顯呈弧形狀。尾柄頗長，尾柄窄，尾柄寬為體高的 1/3。頭長約體長的 1/4。眼大上側位，眼眶呈紅色。吻短略大於眼徑。口大，斜裂，上下頜略為等長，上頜中部內凹，下頜中部上凸，內凹、上凸契合，上頜骨可延伸至眼中部下方。頭部、頰部與吻端追星明顯。

大型雄魚體呈銀白微黃，腹部白

1. 雌魚
2. 頭部特寫
3. 臀鰭特寫

色，體背灰黑色微綠，鰓蓋後方有一片藍斑塊，體側有 10～12 塊藍斑。雌魚體呈銀白色。側線完全。背鰭一枚，位居背緣中央，雄魚顏色爲橘紅色，外緣則爲黃色，雌魚灰白透明。胸鰭長形，外展後呈三角扇形，雄魚前部鰭條爲橘色，鰭膜爲黃色，雌魚鰭膜灰白帶些黃色。腹鰭腹位，起點與背鰭第二根鰭棘相對，雄魚腹鰭鰭膜爲黃色，雌魚腹鰭灰白。雄魚臀鰭頗爲延長，最長之鰭棘可延伸至尾鰭前部下方，臀鰭鰭膜橘黃色，鰭棘微黑，雌魚臀鰭灰白。尾鰭分叉，鰭膜微黃，鰭條稍黑。雄魚各鰭具追星。

粗首鱲

Opsariichthys pachycephalus

別名	溪哥仔（幼魚及雌魚）、紅貓（雄）、苦槽仔、闊嘴郎、粗首馬口鱲、闊嘴紅貓（雄）	分布	臺灣高屏溪以北（不含高屏溪）～東北部宜蘭地區

初級性淡水魚

鯉科

初級性淡水魚類，出現於河川中上游，河川下游處亦可見到，棲息環境以水流較緩的潭區、潭頭、潭尾處、平瀨及淺瀨為主。繁殖期時可在細沙礫底的瀨區中看見雄魚與雌魚相互追逐的情形，雌魚會將卵產於細沙礫中，屬於中上層魚類，跳躍力強。雜食性，以藻類、水生昆蟲、水面上的飛蟲、小蝦、小魚為食。

附註：東部出現的族群為人為放流。

形態特徵

體延長，前部渾圓狀，後部側扁。背緣、腹緣為淺弧形。尾柄高為體高的 1/3 左右。頭大，項部內凹，頭長約體長 1/3 ～ 1/4。眼上側位，眼眶為紅色，眼間距頗寬，大於眼徑。吻部之鼻孔處內凹，吻長略與眼間距相等。口斜裂，上頜略較下頜突出，上頜中部略內凹，上頜骨可延伸至眼前部下方，雄魚與雌魚下頜前端均略為上鉤。雄魚頭部呈橘

棲息
環境　河川中上游

1. 繁殖期時雄魚體色鮮豔
2. 雌魚

初級性淡水魚

鯉科

紅色，追星明顯而粗大，雌魚頭部則為銀白色。

　　體呈銀白色，體背灰綠色。雄魚顏色豔麗，體側具 12～15 條青綠色橫斑，橫斑間微黃，腹部白色。側線完全。背鰭一枚，位居背緣中央，鰭棘黑色，雌魚鰭膜灰白帶黃褐色，雄魚背鰭為橘紅色。胸鰭長形，雌魚鰭膜灰白帶黃褐色，雄魚黃色，前部內緣帶橘紅色。

腹鰭腹位，雌魚鰭膜灰白帶黃褐色，雄魚黃色，內緣橘紅色，外緣鰭膜帶些黑色。臀鰭寬大，雄魚臀鰭可延長至尾鰭中部，雌魚則僅達尾鰭前部，鰭膜紅褐色，雄魚顏色較深。尾鰭分叉，鰭膜褐色，雄魚則紅褐色。

臺灣副細鯽

Pararasbora moltrechti

別名	臺灣白魚、白魚、肉魚、臺灣細鯽	分布	臺灣中部	棲息環境	河川上游、上游支流、溝渠

初級性淡水魚

鯉科

初級性淡水魚類，棲息於河川中上游的支流，喜愛清澈稍有水流的溪段中，或是底部與兩旁有水生植物的環境，屬於中上層魚種。生性羞怯，警覺性高，頗為貪吃與兇猛。具群居性。為雜食性，以藻類、有機碎屑物、水生昆蟲、飛蚊及落水的昆蟲為食。

附註：2009 年 4 月 1 日起公告為二級保育類；2011 年由中山大學廖德裕教授將 *Pararasbora moltrechti*（臺灣副細鯽）併入細鯽屬（*Aphyocypris*），學名為 *Aphyocypris moltrechti*（莫氏細鯽）。

1.6cm 左右成魚
2. 頭部特寫
3. 側線特寫

形態特徵

體延長，前部渾圓，後部側扁。背緣與腹緣呈淺弧形。頭長為體長 1/5。眼側位，眼部位居頭部之前部，眼間距略大於眼徑。吻長略大於眼徑。口小，稍斜裂，口端位，上下頜略為等長，上頜骨可延伸至眼前緣下方。

體呈偏黃色，體背顏色較深，呈黃褐色，腹部白色。體側線完全，起點由鰓蓋處起，下斜呈弧形而後延伸至尾鰭基部中央。體中央處有一藍黑色縱帶，藍黑色縱帶不明顯時則有些許小黑斑。背鰭一枚，位居背緣中央偏後。胸鰭長形。腹鰭腹位。臀鰭起點位居背鰭基部末端後方。尾鰭分叉。各鰭鰭膜為黃色帶紅色。

初級性淡水魚

鯉科

83

羅漢魚

Pseudorasbora parva

別名	尖嘴仔、車栓仔、竹竿標仔、麥穗魚	分布	臺灣各地均有	棲息環境	河川中下游、溝渠、池沼、野塘、湖泊、水庫

初級性淡水魚類，棲息於河川下游、深潭、池沼、湖泊、野塘及灌溉溝渠中，早期極為常見，由於外來種、都市開發及河川汙染的影響，今日只在鄉間較容易見到。通常躲藏於河川下游和緩的河段、深潭、池沼、湖泊、野塘、溝渠、掩蔽物或水草中，繁殖季時雄魚領域性特別強，有護卵動作發生。屬於雜食性，以水生昆蟲、藻類、有機碎屑物、浮游生物為食。

形態特徵

體延長，前部呈圓筒狀，後部側扁。背緣圓弧形，腹緣淺弧形。頭小如筆狀。眼側位。吻短尖。口上位，下頜略突出上頜，口張開由正面看時呈 O 字型。

體背呈黑灰色，雄魚發情時為銀灰帶黑，一般為銀灰色。雌魚體背較淡偏黃褐色。鱗片具半月形黑斑。側線完全

而平直，中央有一道藍黑色縱帶，縱帶上方則有一道金黃色線條。各鰭透明幾近白色。雄魚發情期時各鰭鰭膜呈深黑色，吻部追星會較為明顯。雌魚及幼魚體側則顏色較淡。

嘴尖口小是羅漢魚的外型特色之一，故有「尖嘴仔」別稱。各位可別小看體型不大的羅漢魚，其在繁殖期時，

1. 羅漢魚雄魚在繁殖期時，體色較黑，吻部會出現明顯的追星。
2. 取得勝利的雄魚會在水草或是竹桿邊整理一處適合讓雌魚產卵的環境。
3. 雌魚
4. 雌魚體色較淡

雄魚可是有護卵的行為。

　　每年到了 3 ～ 5 月間正是羅漢魚的繁殖季，雄魚在發情期時，吻部會出現明顯粗大的白色追星，各鰭鰭膜呈現深黑色，此時領域性極強的雄魚們在經過一番的爭鬥後，取得勝利者便在地盤上整理出良好的產卵空間等待著雌魚到來。雌魚產卵經雄魚受精後，雄魚會守護著受精卵直至孵化為止，算是一位頗為稱職的魚老爸。

大眼華鯿
Sinibrama macrops

別名	目孔、大目孔	分布	臺灣淡水河系均有	棲息環境	河川中下游、水庫

初級性淡水魚類，喜愛棲息於河川中下游的深潭中，其白天時通常躲藏於深潭，夜間才出來覓食。群居性，生性膽怯。通常以小型甲殼類、小魚、有機碎屑物及藻類為食，水生昆蟲亦是此魚的食物之一。

附註：新北市雙溪河的族群乃人為放流

北勢溪中的族群

形態特徵

體延長，側扁，背緣與腹緣隆起明顯呈圓弧狀。體呈菱形狀。頭小，呈三角形。眼大，眼間距小於眼徑。吻短而尖，吻長約眼徑的 1/2 左右。口小無鬚，端位，上頜略較下頜突出。上頜骨延長至眼前緣下方。

體呈銀白色，體背略呈灰白。側線完全。各鰭均微黃，背鰭有 3 根硬棘，鰭膜透明，鰭緣帶黑。尾鰭分叉。胸鰭基部有一黑斑。張開呈扇形狀。背鰭與腹鰭則為三角狀。臀鰭簾狀型。體側有一道淺藍縱線位於體背至側線中央處，但較不明顯。

初級性淡水魚

鯉科

條紋小䰾

Puntius semifasciolatus

別名	紅目呆、紅目猴、牛屎鯽仔、條紋二鬚䰾	分布	臺灣南部、中部	棲息環境	河川中下游、溝渠、池沼、野塘

雌魚

初級性淡水魚類，為平原型河川中下游的魚類，會出現於低汙染的水體中，若汙染太過嚴重此魚也是無法生存。喜愛棲息於水流平緩處，或是兩旁具有植被、水底有水草之處。屬中下層魚類，具群居性，雄魚發情期時有些許領域性。雜食性魚類，以藻類、水生昆蟲、小型無脊椎動物為食。

形態特徵

體延長，側扁。背緣與腹緣呈弧形狀。頭長為體長的 1/4 左右。眼呈上側位，眼眶為紅色，眼徑大於眼間距。吻短。口小，偏下位，略為斜裂，上頜略比下頜前突，上頜骨僅延伸至鼻孔前部下方。項部具一大型斑塊。具口鬚 1 對。

體背黃褐色帶些灰色，具許多小雜斑，雄魚體側青綠色帶些亮黃色，腹部銀白，成熟的雄魚腹部為橘紅。雌魚體色呈土黃色，腹部銀白。體中央體側有 6～8 條不規則的橫斑。側線完全。背鰭一枚，位居背緣中央，鰭膜灰白帶橘紅。胸鰭長形，鰭膜微黃。腹鰭腹位，鰭膜灰白微黃帶橘紅。臀鰭鰭膜灰白帶橘紅，臀鰭基部有一黑斑。尾鰭分叉，上下葉帶紅色，鰭膜灰白。

初級性淡水魚

鯉科

史尼氏小鲃

Puntius snyderi

別名	紅目呆、紅目猴、史尼氏無鬚鲃、史尼氏二鬚鲃、牛屎鯽仔、斯奈德小鲃、三吋仔（桃園）	分布	臺灣北部、中部，宜蘭地區則是人為流放

初級性淡水魚類，主要出現於河川中下游、溝渠、野塘、池沼等地區，棲息環境大多為水流平緩靜水域、兩旁的淺水區，其底部與兩旁有許多水生植物的淺水區。具有群居性，繁殖力頗強，其卵均藏於水生植物中。屬雜食性，以小型底棲動物、有機碎屑物以及藻類為食。

| 棲息環境 | 河川中下游、溝渠、池沼、野塘 |

1. 雄魚（北部型）2. 大型雌魚（北部型）3. 雄魚（中部型）4. 雌魚（中部型）5. 寡鱗型

初級性淡水魚

鯉科

形態特徵

　　體延長，體高頗高，體側與腹部渾圓。背緣與腹緣隆起明顯呈圓弧狀。頭小，頭長為體長的1/4。眼側位，眼眶上部為鮮紅色，眼徑小於兩眼間距。吻鈍，吻長略小於眼徑。口小，端位，稍斜裂，上頜略較下頜前突，上頜僅延伸至鼻孔前緣下方。具口鬚1對，口鬚極短。

　　幼魚體色偏土黃色，體型較大時呈黃綠色。側線完全。體側主要有4塊橫斑，背鰭基底前端則有1小黑斑。雄魚體側中央有金屬黃綠色光澤，上方則有一抹青綠色光澤，腹部橘紅色，較大型雄魚其上述顏色不明顯。雌魚顏色素以偏土黃色為主，腹部白色。背鰭一枚，位居背緣中央。胸鰭長形。腹鰭腹位。臀鰭基底並不長。尾鰭為凹形。各鰭均為橘紅色。

89

高體鰟鮍

Rhodeus ocellatus ocellatus

體長　可達 10cm

別名	牛屎鯽仔、紅目鯽仔、鱊、點鱊、七彩葵扇	分布	臺灣北部、西部、中部、南部、東北部、東部	棲息環境	河川下游、池沼野塘、湖泊、溝渠、水田

初級性淡水魚類，主要出現於平原型的河川中下游、池沼、野塘、溝渠等處，環境為水流平緩的緩流區及靜止水體，而汙染過度的環境則是無法忍受。喜愛泥底的底質，通常會躲藏於水草間。生殖行為特殊，雌魚會將輸卵管注入田蚌中將卵產下，以讓卵在蚌中孵化。屬雜食性魚類，以水生昆蟲、藻類以及浮游生物為食。

初級性淡水魚

鯉科

形態特徵

體態頗高，體呈卵圓形，側扁。背緣與腹緣隆起明顯呈圓弧形。尾柄頗長，尾柄窄，體高極高，為尾柄高的4倍。頭小，呈三角錐狀，項部內凹明顯，頭長為體長的 1/5 左右。眼大，側位，雄魚眼眶為紅色，雌魚則無，眼間距窄，眼間距小於眼徑。吻部頗短，吻長略小於眼徑，雄魚吻端追星明顯而粗大。口小，端位，口斜裂，上下頜略為等長，上頜僅延伸至鼻孔前端下方。

雄魚體色豔麗，背鰭前的背緣為亮藍綠色，頭部鰓蓋處、體側中央及腹部為胭脂紅色，鰓蓋後方的體側前部之體表處亦為亮藍綠色。體側後部之體表有一條藍色縱線，由尾柄往前延伸至體側中央偏上處之體表，縱線下為胭脂紅色

90

1. 高體鰟鮍雌魚具有一根細長的輸卵管，可將卵注入淡水蚌殼中。
2. 較大型的高體鰟鮍雄魚顏色非常豔麗。
3. 雌魚。
4. 高體鰟鮍雌魚較小型時就具有輸卵管了。

縱線，兩縱線重疊，尾柄亦為胭脂紅。雌魚體色樸素，體呈灰黑色，腹部銀白，體側後部亦有縱線但並不明顯。體側線不完全。背鰭一枚，基部起點位居體高最高點，背鰭基底頗長，約占背緣的 1/3 左右，成熟雄魚背鰭具二道白色點紋，前面 1～4 根鰭條微紅，背鰭鰭緣具黑色紋，雌魚背鰭前端具 1 黑斑，鰭膜均為灰黑色。胸鰭微黃。腹鰭頗小，第一根鰭條為藍色，鰭膜微黃。臀鰭基底頗長，形狀與背鰭相似，雄魚鰭膜紅色，鰭緣為黑色，雌魚則為灰白帶透明狀。尾鰭分叉，鰭膜灰白，雄魚在尾鰭基部帶紅色，雌魚則無。雌魚在肛門處有明顯的輸卵管。

何氏棘魞

Spinibarbus hollandi

別名	卷仔、留仔	分布	臺灣東部、南部、東南部、其他地區則為不當流放之族群	棲息環境	河川中下游

初級性大型鯉科魚類，主要出現河川中游，在河川下游與上游也可見其蹤跡。棲息環境為水流稍急深瀨區、較深的潭區；幼魚在淺瀨及潭區旁的淺水區出沒，底質大多為石礫。具群游習性，跳躍力強，亦具有掠食性，上層～底層均是此魚的泳層。雜食性，藻類、水生昆蟲、落水昆蟲、小魚、甲殼類及有機碎屑物都是此魚的食物。

初級性淡水魚

鯉科

形態特徵

體延長，前部呈圓筒狀，後部側扁。背緣呈淺弧形，腹緣平直，至臀鰭起點處有明顯內凹。頭長為體長的 1/4。眼上側位，眼徑大於眼間距。吻尖，吻長大於眼徑，吻端較為前突。口稍斜裂，上頜較下頜前突，上頜骨可延伸至眼前緣下方。具口鬚 2 對。大型雄魚追星明顯，雌魚較不明顯。

體呈灰白色帶青黃色，腹部白色，鱗大，鱗片四周帶黑色。側線完全。具背鰭一枚，位居背緣中央，幼魚時背鰭上部具黑斑，中型魚體黑斑在背鰭呈黑色鰭緣。胸鰭長形，腹鰭腹位，臀鰭第一根鰭條最長而後漸短。尾鰭分叉。胸鰭、腹鰭、臀鰭、尾鰭帶橘紅色。

銀鮈

Squalidus argentatus

別名	車栓仔、頷鬚鮈、大眼銀鮈	分布	臺灣北部	棲息環境	河川中下游

初級性淡水魚類，通常出現於大型河川的中下游，棲息環境以較深的靜水域潭區為主，屬中下層魚類。常混居於其他魚類中，有明顯的群居性，亦有遷移習性，每年 3～5 月可以在潭區旁的淺水域發現其 1～3cm 的幼魚。雜食性，以浮游生物、有機碎屑物、底生無脊椎動物及小型甲殼類為食。

形態特徵

體延長，呈紡錘狀。背緣、腹緣呈淺弧形。頭長為體長的 1/5 左右。眼大，上側位，眼間距窄，約眼徑的 1/3。吻部鼻孔前稍內凹。口小，斜裂，次下位，上頜略比下頜前突，上頜骨可延伸至眼前部下方，口角鬚 1 對，口鬚頗長，可達眼睛 2/3 處。雄魚的追星粗大而明顯。

體上部黑灰色帶微黃色，腹部白色。體背與體上部散布若干細斑。體側線完全。體側中央有一列與側線重疊的半月形黑斑。側線上方之體表有一青綠色縱帶，縱帶上緣具一金色縱線。背鰭一枚，位居背緣中央稍前處。胸鰭長形。腹鰭腹位。臀鰭為三角形。尾鰭分叉。各鰭鰭膜為灰白稍呈黃色。

初級性淡水魚

鯉科

93

巴氏銀䱫

Squalidus banarescui

體長　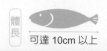 可達 10cm 以上　特有種

別名	中臺銀䱫、斑氏銀䱫、車栓仔、憨仔條	分布	臺灣中部	棲息環境	河川中下游、溝渠、池沼

初級性的小型鯉科魚類。主要出現於河川中下游、溝渠、池沼、野塘中。棲息環境在水流較為平緩及較深的靜止水域，通常躲在河岸或水生植物中，屬於中下層魚類。繁殖期時會產卵於水草根部。具群居性。一般以水生昆蟲、小型無脊椎動物、小蝦及有機碎屑物為食。

附註：2009 年 4 月 1 日起公告為一級保育類。

形態特徵

體延長，呈紡錘形。背緣與腹緣為淺弧形。頭長為體長的 1/5。眼上側位，眼間距頗窄，小於眼徑，間距約眼徑的 1/2 左右。吻黑色，吻長略小於眼徑。口小，略下位，口型略為馬蹄形，口斜裂，上頜較下頜略為突出，上頜骨僅延伸至眼前緣下方。口鬚 1 對，口鬚短，口鬚長度小於 1/2 眼徑。

體呈灰白，體背顏色略帶紫色，腹部為白色。側線完全，側線上有半圓弧形黑斑群，斑群上方有一藍黑色縱線，縱線邊緣有一金色縱線與藍黑色縱線平行。體表具若干黑色小斑塊。背鰭一枚，位居背緣中央稍前處。胸鰭為長形。腹鰭腹位。臀鰭三角形。尾鰭為凹形狀。各鰭鰭膜均帶黑斑。

飯島氏銀鮈

Squalidus iijimae

| 別名 | 臺灣銀鮈、車栓仔、南風魚、飯島氏麻魚、臺灣麻魚、麻魚 | 分布 | 臺灣後龍溪流域 | 棲息環境 | 河川中下游 |

初級性淡水魚類,主要出現於河川中游處,通常躲在水流平緩深潭、平瀬區。在繁殖季節時,會出現在和緩的瀬區或潭尾地區,選擇底質層為細沙或小石礫的地形進行產卵。具有群居性。為雜食性魚類,通常以有機碎屑物、水生昆蟲、藻類及小蝦為食。

附註:2009 年 4 月 1 日起公告為一級保育類。

形態特徵

體延長,前部呈圓筒形,後部側扁。背緣呈圓弧形,腹緣呈淺弧形。頭長為體長的 1/5。眼上側位,眼徑大於眼間距。口斜裂,上頜較下頜前突,上頜骨僅延伸至眼前緣下方。具口鬚 1 對,口鬚稍長,口鬚長度約眼徑的 1/2。

體呈灰白色,體背較呈灰黑色,具些許黑色小麻斑。腹部銀白,有些許小麻斑。體側線完全,側線上有若干小黑斑呈縱列狀與側線重疊。側線上方有 1 條金色縱線。背鰭一枚,鰭棘具少許小麻斑。胸鰭長形,鰭膜灰白。腹鰭腹位,鰭棘與鰭膜有少量麻斑。臀鰭亦有些許麻斑。尾鰭分叉,具麻斑。

初級性淡水魚

鯉科

95

齊氏田中鱊鮍

Tanakia chii

別名	齊氏石鮒、牛屎鯽、紅目狗貓仔	分布	臺灣北部	棲息環境	河川中下游、溝渠、池沼、野塘

級性淡水魚類，主要棲息於野塘、池沼、有水生植物的溝渠，或是水流平緩、靜水域的地方，常與臺灣石鮒或齊氏石鮒混棲，屬中下層魚類。為一雌多雄機制，雌魚有輸卵管，會利用田蚌作為繁殖媒介。以水生昆蟲、小型無脊椎動物及有機碎屑物為食。

形態特徵

體延長，側扁。背緣與腹緣呈圓弧形。體高頗高呈卵形狀，尾柄寬為體高的 1/2 左右。頭長為體長的 1/4 左右。眼大，眼眶為紅色，眼間距與眼徑相等。眼後方之鰓蓋處有一塊黑斑，雄魚在此位置偏紫紅色。吻短而鈍，吻長約與眼徑相等。口小，次下位。上頜突出下頜。口鬚 1 對，鬚頗長，長度可過眼之前緣。雄魚具明顯的追星，發情期時

初級性淡水魚

鯉科

96

1. 雌魚
2. 特殊個體

鰓蓋後方中央處有金屬紫帶些紅色。

體呈銀白色，腹部為白色，體背顏色較深為黃綠色。體中央有 4 條黑色縱紋藉由鱗片結合形成一片黑色大斑塊。尾柄為鮮紅色。尾柄中央有一道藍色縱紋由尾柄往頭部方向，可超過背鰭起點。尾鰭中央有一道黑色縱帶。背鰭上部有道鵝黃斜紋。胸鰭、腹鰭微黃。臀鰭由基部至外緣分成黃、紅、黑三道斜紋。雌魚樸素，背鰭鰭膜有道黑紋，其餘部分為淡黃色，有些背鰭鰭緣為紅色，臀鰭也有道紅紋與黑紋。尾鰭與雄魚一樣有道黑色縱紋但比雄魚細。體側樸素但尾柄中央依然也有道藍色縱紋。胸鰭與腹鰭則為淡黃色。雌魚有一輪卵管但不長。

初級性淡水魚

鯉科

97

革條田中鰟鮍

Tanakia himantegus

別名	臺灣石鮒、牛屎鯽仔、副彩鱊、革條副鱊	分布	臺灣各地均有	棲息環境	河川中下游、溝渠、池沼、野塘、水庫

初級性淡水魚

鯉科

初級性淡水魚類，主要棲息於清澈的平原型河川中下游或溝渠、水庫及野塘池沼中，通常會在稍有水流及底部具有水草、兩旁有植被的環境中活動駐留，屬中下層之魚類。群居性，繁殖方式頗為特別，是以田蚌作為繁殖的媒介。雜食性魚類，以底生無脊椎動物、小型甲殼類、藻類及有機碎屑物為食。

附註：以前所記載之革條副鱊 *Paracheilognathus himantegus* 為本種之異名。

形態特徵

體延長，側扁。背緣與腹緣呈圓弧形。頭部極小，呈三角錐狀，頭長約體長的 1/5。眼側位，雄魚眼眶鮮紅色，雌魚則無，兩眼間距大於眼徑。吻鈍，吻長小於眼徑，雄魚吻部追星明顯。口小，下位，吻端略包覆上頜，具口鬚 1 對，口鬚為眼徑的 2/3 左右。

體呈銀白色，腹部白色。鱗片與鱗片接合處帶黑色。側線完全，與腹緣平

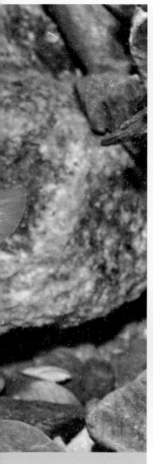

1. 革條田中鰟鮍雌魚亦有與
   高體鰟鮍一樣的輸卵管
2. 小型魚體

行。體背顏色較深。雄魚上部體表呈亮綠色，雌魚則顏色較素。體後部中央處有一藍色縱紋，起點由背鰭基部中央下方平直延伸至尾鰭基部中央。背鰭一枚，起點位居背緣中央，基底頗長，約占背緣的 1/3，雄魚背鰭上部為紅色，鰭緣帶黑，下部鰭膜灰白帶些黑色小斑，雌魚背鰭則為灰白色。胸鰭長形。腹鰭腹位。臀鰭與背鰭同形，臀鰭起點較背鰭為後。雄魚上部帶紅，鰭緣黑色，下部鰭膜灰白帶些黑色小斑。雌魚灰白色。尾鰭分叉，中央有一黑色縱斑，此縱斑與體後部中央的縱紋相連接，上下葉鰭膜灰白帶透明狀。

初級性淡水魚

鯉科

99

高身鏟頜魚
Onychostoma alticorpus

| 別名 | 高身鯝魚、高身白甲魚、赦鮸、鮸仔、霞面 | 分布 | 臺灣東部、東南部、南部，目前中部大甲溪流域有被放流之族群 |

初級性淡水魚類，主要出現於東部、南部河川中游。一般棲息於深潭、深瀨及水流頗為湍急的瀨區，屬中下層魚類。雄魚具強烈領域性，遇同種魚及其他魚類侵入領域範圍，會利用其粗大尖銳的追星攻擊。雖為雜食性，但較偏向藻食性，一般以藻食為主，水生昆蟲為輔。

形態特徵

體延長，呈紡錘形，後部較為側扁。背緣隆起明顯，與腹緣皆呈弧形狀。體高極高。頭部極小，頭背緣略為隆起，頭長為體長的 1/6 左右。眼側位，眼眶為白色。眼間距頗寬。吻鈍，吻長小於眼間距，具吻褶，吻褶覆蓋上頜，大型雄魚具 4 ～ 8 顆大型追星。口下位，口橫裂，上頜橫裂末端可達眼前部下方，上頜具白緣，下頜角質邊緣發達，具 2

| 棲息環境 | 河川中下游 |

1. 幼魚
2. 溪流中的高身鏟頜魚

初級性淡水魚

鯉科

對短鬚。

體呈銀白色，體背部為深綠色，腹部銀白。側線完全，起點由頭部鰓蓋偏上處，下斜呈弧形狀，而後平直延伸至尾鰭基部中央。成熟雄魚腹部及體側中央偏下之體表為如晚霞般的粉紅色或橘紅色系。幼魚全身銀白色，體側中央可見一道黑色縱帶，此縱帶有時會消失。背鰭一枚，鰭膜灰白並帶橘紅色。胸鰭長形，鰭膜灰白帶橘紅色。腹鰭腹位，鰭膜為橘紅色，鰭緣灰白。臀鰭為三角形，鰭膜橘紅色，鰭緣亦為灰白色。尾鰭分叉，鰭膜灰黑色帶些橘紅色。幼魚各鰭為灰白色，鰭條為明顯的黑色。

臺灣鏟頜魚
Onychostoma barbatulum

別名	臺灣白甲魚、臺灣鯝魚、鯝魚、苦花、齊頭、齊頭花、蒂烈那、福山魚	分布	臺灣各地均有，高屏溪以南、東部太麻里溪以南則無此魚蹤跡

初級性淡水魚

鯉科

此魚在臺灣是很熱門的魚種，有些溪流封溪就是為了此魚，甚至有些村落因為此魚而帶來不少觀光收入。苦花也是釣魚人耳熟能詳的魚種，拉力強勁，體型又夠大，上尺的苦花可是很多釣友心中的目標。

棲息環境	溪流中上游

1. 發情時的臺灣鏟頷魚
2. 溪流中的臺灣鏟頷魚

形態特徵

體延長，呈紡錘狀，後部側扁。背緣呈圓弧狀，腹緣呈淺弧狀，頭長為體長 1/5 左右。眼側位，眼眶上部為紅色。吻部頗寬，在鼻孔前方有內凹，吻長與眼間距略為相等。口下位，橫裂，上頜吻褶發達，下頜具角質邊緣，有 2 對短小的口鬚。雄魚吻端具明顯的追星。

體側上部與體背為黑褐色或偏黃色，腹部銀白。體中央具一藍黑色縱線帶，此縱帶有時不明顯或消失。側線完全，起點由鰓蓋中央下斜呈一弧形狀，而後平直延伸至尾鰭基部中央。體表鱗片上具半月形黑斑。背鰭一枚，位居背緣中央。胸鰭為長形，向外平展呈三角形。臀鰭為三角形。尾鰭分叉。各鰭顏色為橘紅色。

初級性淡水魚

鯉科

103

中華鰍

Cobitis sinensis

別名	沙溜、中華花鰍	分布	臺灣宜蘭以及中央山脈以西之河川	棲息環境	河川中下游、溝渠

初級性淡水魚類，主要分布於河川中下游、溝渠等，棲息環境底質大多以小砂礫為主，喜愛水流平緩的淺水、深潭等地區。具群居性，夜間時活動力會降低，受驚嚇時會躲入小石礫灘中。具濾食性，以有機碎屑物、小型底棲生物、水生昆蟲及藻類為食。

形態特徵

體延長，呈長條狀，側扁。背緣與腹緣平直。頭長約體長的 1/6。眼上側位，眼前有一下斜的黑紋，眼間距大於眼徑。吻部布滿許多小型黑色斑塊。口小，口下位，口型為馬蹄型，具鬚 5 對，口角鬚 1 對，吻鬚 2 對，頦鬚 1 對，各鬚呈黃色。

體呈淡黃色，腹部為白色。體側有 3 條縱向的大型斑塊列，斑塊列間有較細小的斑塊。尾鰭基部有 2 個黑斑。背鰭一枚，位居背緣中央處，背鰭具 4～5 列黑色點紋。胸鰭長形，向外平展，鰭膜微黃。腹鰭與背鰭相對，鰭膜微黃。臀鰭微黃。尾鰭長圓形，具 4～5 條橫向黑色線紋，鰭膜灰白微黃。

泥鰍

Misgurnus anguillicaudatus

體長  可達 20cm

| 別名 | 土鰍、雨溜、魚溜 | 分布 | 臺灣各地均有 | 棲息環境 | 河川中下游、溝渠、池沼、野塘、水田 |

初級性淡水魚類，主要出現於河川下游，棲息環境以池沼、野塘、溝渠、水田及河川下游淺水區為主，底質大多為含泥量頗高的環境，耐汙性頗強。可用腸壁進行呼吸，故能在溶氧量較低的環境中生活。習性較偏向夜行性，白天均躲入淤泥中。屬雜食性魚類，以有機碎屑物、藻類、水生植物、小型蝦類、水生昆蟲為食。

形態特徵

體延長，呈長條型。前部為圓筒形，後部側扁。背緣與腹緣平直。上下緣皮質隆起明顯，尾柄上下隆起的皮質與尾鰭相連。頭小，頭長為體長的 1/6 左右。眼小，上側位，眼眶四周為紅色，眼前方具一列黑斑至吻端。吻部頗長，吻長大於兩眼間距。口下位，呈馬蹄形，具鬚 5 對。頭背緣與頰部具小黑斑。

體呈黃褐色或灰褐色，腹部黃色。體表具許多小黑斑，尾鰭基部上方有一明顯黑斑。具背鰭一枚，位居背緣中央偏後，具小黑斑。胸鰭長形，鰭膜為黃色。腹鰭基部起點較背鰭基部為後。臀鰭鰭膜為淡黃色。尾鰭呈圓形，具許多黑斑。

初級性淡水魚

鰍科

大鱗副泥鰍

Paramisgurnus dabryanus

別名	紅泥鰍、魚溜、紅魚溜、雨溜、大鱗泥鰍	分布	臺灣各地均有，但以南部較為常見	棲息環境	河川中下游、溝渠、池沼、野塘

大鱗副泥鰍白子

初級性淡水魚類，通常在河川下游、池沼、溝渠、水田等地出現，棲息環境喜水流緩和、靜止水域的水體，底質具泥底與小砂石，對於環境與耐汙性適應力頗強。由於此魚利用腸子呼吸，因此可於溶氧量低的環境存活。底棲性，白天躲於石穴或淤泥中，晚上較易見到。雜食性，以有機碎屑物、小型底棲性動物、水生昆蟲及藻類為食。

形態特徵

體延長，前部為圓筒形，後部側扁。背鰭前部之背緣較平直，後部之背緣則隆起明顯，腹緣淺弧形，至後部則漸為平直。頭長為體長的 1/7 左右。眼上側位。吻部頗長，比兩眼間距大。口小，下位，口為圓口形。具鬚 5 對，吻鬚 2 對，口角鬚 1 對，頦鬚 2 對。以口角鬚最長，口鬚可比吻部長。

體呈紅褐色。身體附黏液。體表布滿小型黑色斑點。背鰭一枚，位於背緣中央偏後處。胸鰭為長形，鰭膜灰白稍帶紅褐色，腹部稍黃。腹鰭、背鰭相對，鰭膜灰白帶紅褐色。臀鰭鰭膜為褐色，接近基底有少量黑斑。尾鰭為圓形，具黑色斑點。

纓口臺鰍

Formosania lacustre

體長　　可達 15cm

別名	臺灣纓口鰍、平鰭鰍、石貼仔、鹿角魚、花貼仔	分布	臺灣中部、北部	棲息環境	河川中上游

初級性淡水魚類，主要出現於河川中上游或支流之中，喜愛清澈水流且稍為湍急的瀨區中。屬底棲性魚類，警覺性頗強，白天通常躲藏於瀨區的石縫中，警覺性高，夜間活動力則較低，警覺性極差。雜食性魚類，以藻類、水生昆蟲、有機碎屑物為食。

形態特徵

體延長，前部呈亞圓筒形，後部側扁。背緣呈圓弧形，腹緣平直。頭部較呈縱扁狀，頭長約體長 1/4。眼小，上側位，位居中央後部，眼間距寬平，眼間距大於眼徑。吻長而圓鈍，吻部平扁，吻長大於兩眼間距，吻部鼻孔前方內凹。口下位，口橫裂，口部四周具許多吻鬚及短鬚，頰部有小碎斑。

體呈黃褐色、黑色、灰白色等個體。體背具 8 ～ 10 塊淡黃色不規則斑塊。有些流域體色全黑斑紋甚少。腹部平扁呈白色狀。背鰭一枚，具 3 ～ 4 條黑色斜紋。胸鰭寬大，向外平展，有 2 ～ 4 條弧型紋。腹鰭與背鰭相對，腹鰭基起點具 1 黑斑，鰭膜具 1 ～ 2 條斜紋或不規則斑紋，腹鰭亦向外平展。臀鰭呈三角形，具若干黑斑。尾鰭內凹，具 3 ～ 4 條橫向黑色斑紋，基部有 1 黑斑。

初級性淡水魚

爬鰍科

臺東間爬岩鰍

Hemimyzon taitungensis

別名	石貼仔	分布	臺灣東部	棲息環境	河川中上游

初級性淡水魚

爬鰍科

初級性淡水魚類，主要見於河川中、上游。通常發現之處均為水流湍急，水質清淨度很高且溶氧量充足的溪段。棲息環境大多為有落差的溪段，底質為大石與小石礫灘，平常躲於石縫中。此魚對環境要求頗高，喜歡水溫低的地方，若水土保持不佳的河段此魚便會消失。屬底棲性魚類，具些許的領域性。雜食性魚種，一般以水生昆蟲為主食，亦會刮食藻類為食。

附註：臺灣二級保育類。

形態特徵

體延長，前部稍呈縱扁狀，後部側扁。背緣隆起較明顯呈淺弧形，腹緣較為平直。尾柄長頗短，小於尾柄寬，尾柄寬為體高的 1/2 左右。頭小，頭長為體長的 1/5 左右。眼小，上側位，眼間距寬平，大於眼徑。吻長而圓鈍，吻長較兩眼間距大。口下位，口呈圓弧形。具口鬚 4 對，其中 1 對口角鬚並不明顯。

體呈橄欖綠或青灰色，體背黑褐

1. 腹面
2. 大白斑型
3. 蠕紋型
4. 東部第二種爬岩鰍 — 沈氏
   間爬岩鰍 *Hemimyzon sheni*

色，顏色較深，有不規則花紋如大白斑、蠕蟲紋或迷彩紋，腹部白色。體側線完全，起點由鰓蓋中央，稍上斜至胸鰭基部末端上方後，平直延伸至尾鰭基部中央。具背鰭一枚，位居背緣中央稍前方，鰭棘黑色，鰭膜灰白。胸鰭與腹鰭向外平展，兩鰭基部有些具白斑，鰭膜灰白，略帶花紋但不明顯。腹面來看，胸鰭與腹鰭並不相連，腹鰭內側相互接近，基部末端並未完全相連，其基部內側之距離約兩胸鰭基部內側距的1/4。臀鰭呈三角形，鰭膜灰白色。尾鰭稍呈凹形狀，具 3 ～ 4 條白色波浪形橫帶，橫帶間具橫向黑帶。

初級性淡水魚

爬鰍科

109

臺灣間爬岩鰍

Hemimyzon formosanus

別名	臺灣間吸鰍、石貼仔、石爬仔	分布	臺灣東北部、中央山脈以西之溪流	棲息環境	河川中上游

初級性淡水魚

爬鰍科

初級性淡水魚類，主要分布於河川中上游及支流中。棲息環境除了要極為清澈無汙染，且需水溫低、水流頗為湍急的溪段，其通常躲於有落差的急瀬石縫中，從低海拔至 1000 公尺左右的溪段都可見到。具有遷移性，夏天會遷移至較上游處，冬天水溫冰冷時會移居下游較適合生長的溪段。屬底棲性魚類，稍具群居性，但在某些時期則有領域性。雜食性魚類，以水生昆蟲、藻類及有機碎屑物為食。

形態特徵

體延長，前部稍呈渾圓狀，後部側扁。背緣呈淺弧形，腹緣較平直。尾柄短，尾柄長小於尾柄寬，尾柄寬約體高 1/2。頭呈縱扁狀，頭小，呈三角形，頭長為體長的 1/6 左右，頭部具許多小追星。眼小，眼側位，眼部位居頭部後部，兩眼間距為眼徑的 2 倍。吻部頗長，呈圓弧形，吻長大於兩眼間距。口下位，呈弧形。上頜上方具 3 對短鬚。

1. 臺灣間爬岩鰍白子
2. 臺灣間爬岩鰍腹面

初級性淡水魚

爬鰍科

　　體呈橄欖綠色、黑褐色、黑綠色。體背顏色較深，具許多黑色斑塊、黑色斑紋或迷彩紋。腹部扁平呈白色。側線完全，與背緣平行。體側亦有些許不規則斑塊。背鰭一枚，位居背緣中央，具3～4道斜紋。胸鰭大圓形，向外平展，有3道斜紋；胸鰭後緣微微上揚，可達腹鰭前部。腹鰭圓形，向外平展，具2～3道斜紋。臀鰭呈三角形，鰭棘有若干黑紋，鰭膜灰白色。尾鰭稍內凹，有4～5道黑色波浪紋。腹面平扁呈白色，兩胸鰭腹面基底內緣相距頗寬，兩臀鰭腹面基底內緣也頗為寬大，兩臀鰭基底內緣約兩胸鰭基底內緣的1/2，兩臀鰭鰭膜末端不相連。

111

南臺中華爬岩鰍
Sinogastromyzon nantaiensis

| 別名 | 南臺華吸鰍、石貼仔、棕簑貼仔、畚箕貼仔、石碟仔 | 分布 | 臺灣曾文溪及高屏溪流域 |

初級性淡水魚類，主要棲息於河川中下游，由於其寬大的胸鰭有如吸盤的特殊型態，故可吸附於石頭上。通常停留於水流稍微湍急的瀨區石縫中及稍有落差的石穴中。底棲性魚類，具有短距離的遷移習性。以有機碎屑物、水生昆蟲及小型無脊椎動物為食。

附註：2009 年 4 月 1 日起已列入臺灣三級保育類。

形態特徵

體延長，頭部縱扁，體側前部略為厚實，後部側扁。背緣呈淺弧形，腹緣較為平直。尾柄短，尾柄長小於尾柄高，尾柄高為體高的 1/2 左右。頭小，頭部呈三角形，頭長為體長的 1/4 左右。眼小，上側位，兩眼間距寬平，眼間距中有一分段的橢圓黑斑，眼間距約眼徑的 3 倍。吻長寬平而圓鈍，吻部長度大於兩眼間距。口下位，呈淺弧形，具 4

棲息環境	河川中上游

1. 南臺中華爬岩鰍腹面
2. 南臺中華爬岩鰍常吸附於石頭上

對短吻鬚。

　　體呈黑褐色或黃褐色，前部體背具若干碎屑小斑塊，後部體背則為 2 ～ 4 個不規則斑塊。體側線完全，由鰓裂中央偏上處，上斜呈圓弧形至背鰭基部前部下方體表處，而後稍下斜平直延伸至尾鰭基部中央。背鰭一枚，位居背緣中央，具 2 ～ 3 條黑色縱帶。胸鰭、腹鰭為寬大圓形狀，均向外平展，胸鰭、腹鰭乾淨無斑點，胸鰭末端可達腹鰭。臀鰭具 3 條與鰭條平行小細黑紋。尾鰭稍呈內凹狀，中央具一大型波浪狀紋，末端有一橫斑，部分個體則無。腹面扁平，由腹面來看，胸鰭內緣距離頗寬，後緣相連。

初級性淡水魚

爬鰍科

113

埔里中華爬岩鰍
Sinogastromyzon puliensis

別名	簸箕魚、木箕貼仔、石貼仔、棕簑貼	分布	臺灣中部	棲息環境	河川中上游

初級性淡水魚

爬鰍科

初級性淡水魚類，主要分布於河川中下游。棲息環境為湍急的瀨區、稍有水流的平瀨處、石礫底質，藏身處多為石縫中或是階流的石壁上，屬底棲性魚類。群居性，有季節性遷移習性，由於具有強大吸附能力，因此能在湍流的急瀨中活動。雜食性，以水生昆蟲、藻類及有機碎屑物為食。

附註：臺灣三級保育類。

形態特徵

體延長，側扁。背緣隆起明顯呈圓弧形，腹緣平直。尾柄頗短，尾柄長略小於尾柄高，尾柄高約體高的 3/4。頭小，縱扁，頭呈三角形，頭長為體長的 1/4 左右，項部有許多小碎斑結合而成的大斑塊。眼小，上側位，眼間距寬平，眼間距約眼徑的 3 ～ 4 倍。吻部寬而圓鈍，吻部頗長，吻部之鼻孔處微凹，吻長約與兩眼間距相等。口下位，呈弧

埔里中華爬岩鰍腹面。

形，口弧形與吻緣平行。具 4 對短鬚。

體呈青綠帶黃色、黑褐色。體背具黑色圓斑與不規則斑塊點，斑點間為青黃色。側線完全，起點位居頭部鰓蓋中央偏上處，上斜至胸鰭基部內緣上方體表處，後斜下至腹鰭基部起點上方體表處後平直延伸至尾鰭基部中央。背鰭位居背緣中央，具 3 ～ 4 道斜紋。胸鰭寬大，呈圓盤形向外平展，具許多排列呈圓弧形碎斑，鰭膜微黃，展開後至後緣可接觸腹緣前部。腹鰭為大圓盤形，亦有呈圓弧形碎斑，起點較背鰭起點稍前，鰭膜顏色與胸鰭相同。臀鰭為三角形，具 1 ～二道斜紋。尾鰭稍內凹，具 3 ～ 4 道波浪紋。腹部白色微黃，腹緣內緣相互癒合呈一吸盤狀。

初級性淡水魚

爬鰍科

115

臺灣䰲

Liobagrus formosanus

| 別名 | 紅噹仔、南投䰲、黃蜂、臺灣䱀 | 分布 | 臺灣中部 | 棲息環境 | 河川中上游 |

初級性淡水魚類，過去活動於河川中上游，近年來因溪流環境改變及天候變遷，導致棲地偏往河川中下游處。喜愛清澈水體，底質要有小石礫灘並有大石可供躲藏的棲所。底棲性，在稍有水流的深瀨、平瀨及稍有落差的急瀨洄流處均可見到其蹤跡。屬夜行性魚類，在洪水期時白天亦會出現，不過通常躲藏於石縫中。肉食性，以水生昆蟲及無脊椎動物為食。

附註：2009 年 4 月 1 日起已列入臺灣三級保育類。

116

1. 雌魚
2. 大甲溪產
3. 烏溪產

形態特徵

　　體延長，頭部平扁，體中部稍成圓筒形，後半段側扁。背緣與腹緣平直。頭長約體長的 1/4。眼後頭背部具半圓突起，中央內凹。兩頰鼓起。眼小，上側位，兩眼間距頗寬，且中央處內凹。吻短而寬鈍。口大而平直，上頜略突出下頜。頭部具鬚 8 根。口鬚短而粗。

　　體呈紅棕色或黃棕色。腹面微黃。體無鱗具黏液。背鰭短小，前端硬棘短於後方鰭條。胸鰭亦短並略為向外平展。脂鰭頗低，基底長，為淺弧形，與尾鰭鰭膜相連。腹鰭短亦略向外平展呈黃色。臀鰭基底小於脂鰭基底 2 倍以上。尾鰭略呈截形但外緣為圓弧型，外緣鰭緣為白色，鰭膜為黑褐色，上下葉之鰭膜邊緣可延伸至尾柄上下緣。

初級性淡水魚

鈍頭鮠科

117

鯰魚
Silurus asotus

| 別名 | 鯰仔、黃骨魚、鯤魚 | 分布 | 臺灣西部、南部、北部、東北部較為常見，東部亦有少量族群。 | 棲息環境 | 河川中下游、水庫、溝渠、池沼、野塘 |

頭部特寫

夜行性魚類，河川中下游、水庫、野塘均有其蹤跡，可忍受稍有汙染的水域環境。喜好躲藏於掩蔽物較多的地方，如繁盛的禾本科植物下方、大潭底的石縫，皆為此魚蟄伏藏匿之所。夜間或風災過後水濁時會外出覓食，性兇猛，魚、蝦、蟹皆為其佳餚。在過去是重要的食物來源之一，如今因河川汙染及水泥化已較少見到。

形態特徵

　　體延長，前部為圓筒形，後部側扁。背緣平直，腹緣隆起呈圓弧形。頭大而稍為扁平，眼小，吻部寬略短，口上位，下頜略突出於上頜，口部斜裂可至眼睛中部下方。具口鬚3對，1對位於上頜，其餘2對則位居下頜處，下頜鬚至成魚時呈1對。

　　體色大多為黑褐色或黃褐色，體側無鱗而光滑，具黏液，體側有一平直之側線，黏液孔成行排列於側線上方。背鰭短，胸鰭為扇形，有一鋸齒狀硬棘。腹鰭亦小。臀鰭呈一大片簾形狀，尾鰭為截形與臀鰭相連。

初級性淡水魚

鯰科

線紋鰻鯰

Plotosus lineatus

體長 可達25cm

| 別名 | 鰻鯰、沙毛 | 分布 | 臺灣各地均有 | 棲息環境 | 河口、河川下游 |

珊瑚礁區具砂質底的地形會有此魚蹤跡，而在近岸岩礁潮池及河口區，甚至河川下游汽水域也可發現。具群居性。幼魚受驚擾時會群聚成球狀，又稱鯰球。屬於夜行性魚種。白天在洞穴中棲息，浪大水濁的白天也是此魚活動的時候。一般以小魚、小蝦為食。此魚是有名的刺毒魚類，在民間諺語一魟、二虎（獅子魚或毒鮋、鬼鮋那類）、三沙毛，此魚就是排名第三的刺毒魚類。

形態特徵

體延長，頭部平扁，體前部呈圓筒狀，後部側扁。頭部頗大，頭長約體長的1/4。眼小，中央偏上，側位。項部中央略內凹。口大，偏下位，口橫裂。鼻鬚1對，上頜鬚1對，頦鬚2對。

體側無鱗，體側具2條黑色縱帶，有時體色會變淡。背鰭二枚，第一背鰭短，前有硬棘，第二背鰭基底頗長，背鰭與尾鰭、臀鰭相連。胸鰭側位，上緣具數根硬棘。背鰭及胸鰭第一根具毒腺硬棘。腹鰭腹位。臀鰭與第二背鰭同形，臀鰭起點較第二背鰭起點為後。

周緣性淡水魚

鰻鯰科

119

鬍子鯰

Clarias fuscus

| 別名 | 土殺、塘虱魚 | 分布 | 臺灣各地均有 | 棲息環境 | 河川中下游、溝渠、池沼、野塘、水田 |

主要棲息於河川下游、池沼、野塘、水田、溝渠等處。喜愛躲藏於水草茂盛之處或泥底、泥穴中，屬於下層魚類。可以直接呼吸空氣，故離水也不易死亡。夜行性，幼魚較具群居性，成魚則以單獨活動為主。性情兇猛，幼魚主要以浮游動物為食，成魚以小魚、小蝦為主食，水生昆蟲、蝌蚪、幼蛙都是牠的食物。

初級性淡水魚

鬍鯰科

形態特徵

體延長，前部圓筒狀，後部側扁。背緣、腹緣呈圓弧形。頭部略扁，頭蓋骨較突起縱向呈圓弧狀，頰部略為鼓起。頭長約體長 1/3。眼上側位。吻短圓寬。頭部前端具鬚 4 對。口橫裂，前位。上頜較下頜突出。

體呈紅褐色、黃褐色。腹部白色。體無鱗具黏液。側線完全，前部稍彎曲外其餘呈平直狀。側線上方之體表約有 17 條由 4 ～ 5 顆白點所形成的橫列。側線下方則有若干白斑群。體側有若干黑褐色斑塊。背鰭鰭膜高度約體高的 1/2，基底長為體高的 5 倍。胸鰭具一根巨大明顯硬棘。腹鰭透明。臀鰭與背鰭同形，基底約背鰭的 2/3。尾鰭小，呈扇形。

斑海鯰

Arius maculatus

體長 可達 80cm

別名	成仔魚、成仔丁、白肉成、賓士魚	分布	臺灣西部、南部、北部	棲息環境	河口、河川下游

沿海底棲魚類，通常出現沙泥底質，如近海沙質海岸、河口、河川下游半淡水鹹區，有時會進入幾近淡水水域。此魚耐汙染，可忍受水質頗髒的水域，常在河口區覓食。不愛水清之水體，常於混濁的水域出沒，在沙質底之海岸若水濁時此魚會大量出沒。屬夜行性魚類。肉食性，以魚類、甲殼類、多毛類為食，亦會食用腐肉。

形態特徵

體延長，前部略為渾圓，後部側扁。頭小，頭長約體長 1/5。頭緣側看呈圓弧狀。頭蓋骨頗平。眼前側位。口下位，口鬚 3 對。口鬚長可達胸鰭前部。

體側上部顏色呈灰黑色帶紫。下部褐色。腹部偏白色。背鰭一枚，後方有一脂鰭。背鰭第一根硬棘粗大，硬棘帶黑。背鰭前緣鱗脊明顯。脂鰭為一大黑斑。胸鰭展開呈三角狀，具一硬棘。左右胸鰭硬棘與背鰭硬棘具毒腺，硬棘前後緣具鋸齒。腹鰭腹位，臀鰭呈鐮刀形。尾鰭深叉形。各鰭呈黃褐色，均帶白緣。

周緣性淡水魚

海鯰科

121

內爾褶囊海鯰

Plicofollis nella

體長 可達 50cm

別名	成仔魚、成仔丁、臭 臊成	分布	臺灣西部地區為主要 產區	棲息 環境	河口、河川下游

近岸沿海、潟湖、河口紅樹林區、河川下游汽水域的魚類，偏好底質為沙泥底質的環境。耐汙力頗強，可以進入較淡的水域中。屬夜行性魚類。具群居性，在海水混濁的季節會大量出現於河口區及沙泥底的近海域。主要以無脊椎動物及小魚為食。

形態特徵

體型較長，側扁。頭呈長圓形，頭長為體長的 1/3。頭蓋骨平滑，顆粒突出不明顯，頭蓋骨呈盾狀，外觀較不明顯。後部細小並向背鰭基部起點呈分支狀，分支較小。眼小，呈橢圓形，兩眼間距寬大，約眼徑 4 倍。主鰓蓋後部有一大硬刺呈寬大正三角形。吻部頗長，大於眼徑。口下位，口鬚 3 對。最長口鬚長可達胸鰭起點。

體呈褐色，占體面積 80%。背鰭一枚，第一硬棘粗大。具脂鰭，黑色。胸鰭展開呈三角狀，硬棘粗大。腹鰭腹位，長形，鰭條較呈褐色。臀鰭前部鰭條較長至中部微內凹，至後部鰭條漸短，前部呈褐色較深，至後方漸淺。尾鰭深叉，上葉尾鰭最上端鰭緣略黑，其餘呈褐色，鰭緣帶白。

周緣性淡水魚

海鯰科

122

大頭多齒海鯰
Netuma thalassina

體長 可達 185cm

別名	成仔魚、成仔丁、臭腺成、賓士魚	分布	臺灣西部、南部、北部	棲息環境	河口、河川下游

沙泥底質的近海沿岸、紅樹林區、潟湖區及河口汽水域均為此魚喜愛棲息的範圍。耐汙力強，廣鹽性魚類，頗為耐淡，可進入純淡水域。具群居性。常於混濁的水域出沒，在沙質底之海岸若水濁時此魚會大量出沒。屬夜行性魚類。肉食性，以魚類、甲殼類、多毛類為食，亦會食用腐肉。

形態特徵

體延長，前部略為渾圓，後部側扁。頭部較斑海鯰大，頭長為體長的 1/3。頭呈紫黑色。頭蓋骨較扁寬，呈盾狀，後部細小並向背鰭基部起點呈分支狀。板上具顆粒突出。頭蓋骨頂部至背鰭前緣處呈一大內凹。眼小，兩眼間距大，兩眼間距為眼徑的 2 倍。口下位，口鬚 3 對。口鬚最長未達胸鰭起點。主鰓蓋後部具一大硬刺。

體側上部銀灰色，下部為白色。背鰭一枚，第一硬棘粗大，呈白色。脂鰭一枚，具一黑斑。胸鰭展開為三角形，具一硬棘。背、胸鰭硬棘前後緣皆具鋸齒。腹鰭腹位，斜邊形。臀鰭呈鐮刀狀。尾鰭深叉形。

周緣性淡水魚

海鯰科

123

長脂瘋鱨

Tachysurus adiposalis

| 別名 | 淡水河鮠、三角姑、脂鮠 | 分布 | 臺灣北部、中部 | 棲息環境 | 河川中上游 |

初級性淡水魚類，主要棲息於中上游的清澈溪流。通常所處環境為溪流的深瀨、深潭及平瀨等型態，底部具大石或有小石縫等環境。為底棲性魚類。白天一般躲於石縫當中，屬夜行性魚類，白天的洪水期時與夜間是此魚出來覓食的時機。一般以水生昆蟲、小魚、小型甲殼類為食。

附錄：長脂擬鱨（*Pseudobagrus adiposalis*）為同種異名。

形態特徵

體延長，前部圓筒形，後部側扁。背鰭與腹緣為淺弧形。尾柄高為體高1/2，體高約與頭長相等。頭長為體長1/4，鰓裂後方有一根粗大的硬棘。眼上側位。吻長大於眼徑。口下位，呈圓弧形，上頜較下頜前突，頭部具4對鬚，頦鬚2對，鼻孔處有1對鬚，上頜鬚1對，上頜鬚長未達胸鰭，2對頦鬚較短。

體呈黑褐色，體無鱗光滑。側線完全，體側之體表帶些許白斑。背鰭一枚，具2根硬棘，鰭膜亦與體色相同，有一脂鰭，基底長為體高2倍。胸鰭呈三角形，第一根鰭棘為粗大的硬棘，鰭膜灰白帶些黑褐色。腹鰭腹位，近基底鰭膜稍帶黑褐色。臀鰭與脂鰭相對，基底長為脂鰭基底長2/3。尾鰭微凹，鰭緣帶灰白，鰭膜與體色相同。

短臀瘋鱨

Tachysurus brevianalis

| 別名 | 黃江龍仔、黃崗陵仔、三角姑、日月潭鮠、短臀鮠 | 分布 | 臺灣北部、中部 | 棲息環境 | 河川中上游 |

初級性淡水魚類，活動於河川中上游，主要棲息環境為水流平緩的潭區，或是較多石頭相圍的稍深區段。白天多躲藏於深潭底或石縫中，在水流量較大、水色較為混濁或是夜間時，才是此魚的活動時間。性情頗為兇猛，若有生物經過其所躲藏的石縫時，會攻擊或獵食入侵者。以小魚、水生昆蟲、小型甲殼類為食。

附註：短臀擬鱨（*Pseudobagrus brevianalis*）為同種異名

形態特徵

體延長，前部為圓筒形，後部側扁。背緣、腹緣呈淺弧狀。尾柄高為體高的 1/2 ～ 2/3。頭長為體長的 1/4 左右，鰓裂後方有一硬棘。眼上側位，眼間距大於眼徑，約眼徑的 1.5 倍。吻長，約與眼間距相等，吻圓鈍。口下位，呈淺弧形。頭部具 4 對鬚，頦鬚 2 對，頦鬚最短，鼻孔具鬚 1 對，上頜鬚 1 對，上頜鬚可延伸至胸鰭基部。

體呈黃褐色，側線完全。背鰭一枚，具 2 根粗大硬棘，第 1 根的粗大硬棘顏色為黃褐色，其餘鰭膜灰白帶些黃褐色。脂鰭黃褐色，上部顏色稍淺，基底約臀鰭基底的 1.3 倍。胸鰭向外平展呈三角狀，具 1 根粗大硬棘，腹鰭短小。臀鰭與脂鰭相對，接近基底處為黃褐色。尾鰭略內凹，鰭膜顏色與體色相同。

初級性淡水魚

鱨科

125

臺灣瘋鱨

Tachysurus brevianalis taiwanensis

體長
可達 15～20cm

特有亞種

別名	三角姑	分布	臺灣苗栗以北之溪流中	棲息環境	河川中上游

初級性淡水魚類，生活於溪流中上游或是稍大型支流，主要棲息環境為潭區或是具有眾多石縫的瀨區。白天躲於石縫中，夜間水量大或是水濁時才出來覓食。底棲性，不具群居性，大多單獨躲於石縫中。性情兇猛，主要以小魚、小型甲殼類及水生昆蟲為食。

初級性淡水魚

鱨科

形態特徵

體延長，前部為圓筒形，後部側扁。背鰭前的頭背緣隆起明顯，背緣、腹緣稍呈淺弧形。尾柄寬為體高的 2/3 左右。頭長為體長的 1/5 左右。眼上側位，吻鈍，吻長大於眼間距。口下位，呈圓弧形，上頜較下頜突出。頭部鰓裂後方有粗大的硬棘。頭部具鬚 4 對，頦鬚 2 對，鼻鬚 1 對，上頜鬚 1 對，頦鬚其中 1 對頗長，鼻鬚較其中 1 對頦鬚短，上頜鬚，鬚長可延長至鰓裂下緣處。

體呈黃褐色或黑色，腹部為白色。側線完全，背鰭一枚，具 2 根硬棘，接近基底顏色為黑色或黃褐色，上部為黃褐色或黑色。脂鰭較不發達，基底長小於臀鰭基底長。胸鰭向外平展，具 1 根粗大硬棘。腹鰭腹位。臀鰭與脂鰭相對，基底大於脂鰭基底長。尾鰭內凹，上下葉等長。

南臺瘋鱨

Tachysurus sp.

體長 可達 20cm
未描述種

別名	三角姑	分布	臺灣曾文溪流域	棲息環境	河川中上游

初級性淡水魚類，活動於河川中游水域，喜愛棲息在較深的潭區，或是具有許多石縫的淺瀨、平瀨區。平常白天躲於石縫中，夜間才出來覓食，為夜行性魚類，當然水濁時亦會出來活動。一般以水生昆蟲、小型甲殼類及小魚為主要食物。

形態特徵

體延長，前部圓筒形，後部側扁。背緣、腹緣呈淺弧形。尾柄長為體高 3/4，尾柄高小於體高 1/2。頭長為體長 1/4，鰓裂有粗大硬棘。眼上側位，眼間距為眼徑的 1.5 倍。吻圓鈍，吻長大於眼間距，吻端具小白斑。口下位，呈圓弧形，上頜較下頜前突。具 4 對細鬚，上頜鬚最長，上頜鬚不達鰓裂下緣。

體呈黃褐色或黑褐色，側線完全，側線下斜而後平直延伸至尾鰭基部中央。體側後部布滿白斑。背鰭一枚，有 2 根硬棘。脂鰭基底長為體高 1.5 倍，脂鰭具白斑。胸鰭向外平展，具硬棘。臀鰭與脂鰭相對，兩基底長相等。尾鰭淺凹形，尾鰭上下葉有不明的小黑斑。

初級性淡水魚

鱨科

127

臺灣櫻花鉤吻鮭

Oncorhynchus masou formosanus

別名	臺灣櫻花鉤吻鱒、臺灣鉤吻鮭、臺灣鱒、臺灣馬蘇大麻哈魚、高山鱒、梨山鱒、大甲鱒	分布	臺灣大甲溪上游環山以上之主支流以及七家灣溪流域

海源性淡水魚

原為溫帶型之河海洄游型魚類，冰河時期後遺留至臺灣高山溪流中而成為陸封型魚種。主要棲息環境為水溫 18 度以下的溪流上游處，通常身處於稍有水流的深潭中。主要以水生昆蟲及落水的昆蟲為食，亦會追捕體型比自己小的小型魚類。

附註：臺灣一級保育類。

鮭科

棲息環境	河川上游

1.2. 優游於七家灣溪的臺灣櫻花鉤吻鮭

形態特徵

體延長，呈流線型，後部至尾柄處為側扁。背緣與腹緣為淺弧形，尾柄高與尾柄寬相等。雄魚頭部稍大，一般頭長約體長 1/5。眼側位，吻長大於眼徑。口端位，斜裂，口裂可達眼後緣下方，雄魚口裂較雌魚大，上下頜前端稍具鉤狀，以雄魚較為明顯。

體背為青綠色，體側中央帶紅色，腹部銀白。側線上方有許多小黑點及些許雲狀斑。腹部有若干小黑點，體側中央則有 9～14 個藍色橢圓斑。背鰭一枚，後方有一脂鰭。胸鰭為長形。腹鰭腹位。臀鰭與脂鰭相對應。尾鰭為凹形。各鰭則帶橘黃色。

海源性淡水魚

鮭科

129

條紋躄魚
Antennarius striatus

別名	五腳虎、帶紋躄魚、死囡仔魚	分布	臺灣各地均有	棲息環境	河口

偏向於珊瑚礁區魚類，但近岸沙質底質環境也有，具漂浮力，有時隨馬尾藻或一些漂流物隨機漂入港邊或河口區，通常為獨行，少群居。會用第一背鰭特化成釣竿，及末端的皮瓣引誘獵物，再加上身體顏色擬態時的變化，出其不意的捕食獵物。肉食性魚類，以小魚、小蝦為主要食物，此魚可吞下體型比自己還大的獵物。

周緣性淡水魚

躄魚科

形態特徵

體側扁，呈橢圓狀。腹部脹大。頭寬大，頭高為體高 2/3。吻短，口上位，口裂寬大，下頜較上頜突出。頦部無肉質瓣狀突起。體色多變，有黃色、灰白、偏紅等色彩。巨大形蠕紋斑。體表粗糙，具雙叉小棘。背鰭具 3 根硬棘，第 1 根硬棘特化為吻觸手，且位於上頜縫合處，有如釣桿，末端由 2 ～ 7 片皮瓣組成。第 2 根硬棘較短。第 3 根游離硬棘短而粗大。第二背鰭鰭基頗長。具黑色斜斑或橢圓黑斑及小棘。胸鰭延長為柄，呈臂狀，前端呈趾狀，有如蛙腳，具小圓斑。邊緣布滿瓣狀突起。鰓孔小，位於胸鰭基部。腹鰭喉位，形狀呈蹼支撐身體，具小圓斑。臀鰭長圓形，具小圓斑。尾鰭圓形，具小黑圓斑。

裸躄魚

Histrio histrio

| 別名 | 五腳虎、死囝仔魚、斑紋光躄魚 | 分布 | 臺灣各地均有 | 棲息環境 | 河口 |

近岸礁石區海域之魚類，常躲於海藻叢、垃圾堆、枯木、礁石等掩蔽物中。在颱風前後或者浪大時則會進入河口、港灣或者潟湖等水域，屬中上層魚類，稍具群居性。擬態能力強，會隨環境改變身體顏色，並利用其有如釣竿的背鰭之第 1 根硬棘來誘捕獵物，大多以小魚為食。其卵有如球團狀，具漂浮性。

形態特徵

體延長，呈卵圓形，側扁。腹部膨漲。背緣與腹緣隆起極為明顯。頭大，頭長為體長的 1/2。眼小，眼睛四周具放射性黑紋。吻長約與眼徑相等。口大斜裂，下頜較上頜突出。

體色隨環境改變，灰白色到黃色都有。體側具微細單棘，有白斑。第一背鰭具 3 根硬棘，第 1 根硬棘居吻部，具毛絨，末端有如釣餌呈圓球狀，伸展後如絲狀，活動時如蟲形蠕動。第 2 根硬棘在第 1 根硬棘後方，具毛絨狀，第 3 根硬棘則埋入皮下。第二背鰭具淡藍色斑塊。胸鰭居第二背鰭基部起點下方處。腹鰭短於胸鰭。臀鰭基底頗短。尾鰭為扇形，具 5～6 條褐色橫帶，亦具淡藍色斑塊。

周緣性淡水魚

躄魚科

131

前鱗龜鮻

Chelon affinis

別名	烏仔魚、豆仔魚	分布	臺灣西部、南部、北部、東北部	棲息環境	河川下游、河口

廣鹽性魚類，常見於兩旁淺水區，主要棲息於沙泥底質的海岸、漁港、防波堤、潟湖區、紅樹林、河口、河川下游之汽水域，屬中上層魚類，常於水面上活動。頗容易受到驚嚇，雜食性，以浮游生物、有機碎屑物、藻類為食。

周緣性淡水魚

鯔科

形態特徵

體延長，前部為圓筒形，後部側扁。背緣與腹緣呈淺弧狀，背緣隆脊明顯。頭長為體長的 1/4。眼前位，眼間距大於眼徑。口小，亞腹位，下頜中央處隆起呈小丘狀，上頜中央處凹入並與下頜中央處契合。

體呈銀白色，體背呈青綠色，腹部白色。側線完全，數目為 11 ～ 13 條左右。背鰭二枚，鰭膜橄欖綠帶透明。胸鰭長形，鰭膜白色，基部無色。腹鰭腹位，白色帶橄欖綠色。臀鰭略與第二背鰭同形，鰭膜橄欖綠帶透明。尾鰭內凹，鰭膜灰黑色，鰭緣帶黑。

大鱗龜鮻

Chelon macrolepis

別名	豆仔魚、烏仔、烏仔魚、烏魚	分布	臺灣各地均有	棲息環境	河口、河川下游

廣鹽性魚類。稚魚時大多出現於沿海潮間帶，稍大幼魚則游入河口及河川下游的汽水域，成魚則活躍於河口較多，有時亦會進入純淡水域。一般在漁港、河口、內海、潟湖、紅樹林、沿海溝渠、河川中汽水域都可以發現其蹤跡，屬中上層魚類。群居性，大多在淺水區覓食一些藻類及有機碎屑物等。

形態特徵

體延長，呈紡錘形，前部稍呈圓筒形，後部側扁。背緣與腹緣稍呈淺弧形，背緣無隆脊。頭長為體長的 1/3 左右。眼中大，前位，兩眼間距大於眼徑，眼眶上部帶金黃色。吻長小於眼徑。口小，上下頜等長，下頜中央突起有如小山丘，上頜中央內凹與下頜中央尖起相契合。

體呈灰綠色，上部與背部顏色較深，腹部白色。鱗片頗大，側線平直完全，數目共 10 條。背鰭二枚，鰭膜灰黑色。胸鰭長形，基部具金色圓弧狀，上方有一黑點。腹鰭腹位，鰭緣微黃。臀鰭鰭膜為藍黑色，鰭緣微黃。尾鰭稍呈叉形，鰭膜暗藍色帶些黃色，鰭緣帶黑。

周緣性淡水魚

鯔科

綠背龜鮻

Chelon subviridis

體長 可達 30cm

| 別名 | 綠背鮻、豆仔魚、烏仔、烏仔魚、烏魚 | 分布 | 臺灣西部、南部、北部、東北部 | 棲息環境 | 河口、河川下游 |

廣鹽性魚類，主要出現於沙泥底質的海岸、河口、港灣、潟湖及河口下游的汽水域，偶爾會進入淡水域中，屬中上層之魚類。具群居性，常活動於上層水域，容易因受到驚嚇而躍出水面。屬雜食性，常在上層水面覓食浮游生物，或是以淺水區的藻類及有機碎屑物為食。

形態特徵

體延長，前部呈亞圓筒形，後部側扁。背緣與腹緣略呈弧形狀。頭長為體長的 1/4，頭部在前鰓蓋與主鰓蓋中央具青綠色斑塊。眼中大，前側位，眼眶上部具淡金色，眼間距小於眼徑。吻長小於眼徑。口小，亞腹位，上下頜約等長，下頜中央突起有如小山丘，上頜中央有一凹處與下頜突起契合。

體呈銀白色，腹部白色，體背稍呈青綠色。側線完全，側線數為 10 條左右。背鰭二枚，鰭膜灰黑色。胸鰭長形，基部灰白色，鰭膜灰白色。腹鰭腹位，鰭膜白色。臀鰭灰黑色。尾鰭凹入，鰭膜灰黑色，尾鰭外緣為黑色。

粒唇鯔

Crenimugil crenilabis

體長
可達 50cm

別名	烏仔、豆仔魚	分布	北部與南部較為常見	棲息環境	河口、河川下游

主要棲息於砂泥底質海域，耐淡能力強，算是廣鹽性魚類之一。主要出現於沿岸、潮池、漁港、潟湖等環境，亦會出現於河口域、進入河川下游汽水域、此魚並不會進入純淡水域中。主要以浮游生物及底質泥中的有機碎屑物、藻類為食。

形態特徵

體延長，前部圓筒形後部側扁，呈紡錘狀。頭長約體長的 1/3 ～ 1/4。頭緣平寬。吻短而鈍。眼小，偏前側位，脂眼瞼發達。口小，亞腹位，下唇有一高聳的小丘，上唇較下唇突出。

體呈銀白色，體背偏綠。側線發達；側線數目 12 ～ 14 條。尾柄高約體高 1/2 左右。背鰭二枚，第一背鰭均為硬棘，位居體背緣中央。第二背鰭均為軟條，位居背緣後部。胸鰭長形，可達第一背鰭起點，基部具一黑斑，黑斑外緣具黃色邊緣。腹鰭胸位。臀鰭前部稍微內凹，鰭條前部較長。尾鰭上下葉分明。各鰭鰭膜呈灰白色。

周緣性淡水魚

鯔科

135

黃鯔

Ellochelon vaigiensis

別名	豆仔魚、烏仔、截尾鯔、鬼鯔	分布	臺灣各地均有	棲息環境	河口、河川下游

周緣性淡水魚

鯔科

廣鹽性魚類。主要棲息於沙泥底海岸，在珊瑚礁潮池、岩礁漁港也可發現，不過需底質有沙質底的環境。國外常見於紅樹林區，在臺灣並不多見，但在河口還有潟湖區都有出現紀錄，甚至在恆春半島溪流下游的淡水域也有發現紀錄。群居性，跳躍力頗佳，受驚嚇會躍出水面。一般以泥底質有機碎屑物為食。

形態特徵

體延長呈紡錘形，前部略為圓筒狀，後部側扁。頭長為體長的 1/6。眼偏前側位。口小，唇薄，下唇有一高聳的小丘和上唇內凹相互契合。

體呈灰白帶些許綠色，體上部較黑。側線數目 8 ～ 10 條。背鰭二枚，第一背鰭位居體背緣中央，第二背鰭居後部。第一背鰭黑色，第二背鰭下部與基底偏黑其餘帶黃。胸鰭頗大，約有 3/4 的黑色占比，相當鮮明。腹鰭腹位。臀鰭與第二背鰭同形基底與下部略黑，上部鮮黃，基底起點則較第二背鰭為前。尾鰭截形，顏色呈鮮黃色。

鯔

Mugil cephalus

體長　可達 100cm 以上

別名	青頭仔、烏魚、烏仔、奇目仔、信魚、正烏	分布	臺灣各地均有	棲息環境	河口、河川下游

三棧溪淡水溪流中的鯔魚

廣鹽性魚類，主要棲息於沙泥底的海岸。幼魚通常在河口、潟湖、紅樹林、河川下游的汽水域活動，甚至可以進入淡水域中，大型魚則出現於沙泥底質的海岸、港灣區。具有隨海溫遷移的習性，每年冬季前後會進入臺灣海峽西南部產卵，屬中上層魚類。群居性。雜食性，以藻類、浮游生物、有機碎屑物、底生生物等為食。

形態特徵

體延長呈紡錘狀，前部為亞圓筒形，後部側扁。背緣較腹緣平直但皆呈淺弧形。頭長為體長的1/4～1/3。眼圓，前側位，眼眶上緣為金黃色，眼間距大於眼徑。吻長稍大於眼徑。口小，亞腹位，口稍斜，上下頜略等長，下頜中央處有 1 突起小丘，上頜中央稍凹並與下頜相契合。

體呈銀白色，體背為橄欖綠色或灰黑色，腹部白色。體側線完全，側線發達，為 13 ～ 15 條左右，體側具 7 條褐色縱紋。背鰭二枚，鰭膜橄欖綠色。胸鰭長形，基部具一藍黑色斑點。腹鰭腹位，鰭膜橄欖綠色。臀鰭與第二背鰭同形，為橄欖綠色。尾鰭內凹，鰭膜為橄欖綠色。

周緣性淡水魚

鯔科

長鰭莫鯔

Moolgarda cunnesius

別名	豆仔魚、烏仔、烏仔魚、烏魚	分布	臺灣各地均有	棲息環境	河口、河川下游

廣鹽性魚類，在珊瑚礁區的海岸頗為常見。適應力頗強，在河口、河川下游汽水域、潟湖、紅樹林、港灣都有機會出現，屬中上層魚類。具群居性，常成群在水面上活動，亦可見其於淺水區覓食，主要以藻類及有機碎屑物為食。

形態特徵

體延長，前部圓筒形，後部側扁。背緣與腹緣呈淺弧狀。頭長約體長的1/4，鰓蓋上具黑色素。眼前側位，吻長小於眼徑。口前位，上下頜略等長，下頜中央處有一高突起的小山丘，上頜有一缺刻，並與下頜中央突起契合，口稍斜，上頜骨可延伸至眼前部下方。

體呈銀白色，上部略帶青綠色，腹部白色，體背為灰黑色或黃褐色。側線完全，約為 11 ～ 12 條左右。背鰭二枚，鰭膜灰黑色微黃。胸鰭長形，基部上端具一藍黑色斑點，胸鰭灰黑微黃。腹鰭腹位，鰭緣白色。臀鰭略與第二背鰭同形，鰭膜黃色。尾鰭內凹，鰭膜灰黑色。

中華青鱂

Oryzias sinensis

別名	稻田魚、魚目娘、三界娘仔、大肚仔	分布	臺灣北部、東北部	棲息環境	溝渠、池沼、野塘、水田

雌魚

初級性小型淡水魚類，通常出現於溝渠、水田、野塘、池沼等地，喜愛於水流和緩且水草繁茂處活動。常成群於中上水層游動，水溫較冷時則棲息於較深處。性情溫馴，易受驚嚇，受到驚嚇時會躲入水草或游往較深的水層中。雌魚會將卵掛於生殖孔後再至水草中穿梭，然後將卵附著於水草上。以小型無脊椎動物或藻類為食。

形態特徵

體延長，側扁。腹部渾圓。頭小，頭長約全長的 1/4。眼大，側位。眼呈亮藍色，眼徑大於兩眼間距。口小，上位。口略斜裂，下頜較上頜突出。

體偏綠，透明。體高約體長的 1/4。中央偏上處有一道帶黃縱帶。背鰭一枚，位居後部。背鰭前緣平直略為圓弧狀，背脊略寬。胸鰭上側位，基部偏斜。腹鰭腹位。臀鰭基底頗長，基底末端與背鰭相對。尾鰭截形略帶圓。雄魚背鰭具缺刻。雄魚臀鰭較寬大，繁殖期時腹鰭與臀鰭帶黑。雌魚各鰭鰭膜呈透明狀。

初級性淡水魚

怪頜鱂科

臺灣海水青鱂

Oryzias sp.

別名	三界娘、大肚娘仔、臺灣青鱂、臺灣海水稻田魚	分布	臺灣目前見於東北部、西部沿海地區

屬於周緣性淡水魚類，大多見於沿海魚塭區、河川下游感潮帶兩旁有植被蘆葦叢或底部有海濱水生植物的棲息環境。常可見於半淡鹹水區，對其鹽度變化適應力頗強。一般在水流平緩與靜止處可發現。屬表層魚類，群居性，生性羞怯，受驚嚇會四散躲入水草或蘆葦叢中。卵生魚類，雌魚會把卵粒掛於生殖孔上，受精卵具黏性會黏在水生植物上，以藻類及小型無脊椎動物為食。

附註：屬於汽水域的青鱂科魚類，型態特質類似香港的 *Oryzias curvinotus* （弓背青鱂）。不過經國立中山大學海洋科學系副教授廖德裕老師研究，此魚偏向菲律賓體系汽水域的青鱂魚，故將此魚列為未描述之魚種。目前中文名暫稱臺灣海水青鱂。

周緣性淡水魚

怪頜鱂科

140

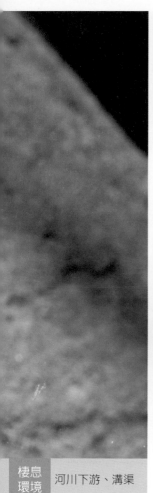

1. 抱卵的雌魚
2. 此魚背緣頗為平直

形態特徵

　　體延長，前部略呈側扁狀，後部側扁。頭小，呈三角狀，頭長約全長 1/4。眼大，眼睛約在頭部中位偏前。口小，上位。口略斜裂，下頜較上頜突出。

　　體呈偏黃色，體側後部中央處具綠色細小縱線。體高約體長 1/3。背鰭一枚，位居後部，前緣平直，背鰭偏黃。雄魚背鰭具缺刻。胸鰭基部上斜，鰭膜透明。腹鰭腹位，偏黃。臀鰭基底頗長，

鰭高頗高。雄魚鰭高較雌魚寬大。雄魚臀鰭成鋸齒狀。尾鰭截形，上下部偏黃。雄魚在繁殖期時，腹鰭偏黑。

周緣性淡水魚

怪頜鱂科

141

鹿兒島副絨皮鮋

Paraploactis kagoshimensis

體長　可達 12cm

| 別名 | 虎魚、牛頭鮋 | 分布 | 臺灣東北角與宜蘭地區 | 棲息環境 | 河口、河川下游 |

通常出現於岩礁與珊瑚礁區的魚類，臺灣對這種魚的生態還頗為陌生，該尾魚的採獲地點為冬山河下游汽水域，故將此魚放入此書。屬底棲夜行性魚類，同一般鮋科，擬態能力強。以身旁的小魚、小型甲殼類為食。均單獨行動，不具群居性。

附註：照片中魚體顏色與形態特徵描述有些不符，主要是因這尾魚為特殊的白化個體，故偏向乳白色，正常顏色為黃色。

形態特徵

體延長，前部呈長方形，後部漸為側扁。頭部中大，具棘和稜，頭長為體長的 1/2 ～ 1/3。前鰓蓋具 5 個鈍棘。眼偏中，上側位。吻部頗長，約眼睛的 2 倍。口前位，斜裂。

體呈偏黃色，體側具不明顯的長形斑塊，有時會消失。腹部膨大。體側布滿棘狀鱗。背鰭一枚，連續，硬棘部在第 4 根與第 5 根鰭棘間，具缺刻，缺刻前鰭棘較高。胸鰭短，呈大圓盤狀，鰭棘較粗大的硬棘。腹鰭胸位。臀鰭與背鰭後部相對。尾鰭呈圓形，鰭緣呈鋸齒狀。各鰭顏色均與體色相同。

蟾異鱗鱵

Zenarchopterus buffonis

體長 可達 15cm

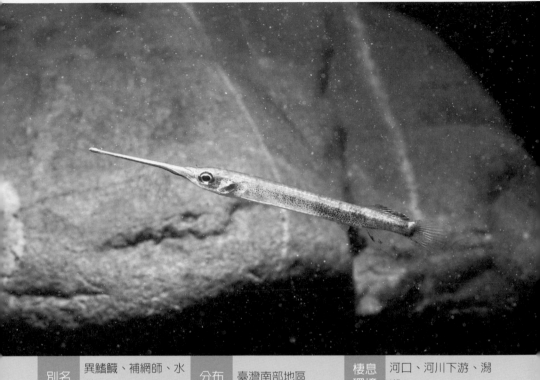

別名	異鰭鱵、補網師、水針	分布	臺灣南部地區	棲息環境	河口、河川下游、潟湖

於中上層活動之魚類，常成群活動於水體表層。一般出現於河口、紅樹林區、潟湖、港灣等處。通常躲在水生植物根部、蚵棚、漂流木等有掩蔽物的水體表面。具群居性。泳力不佳，遇驚嚇時會躲入深處，以浮游動植物、小魚為食。

形態特徵

體延長，側扁，呈長條形。背緣與腹緣平直，尾柄短。頭長為體長的1/5。眼前側位。吻短而尖。口上位，上頜明顯短於下頜，下頜突出成針狀，下頜長於上頜5倍以上。口斜裂至眼前緣上方。

體背呈黑褐色，體表與腹部為白色。體側有一青色縱線，縱線下有群黑色圓點。背鰭居尾柄前方，為長方形，鰭膜黃色。臀鰭與背鰭相對，鰭膜黃色。胸鰭透明。腹鰭小，後位，鰭膜透明。背鰭與臀鰭有若干黑斑。尾鰭為截形，鰭膜透明。

周緣性淡水魚

鱵科

143

董氏異鱗鱵

Zenarchopterus dunckeri

體長　　可達 25cm

別名	董氏異鰭鱵、水針、捕網師	分布	臺灣西部、南部	棲息環境	河口、河川下游、潟湖

屬於中上層活動之魚類，具群居性，常常 3～5 尾為一群。主要棲息沿岸、潟湖或港灣水域，亦會進入紅樹林區及河口、河川下游的汽水域。躲於水生植物根部、蚵棚、漂流木等有掩蔽物的水體表面。具群居性。泳力並不佳，遇驚嚇時會躲入深處，以浮游動植物、小魚為食。

形態特徵

體延長，側扁，呈長條狀。頭小，頭長為體長 1/4。尾柄短。眼前側位。吻尖。口上位，上頜明顯短於下頜，下頜突出成針狀，上頜約 1/8 下頜。口斜裂至眼前緣上方。

體背呈青綠色，腹部白色。體側中央具一道黑色縱線。背鰭位居後部。呈長方形，鰭膜青綠色，具黑緣。胸鰭透明，腹鰭小，後位，鰭膜透明。鰭膜微黑。尾鰭為圓形，鰭膜偏黃綠色。

周緣性淡水魚

鱵科

144

扁鶴鱵

Ablennes hians

| 別名 | 青旗、學仔、橫帶扁頜針魚 | 分布 | 臺灣四周海域均有，內灣、河口區亦有 | 棲息環境 | 河口、河川下游 |

屬大洋型魚類。通常活動於水面表層，有時會入河口域覓食。幼魚則躲於漂流物或一些能掩蔽的藻類中。外海浪大時，常跟隨漂流物至港區、河口及河川下游汽水域中。性兇猛，掠食性強，以小魚為食。

形態特徵

體延長，呈長條狀。體剖面為圓柱狀。頭長為全長 1/4。吻部尖而長。口上位，下頜長於上頜。眼小，眼上位。

幼魚體背為白色，體側為黑，體上部為白色，在白色與黑色之體側具 12 ～ 14 個黑點。成魚體呈銀白色，體側黑斑並未消失。背鰭一枚，位於體後部。背鰭前部鰭條延長，幼魚時不明顯。胸鰭、腹鰭較小。腹鰭腹位。臀鰭與背鰭同形，基底起點較背鰭前。尾鰭呈淺凹形。

周緣性淡水魚

頜針魚科

145

臺灣鋸鱗魚

Myripristis formosa

別名	臺灣松毬、金鱗甲、鐵甲、大目仔	分布	臺灣南部地區及東北部有紀錄	棲息環境	河口

此魚通常於近海珊瑚礁區、岩礁區出沒。幼魚常在潮池岩穴中活動，偶爾會進入潟湖或河口區。屬夜行性魚類，以底棲無脊椎動物為食，小型蝦類也是其食物來源。幼魚偏向中上層，以浮游生物為主。

幼魚

形態特徵

體呈長圓形。頭長約體長 1/2 ～ 1/3。眼睛超大，眼上側位。眼睛有橫向橢圓形黑斑。吻短。口端位，斜裂，下頜較上頜突出，主上頜骨可達眼後緣。鰓蓋骨及下眼眶骨均有大小不一的硬棘。主鰓蓋有一硬棘，鰓蓋邊緣有一大黑斑。

體呈鮮紅色，略帶黃色。幼魚顏色較淡。體側為大型櫛鱗，側線完全。背鰭一枚，硬棘部與軟棘部具一大深凹。背鰭軟條部第 1 ～ 4 根鰭條具白緣，尖端有一黑斑，鰭膜前部鮮紅，後部淺紅。胸鰭長形，基部上方具黑斑，第一根鰭條較為鮮紅，鰭膜淺紅色。腹鰭胸位，具白緣。臀鰭與背鰭軟條部同形，鰭膜前部較紅，後部淺紅略帶透明，第一根鰭棘帶白。尾鰭深叉形，上下葉均帶白緣，上葉鰭膜為較淡的紅色。

前鰭多環海龍

Hippichthys heptagonus

體長　最大可達 18cm

別名	七角海龍、紅肚海龍	分布	臺灣西部、北部、東北部、西南部	棲息環境	河口、河川下游、潟湖

雌魚

棲息於河川下游、河口或者是潟湖區，通常在河口旁、下游處的兩旁雜草區、漂流的樹叢區及紅樹林等都是此魚的最佳躲藏棲所，泳層偏中下層。頗能忍受鹽度變化，有時會進入純淡水域，不過通常於河川下游及河口的半淡鹹水域較易發現。屬肉食性魚類，以浮游動物、小型蝦類及小型甲殼類的卵為食。

形態特徵

體延長，背緣處平扁而寬，前部四方狀，至後部四方狀骨幹漸爲纖細。體呈長條狀。頭部極小，呈尖錐狀。眼小，中位。吻長而尖。頭部有一黑線，在眼前方平直，眼後方則下斜。口小，下位，下頜略較上頜突出。

體呈紅褐色或黑褐色，體背後部隱約有幾條黑色橫斑。腹部頗大，鮮紅帶黑。有些個體有許多白色小點。體側、體背有明顯稜線。背鰭位居體長中央。背鰭較低，鰭膜透明。胸鰭小而無任何斑點。無腹鰭與臀鰭。尾鰭扇形，鰭膜黑色。

周緣性淡水魚

海龍科

148

筆狀多環海龍

Hippichthys penicillus

體長
可達 25cm

別名	筆狀海龍	分布	臺灣西部、北部、東北部	棲息環境	潟湖、河口、河川下游

活動於河口、河川下游的半淡鹹水域，甚少出現於純淡水區域中，潟湖及紅樹林一帶也是此魚出沒的地點。通常躲於河岸兩旁的水生植物之根部處，或是漂流木及岩塊等掩蔽物中，亦會躲藏於泥穴裡，屬中下層之魚種。通常以浮游生物、小型的無脊椎動物或者有機碎屑物為食。

腹部具許多藍白色斑點

形態特徵

體延長，體態纖細如蛇狀。前部側扁至肛門處，腹部中央隆起線發達。頭小，頭長約體長 1/8。眼上側位，眼間距較眼徑大，眼後下緣有一黑色斜紋可至頰部，黑色線紋上帶一淡藍色線紋，眼前方亦有一線紋，由上頜經吻部而拉至眼前緣處。吻部如管狀。口小，上翹。

灰白色體背稜線明顯，稜線有灰白色斑塊。體側灰黑色，前部體側帶藍，帶許多淡黃色圓點斑，腹部前部帶黃。腹囊明顯，稜線上帶灰白斑塊。體側後部為密集的細小斑點。背鰭透明。胸鰭小。尾鰭如扇形，鰭膜帶黑，鰭緣為白色。

周緣性淡水魚

海龍科

149

庫達海馬

Hippocampus kuda

別名	管海馬、海馬	分布	臺灣各地均有	棲息環境	河口、潟湖

出現於淺海沿岸、潟湖、河口，不會出現在純淡水域，通常躲藏於淺海岩礁一帶、潟湖的藻類及蚵棚之中，或是河口區域的漂流木、樹枝、植物根部等掩蔽物中，屬中上層魚類。顏色多變，會隨環境而改變體色。肉食性魚類，以浮游動物、小蝦苗為食。

周緣性淡水魚

海龍科

形態特徵

頭部與軀幹幾近呈直角狀，軀幹由許多體環節結合而成。頭部三角狀。吻部呈長管狀，吻長小於頭長的 1/2。眼上側位。頭部及吻部具小白點，吻部有稜脊。具頭冠，頂有稜脊。

身體直立，體色多變呈黑褐色、紅褐色、黃色或褐色。體側稜脊明顯，腹部頗大，雄魚具孵卵囊。身軀後段呈長條狀，尾部可捲曲，無尾鰭。背部稜脊明顯。背鰭位於體背緣中央偏後處，背鰭呈圓扇形，但鰭高並不高，鰭中央處有一黑紋，基底鰭條上有黑色線條。腹鰭與胸鰭均小，鰭膜透明無色。

短尾腹囊海龍

Microphis brachyurus brachyurus

體長
可達 25cm

別名	海龍、輻射線海龍、短尾海龍	分布	臺灣東部、南部、北部、東北部、東南部、西南部	棲息環境	河口、河川下游、潟湖

河海洄游型魚類，一般出現在河川中下游、河口、潟湖及紅樹林區；通常藏匿於水草繁茂處、枯枝、漂流植物等處。微受汙染的河口此魚尚能生存，對鹽分變化忍受度高，可進入純淡水域，不過通常活動於半淡鹹水水域。為中上層活動魚類。肉食性，以小型甲殼類、浮游動植物等為食。

形態特徵

體延長，前部為四角形，後部逐漸纖細。體背部稜脊頗明顯。頭呈長尖錐狀。眼上側位。吻長如管狀，吻部長約頭長的 2/3。口小，口上位。吻部有些白色斑點。下頜較上頜突出。

體呈黃色或紅褐色，體側稜線明顯。頭部有一縱線由吻端劃過眼睛。體側上部有一黑褐色縱帶，腹部白色。雄魚腹部則帶紅色縱線。背鰭位居體長背緣後部，基底頗長，鰭膜透明。胸鰭小而透明。無腹鰭與臀鰭。腹囊明顯。尾鰭扇形，中央為紅褐色，上下葉為白色。

周緣性淡水魚

海龍科

無棘腹囊海龍

Microphis leiaspis

別名	海龍、無棘海龍	分布	臺灣東部、北部、東北部、東南部	棲息環境	河川中下游

周緣性淡水魚

河　海洄游型小型魚類，活動於河川中下游，喜愛水流有些湍急、平瀨或者深潭處，棲息環境均為底質有小石礫灘，屬中下層魚類。具群居性，有時會出現上百條的壯觀場面。肉食性魚類，以小蝦、浮游動植物為食。

海龍科

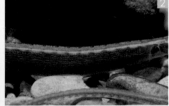

1. 雌魚
2. 雌魚身上有絲狀的藍色縱紋
3. 雌魚頭部特寫

形態特徵

　　體延長，前部剖面如四角狀，至後部漸為纖細，體呈長條狀。體背稜線明顯。頭小，呈尖錐狀。眼上位。吻長約小於頭長 1/2，吻尖。口小，上位，下頜略比下頜突出。

　　體呈褐色或黑褐色。雄魚體側有許多排列整齊的體環，體側有條黑褐色縱帶。雌魚腹部頗大，腹部有如絲狀的藍綠色線群，雄魚腹部白色，體側稜線不明顯。背鰭位體長背緣中央。背鰭低但基底頗長。胸鰭短，透明。無腹鰭與臀鰭。尾鰭扇形，顏色黑褐色。

周緣性淡水魚

海龍科

153

印尼腹囊海龍

Microphis manadensis

體長 可達25cm

別名	木紋海龍、海龍、印尼海龍	分布	臺灣東北部、西南部、東南部	棲息環境	河口、河川下游

河海洄游型魚類，常出現於河川下游、河口處，甚至河川中游都能見到。河口若稍有汙染此魚就不易發現甚至是消失。通常躲於兩旁雜草叢生的草堆或蘆葦草根部處。屬中上層魚類。肉食性，一般以小型米蝦、浮游動物等為食。

形態特徵

體型細長，前部為圓柱狀，後部則漸呈側扁。無鱗。頭背部稍扁平。頭小，呈長錐狀。眼小，中位。吻部大於頭部1/2，吻長而尖。口小上位，下頜較上頜略為突出。

體呈褐色，腹部顏色較淺。體側有一縱線由吻端劃過眼睛至體側一直延伸到尾柄。體無鱗。背鰭位居體背緣中央後方，背鰭較低，基底稍長，鰭膜透明。胸鰭小，無斑點。無腹鰭與臀鰭。尾鰭圓扇形，微黑。

雷氏腹囊海龍

Microphis retzii

別名	海龍、紅斑海龍、短海龍	分布	臺灣東北部、東南部	棲息環境	河口、河川中下游

幼魚

活動於河川下游、河口區及河川中游，半淡鹹水區、純淡水域都有此魚出沒，通常躲藏於蘆葦、河川兩旁植被的植物根部或枯枝中，屬中上層魚類。以小型水生昆蟲、小蝦及浮游生物為食，屬雜食性魚類。

形態特徵

　　體呈長條狀，前部剖面如四角狀，至後部漸為纖細。體背稜脊明顯。頭小，呈尖錐狀。眼上側位。吻如管狀，吻長小於頭 1/2 左右，吻尖。口小，口上位。下頜較上頜略為突出。頭部有一縱帶，由吻端劃過眼部至鰓蓋處。

　　體呈金黃色，腹部頗大。體側上部有一縱列的橘紅色斑點，大約 11 〜 13 個。橘紅斑點下方則有 2 列白色斑點，體側後部亦有些許白色斑點。體背部寬平，兩側稜脊明顯，體背呈白色。背鰭位居背緣中央，基底頗長。胸鰭小，呈圓扇形。腹部有稜脊、斑塊，斑塊成列。尾鰭扇形，鰭膜為紅褐色。

周緣性淡水魚

海龍科

帶紋多環海龍

Hippichthys spicifer

別名	海龍、橫帶海龍	分布	臺灣南部、東北部、東南部	棲息環境	河口汽水域

雌魚

活動於河口、河川下游的小型魚類，雖較偏向棲息鹹水區域，然亦會出現在純淡水區域。在掩蔽物多的環境可觀察到此魚，其通常躲藏於漂流樹枝或者植物的根部，屬中下層魚類。肉食性，以水生昆蟲、浮游生物、小魚、小蝦等為食。

周緣性淡水魚

海龍科

形態特徵

　　體延長，前部呈方形，至後部漸呈纖細狀。體背稜脊明顯。頭呈尖錐狀。吻長上翹而尖，具白斑。眼上側位。眼眶具放射性黑色斜紋。口裂下斜，下頷較上頷突出。眼前至吻端有一黑線，眼後緣分叉呈 2 條黑色斜紋。

　　體呈黑褐色與紅褐色，稜脊明顯，腹部有 13 條黑色橫帶，雄魚腹部較雌魚寬，雄魚腹囊明顯，囊帶呈白色。體背白色，稜脊明顯。背鰭居背緣中央偏後。胸鰭小呈扇形，鰭膜透明。無腹鰭與臀鰭。尾鰭扇形，鰭膜黑褐色。

斑馬短鰭簑鮋

Dendrochirus zebra

體長 可達 25cm

別名	斑馬紋多臂簑鮋、獅子魚、短獅	分布	臺灣各地均有機會見到	棲息環境	河口

近海淺水岩礁區、珊瑚礁區常見魚類，潮池、九孔池也是此魚喜愛的環境，甚至在潟湖區及大型河川有岩礁的河口都有機會見到。白天通常躲於洞穴，夜間活動力較強，在臺灣較常見其獨游，有時會一小群。以甲殼類或小魚為食。

形態特徵

體延長，側扁。頭長約體長 1/4。眼上側位，眼眶上方各有一根皮瓣，皮瓣具 4 個紅褐色斑。口斜裂，下頜略突出上頜，吻部具 3 根小鬚，鼻瓣短圓。口裂末端上方有一短皮瓣。前鰓蓋有 3 根棘，頰部有 2 個不規則形狀的皮瓣。主鰓蓋中央具一小棘。

體呈淡紅色，體側到尾柄有 6 道紅褐色橫帶。背鰭一枚，具硬棘部與軟條部。硬棘部具 3～4 道褐色斑塊。軟條部鰭條有點紋。胸鰭寬大，基底有一波浪狀紅褐色斑帶，中央有一藍黑色圓斑，圓斑後帶亮黃色。腹鰭胸位，具點紋。臀鰭與背鰭軟條部同形。尾鰭圓形，有 4～5 道紅色橫向點紋。

周緣性淡水魚

鮋科

161

無鬚眞裸皮鮋

Tetraroge nigra

別名	淡水鮋、石狗公、淡水石狗公	分布	臺灣東部、東南部、東北部	棲息環境	河川中下游

周緣性淡水魚

鮋科

活動於未受汙染的河川汽水域及中下游淡水域，成魚通常會躲藏於石縫中，幼魚則躲於水草、枯木等掩蔽物中。泳力不佳，故棲息於水流較緩和的區域，為底棲性魚類。具夜行性，通常單獨行動，擬態能力佳，會隨環境變化體色。以伏擊方式獵取食物，小魚、小蝦為主要食物來源。

1. 幼魚
2. 頭部特寫
3. 變化多端的無鬚真裸皮鮋
4. 變化多端的無鬚真裸皮鮋
5. 野外照
6. 不管如何變化，頭部白斑頗為明顯。

形態特徵

　　體延長，呈圓筒形，尾柄側扁。背緣與腹緣為圓弧形。頭長為體長 1/2 ～ 2/3。眼上側位，眼間距與眼徑相等，眼眶有黑色放射線紋。吻鈍，吻長與眼間距相等。口斜裂，上頜與下頜相等，上頜可延伸至眼睛中部下方，眼睛中部接近上頜末端有一根硬棘。主鰓蓋前端亦有一根硬棘。頭背部有一道白色斑。頰部有許多斑點，有時會因顏色變化而消失。具棘和稜。

　　體呈茶褐色、紅褐色、黃棕色及黑褐色。體側有若干黑斑。背鰭連續，硬棘部與軟條部有明顯的深刻。尾柄短窄。胸鰭圓扇形，有數道不規則黑褐色斑紋，胸鰭向外平展。腹鰭胸位。臀鰭有數道線紋。尾鰭長圓形，具一橫帶，橫帶會隨顏色變化消失。硬棘具毒性。

周緣性淡水魚

鮋科

163

印度牛尾魚

Platycephalus indicus

別名	牛尾仔、牛尾、竹甲、紅牛尾	分布	臺灣西部、南部、北部，以南部地區較為常見	棲息環境	河口、河川下游

周緣性淡水魚

牛尾魚科

活動於沿海、河口的底棲性魚類，常出現於感潮帶的河川下游、河口區域，棲息環境之底質通常為泥底或沙底，潮溝亦為其出沒地點。具性轉變，先雄後雌。有很好的擬態能力，泳力不佳，常躲於泥沙中擬態伺機伏擊獵物，夜間時均在泥沙中休息，此時警戒心較弱。肉食性魚類，以小型甲殼類、魚類為食。

1. 擬態能力強
2. 胸鰭特寫
3. 頭部特寫

周緣性淡水魚

牛尾魚科

形態特徵

　　體延長，呈平扁狀。背緣與腹緣平直。尾柄窄而細長。頭部頗大，頭背部極為平扁，頭長約體長 1/3。眼上側位，眼間距約等於眼徑，內凹。吻長而尖。口大，前位。口裂頗大為圓弧狀橫裂。下頜較上頜略為突出。鰓蓋棘下具皮瓣。前鰓蓋具硬棘 2 枚。頭頂部具二道棘，但較不明顯。

　　體呈灰褐色，腹部為黃色。有不規則的雲狀斑，橫過背面，體表、頭部布滿黑色細點。尾鰭中部有一黑色縱帶。胸鰭向外平展，呈短圓形，鰭膜布滿黑色斑點。腹鰭胸位。第一背鰭與第二背鰭間距頗為相近。第二背鰭基底長為第一背鰭基底長 2 倍。臀鰭無鰭棘。尾鰭為截形，上下部各具一條黑色縱帶，中央處為黃色縱帶。

布魯雙邊魚

Ambassis buruensis

體長
可達 9cm

| 別名 | 彎線雙邊魚、玻璃魚、九梗仔 | 分布 | 臺灣西部、南部、北部、東北部 | 棲息環境 | 河口、河川下游 |

主要棲息於近海沿岸、漁港處，常進入大型河口的汽水感潮帶。由於泳力不佳，故常躲在河岸兩旁具隱蔽的植被中。群居性，屬中上層魚類。肉食性，以小型水生昆蟲為食，體型比牠小的魚蝦貝類也是此魚的食物。

周緣性淡水魚

雙邊魚科

形態特徵

體呈長橢圓形，側扁。體高為全長的 1/3。頭頂部微黑。眼大，上側位。口小，上位。下頜略比上頜突出。鰓蓋骨後緣無硬棘。頰部具 2 列鱗。

體呈透明狀，側線於體側中部中斷。體側中央有一乳白縱帶。體背緣偏螢光綠。背鰭一枚，具深缺刻。第 2 根硬棘，顏色偏綠，末端微黑。鰭膜透明。

胸鰭側位，鰭膜乳白色。腹鰭胸位，鰭膜透明。臀鰭鰭膜前部偏乳白色，後部偏透明。尾鰭深叉形，活體尾鰭為黃色，死後偏白。

大棘雙邊魚

Ambassis macracanthus

體長 可達 15cm

別名	玻璃魚、三角仔、九梗仔	分布	臺灣各地均有	棲息環境	河口、河川下游

沿岸、河口汽水域的小型魚類，活動於河口、河川下游，棲息環境大多在紅樹林、內海港灣處、河口及河川下游的半淡鹹水區。此魚頗能適應淡水環境，為中上層的群居性魚類，通常躲於停靠的船底或是掩蔽物下方。以浮游生物、小型甲殼類、小魚為食。

形態特徵

體呈卵圓形，體高極高，背鰭與腹鰭隆起明顯，呈圓弧形。尾柄高為體高的 1/3。頭長為體長 1/3。眼上側位，眼後緣之前鰓蓋有 1 根硬棘。吻長小於眼徑，眼徑為吻長的 2 倍。口端位，斜裂，下頜較上頜前突，上頜骨僅延伸至眼前緣下方。

體呈灰白透明狀，體側線完全，位居體側上部，側線與背緣平行。體中央有一深藍色縱線。背鰭一枚，具深缺刻，第二根鰭棘最長。胸鰭長形，鰭膜灰白。腹鰭胸位，鰭膜灰白，帶些黑色。臀鰭與背鰭後部同形。尾鰭分叉，鰭膜微黃，鰭緣帶些黑色。

周緣性淡水魚

雙邊魚科

167

小眼雙邊魚

Ambassis miops

別名	三角仔、玻璃魚、九棍仔	分布	臺灣西部地區	棲息環境	河口、河川下游

屬於河口汽水域魚類，通常以河口、近海沿岸、河川下游汽水域為主要活動區域。有少量個體能入淡水域。中上層魚類，躲於兩岸植被內及掩蔽物中。以水生昆蟲、小型魚蝦類為食。

周緣性淡水魚

雙邊魚科

形態特徵

體延長，側扁，略呈橢圓狀。體高為體長 1/3。尾柄寬大於體高 1/3。頭長為體長 1/4。頭頂略凹。眼側位。口小，上位。

體呈透明狀，側線完全。胸鰭上方之體側偏黃色。背鰭一枚，具深缺刻。背鰭前緣呈弧形。第 2 ～ 3 根鰭膜為黑色，頂部為一黑斑。背鰭軟條部微黃。

胸鰭側位，鰭膜呈乳白色。腹鰭胸位，鰭膜透明。腹緣平直。臀鰭形狀呈鐮刀狀，鰭膜透明。尾鰭深叉形，前部鰭膜偏白，後部為黃色，具黑緣。

尾紋雙邊魚

Ambassis urotaenia

| 別名 | 細尾雙邊魚、玻璃魚、狗梗仔 | 分布 | 全臺各地均有機會遇見 | 棲息環境 | 河口、河川下游 |

主要棲息於近海沙泥底沿岸、紅樹林區、潟湖、河口與河川下游汽水域中，此魚耐淡能力佳，可進入純淡水域。中上層魚類，具群居性。由於泳力不佳，體型小，故躲藏於河川兩岸，或有掩蔽物的環境。偏肉食性，以小魚、小蝦及小型水生昆蟲為主食。

形態特徵

體延長，側扁，較呈長橢圓形，腹部與背鰭前緣同形。頭長為 1/3 尾叉長。頭部上部偏綠，布滿細小黑點，鰓蓋有一螢光綠點。眼中大，眼眶上部帶紅。口大，斜裂，口裂可達眼睛前部。下頜突出上頜。

體色偏綠帶透明，體側上部帶細黑點，中央偏上處有一道小綠縱紋。腹部白色。背鰭一枚，具深缺刻。背鰭第 2 根硬棘粗大，黃色帶些細小黑點。胸鰭透明。腹鰭胸位，鰭條帶黑，鰭膜微黃。臀鰭與背鰭軟條部起點相同，鰭膜帶細小黑點，透明帶黃。尾鰭深叉形，上下葉黃色，中央處微黃帶透明，末端無黑緣。尾柄高略小於體高 1/2。

周緣性淡水魚

雙邊魚科

169

尖吻鱸

Lates calcarifer

體長 可達 100cm 以上

別名	金目鱸、紅目鱸	分布	臺灣西部、南部、北部、東北部，以南部較易見到	棲息環境	河口、河川下游、潟湖

幼魚

熱帶與亞熱帶中下底層魚類，不耐低溫，主要棲息於沙泥底與岩礁交會區，亦會進入河口、河川下游半淡鹹水區。此魚跳躍力頗強，偏向夜行性，白天時躲於橋墩等大型掩蔽物下或是較深的水底處。具有掠食性，會追食小型魚類及小型甲殼類做為食物。

周緣性淡水魚

尖吻鱸科

形態特徵

　　體延長，側扁。背緣呈淺弧狀。腹緣較為平直。頭背緣隆起明顯，有一白色縱帶，頭長為體長的 1/3 左右。眼上側位，眼間距小於眼徑。頭部共 3 條白色縱帶，大型成魚則無白色縱帶。下頜明顯較上頜前突，上頜骨可延伸至眼後緣下方。

　　體呈銀白色，側線完全，位居體側

1/3 處，側線與背緣平行。腹部銀白。體表具許多不規則黑褐色斑，體背顏色較深，大型魚體無斑，體表黑褐色。背鰭一枚，具缺刻，硬棘部共 6 根硬棘，軟條部鰭膜褐色。第二背鰭鰭膜褐色。胸鰭扇形，鰭膜灰白帶黑。腹鰭胸位，鰭膜帶黑。臀鰭與第二背鰭相對應，鰭膜褐色。尾鰭圓形。

日本花鱸

Lateolabrax japonicus

別名	七星鱸、花鱸、青鱸、鱸魚	分布	臺灣北部為主、西部少量	棲息環境	河口、河川中下游、潟湖

主要出現於河海交會處海域，如內灣、潟湖、漁港、河口，甚至可進入河川中游，此魚耐淡、耐汙。具群居性，兇猛、掠食能力強，主要以小魚、小型甲殼類為食物。冬季時大魚會降游回大海，入河大多在河口產卵，幼魚及中型魚大多在河川中覓食長大。

形態特徵

　　體延長，側扁，體呈長圓形。頭長為全長 1/3。眼上側位，眼間距大，眼徑小於兩眼間距。吻長而鈍，吻長大於眼徑。主鰓蓋後部具一硬棘。前鰓蓋骨後緣有鋸齒。口端位，下頜較上頜突出，口斜裂，可達眼睛後部。

　　體呈銀白色，側線完全，體側上部具若干大黑斑，腹部白色。背鰭一枚，缺刻明顯。具硬棘部與軟條部，上有許多小黑點。胸鰭長形，未達背鰭軟條部，基部具黑點。腹鰭胸位。臀鰭起點較背鰭軟條部起點為後。尾鰭淡色至灰黑色，淺叉形。

周緣性淡水魚

狼鱸科

171

點帶石斑

Epinephelus coioides

別名	紅花、紅點虎麻、紅斑、鱸麻、格仔	分布	臺灣北部、東北部、西南部	棲息環境	河口、河川下游、潟湖

活動於底層的大型魚類，常出沒於河口、沿岸礁區、港灣、潟湖，就連河川下游感潮帶亦會進入。喜愛水體稍混濁的環境，通常出現於沙泥底或是有礁岩可供躲藏的地形。偏向夜行性，白天躲於岩礁區，只有在水質混濁時才出來活動。肉食性魚類，以甲殼類、小魚、底棲無脊椎動物為食。

周緣性淡水魚

鮨科

形態特徵

體延長，前部頗為厚實，後部側扁，體呈長橢圓狀。背緣稍為圓弧狀，頭長大約體長的 1/3~1/2。眼上側位，眼間距小於眼徑。吻部圓鈍。口斜裂，端位，下頜較上頜稍微突出。上頜骨可延伸至眼睛後緣下方。眼睛附近及上下頜帶有雲狀斑。頭部也有若干紅橘色斑點。

體呈黃褐色或褐色，體表有 5 道稍斜的黑褐色雲狀斑，具橘紅斑點。背鰭連續無深刻，鰭棘部有二道雲斑，而軟條部具二道雲斑，硬鰭部鰭緣有橘紅斑。胸鰭為圓形具若干黑色斑點。臀鰭與背鰭的軟條部相對，鰭棘與鰭膜有小黑斑。腹鰭胸位有小黑斑。尾鰭圓形，基底有橘紅斑點。

六線黑鱸
Grammistes sexlineatus

體長 可達30cm

別名	包公、肥皂魚	分布	臺灣各地均有機會見到	棲息環境	河口、潟湖

喜愛棲息近海沿岸礁岩區，常躲於岩穴下的石縫中，在岩礁潮池區頗常見。通常單獨出沒，屬偏向夜行性魚類，在潟湖及河口區偶爾出現。肉食性，常躲於石穴伏擊小型魚類，亦會捕食小型甲殼類。此魚受驚嚇時體表會分泌有毒黏液防護自己。

形態特徵

體呈長圓形，側扁。頭上緣呈圓弧狀，頭緣有一條黃色線紋。眼大，稍前偏上側位。吻短小於眼徑。口大，斜裂，口裂可達眼睛中部下方。鰓蓋與頰部具若干不規則黃色紋路。頤部有一皮質小突起。

體呈深黑色，體側具 6～8 條黃色縱紋，小型魚體縱紋較少也不規則。鱗片細小。背鰭一枚，缺刻明顯，硬棘部前部偏紅，鰭膜黑色，軟條部鰭條偏紅，鰭膜偏黃。胸鰭展開呈扇形，鰭膜黃色。腹鰭胸位。臀鰭與背鰭軟條部同形。鰭條紅色，鰭膜黃色。尾鰭圓形，鰭膜黃色。

周緣性淡水魚

鮨科

173

弓線天竺鯛

Fibramia amboinensis

別名	大面側仔、大目側仔	分布	主要分布南部的大鵬灣潟湖區，與東北部河口近海沿岸	棲息環境	潟湖、河口、河川下游

周緣性淡水魚類，主要棲息於河口區域、紅樹林、潟湖、河川下游的半淡鹹水區，對鹽分變化適應力強，屬於中上層魚類。具群居性。屬肉食性魚類，以浮游生物、小魚、小蝦及無脊椎動物為食。

周緣性淡水魚

天竺鯛科

形態特徵

體延長，側扁。頭大，頭長約體長 1/3 ～ 1/2。吻長，口端位，下頜略突出上頜，口裂大，可達眼部中央下方。頰部有許多細黑點，鰓蓋有一螢光綠。體高大於體長 1/2。體呈透明狀，鱗片頗大。側線完全，體中央有一黑色縱線，尾柄具一黑點。背鰭二枚，第 1 ～ 3 根硬棘帶黑，其餘鰭膜透明。胸鰭長形透明，長度未達臀鰭鰭基起點。腹鰭胸位，鰭膜透明。臀鰭與第二背鰭同形，臀鰭起點較第二背鰭為後。尾鰭凹形，鰭膜透明。

庫氏鸚天竺鯛
Ostorhinchus cookii

體長 可達 10cm

別名	大面側仔、大目側仔	分布	臺灣各地均有	棲息環境	河口

屬 偏向於珊瑚礁區魚類，但在一些河口的消波塊區可見到此魚蹤跡。夜行性魚類，白天躲於消波塊或石縫中。群居性。以多毛類及小型底棲無脊椎動物為食。

周緣性淡水魚

天竺鯛科

形態特徵

體延長，呈卵圓形，前部稍呈圓柱形，後部側扁。頭長約全長 1/4。眼大，位於頭前部，側位，眼睛有二道白色縱線。頭緣至頭部有 5 ～ 7 條白色線紋。吻長小於眼徑，口亞端位，上頜與下頜等長。口斜裂，口裂可達眼睛中部下方。

體呈褐色帶白，腹部白色。體高大於 1/2 體長。體側有 4 ～ 5 道黑色縱帶，尾柄有一大黑斑。背鰭二枚，第一背鰭第 1 ～ 2 根硬棘較粗大，1 ～ 3 硬棘鰭膜帶紅，上部為黑。第二背鰭鰭膜帶紅，接近基底具二道白色縱線。胸鰭基部有一大黑斑，鰭膜偏紅。腹鰭胸位，鰭膜帶紅。臀鰭與第二背鰭同形，亦有二道白色縱線。尾鰭淺凹形，具白緣。

稻氏鸚天竺鯛

Ostorhinchus doederleini

| 別名 | 大面側仔、大目側仔 | 分布 | 臺灣各地均有 | 棲息環境 | 河口、潟湖 |

屬 偏向於珊瑚礁區魚類，但在一些河口的消波塊區可見到此魚蹤跡。夜行性魚類，白天躲於消波塊或石縫中。群居性。以多毛類及小型底棲無脊椎動物為食。

周緣性淡水魚

天竺鯛科

形態特徵

體呈長圓形，前部稍微厚實，後部側扁。頭長約體長 1/3，側位，眼珠上下各有一條白色縱紋。吻長約眼徑 1/2，口亞端位，上頷與下頷等長，口斜裂，可達眼睛後部下方。

體呈灰色透明隱約透紅，體側具 4～5 條紅色線紋。尾鰭基部有一黑點。鰓蓋有一點與第 4 條縱紋重疊。背鰭二

枚，第一背鰭為硬棘部，第二背鰭的第 1～2 根亦為硬棘。腹鰭胸位。臀鰭與第二背鰭同形，基底起點較第二背鰭為後。尾鰭淺凹形。各鰭均為透明帶紅色。

邵氏沙鮻

Sillago shaoi

體長  可達 25cm

| 別名 | 沙腸仔、kiss | 分布 | 臺灣北部、西部地區 | 棲息環境 | 河口 |

棲息於近海沿岸沙泥底質的魚類，出現於內灣型海岸、潟湖、沙泥底的港區外堤及河口汽水域區域。常躲入沙中，並在沙泥底質覓食，屬中下層底棲魚類，一般在水清風平浪靜時較常出沒。以多毛類、小型甲殼類為食。

形態特徵

體延長，前部圓筒狀，後部側扁。頭呈尖錐狀，頭長約體長 1/3 ～ 1/4。眼小，偏中，上位。吻長約眼徑 2 倍。口小，開於吻端，上頜略較下頜突出，上唇頗厚。鰓蓋眼下具小黑點。

體呈灰白透黃，腹部白色。側線完全。體側中央有一彎曲紫黑色縱線。側線上鱗列數 5 ～ 6 列。背鰭二枚，鰭距約 2 ～ 3 列鱗。第一背鰭呈三角形，第二背鰭長形，背鰭鰭棘黃色，鰭膜透明帶些小細點。第二背鰭鰭緣帶黑，接近基底處有一排不明顯黑色點狀縱帶。胸鰭長形透明稍帶黃色。腹鰭胸位帶黃具白緣。臀鰭長形帶黃，與第二背鰭同形相對，起點較第二背鰭前。尾鰭截形帶淺黃色。

周緣性淡水魚

鰺科

多鱗沙鮻

Sillago sihama

別名	沙腸仔、kiss、沙梭	分布	臺灣西部、北部、東北部以及離島澎湖都有紀錄	棲息環境	河口、河川下游、潟湖

棲息於近海沙泥底質的底棲魚類，活動於中下層，具群居性，喜愛水質清澈之水體。遇驚嚇會躲入沙丘。在內灣、沙泥底質的港區、潟湖、紅樹林區、河口或河川下游之汽水域都能見到此魚，一般多以毛類、小型甲殼類為食。

形態特徵

體延長，前部略呈圓筒狀，後部側扁。頭長約體長 1/3。眼中大，偏中，上側位。吻部頗長，吻長約眼徑 1.4 倍。口小，上頜略突出下頜。

體呈青灰色或淡黃褐色。側線完全。體中央具一條偏紫色縱帶，有時會變為白色。側線上至背鰭起點鱗列數 5～6。具 2 枚背鰭，兩背鰭約 3 枚鱗片距離。第一背鰭為三角形，第二背鰭長形，兩背鰭鰭膜透明帶細小黑點。胸鰭長形，透明。腹鰭胸位，鰭膜帶黃。臀鰭長形，與第二背鰭同形，鰭膜黃色帶黑，鰭緣帶白。尾鰭截形，微凹，鰭膜灰白微黃。

頜鬚沙鮻

Sillago sp.

體長 可達 15～20cm

未描述種

| 別名 | 沙梭、沙腸仔 | 分布 | 臺灣北部地區 | 棲息環境 | 河口、潟湖 |

棲息於近海沙泥底質的環境，一般在內灣、潟湖、沙質港區堤外及河口汽水域都有可能出沒。底棲型小型魚類，遇到危險時會將自己埋藏在沙中，主要以多毛類與小型甲殼類為食。

周緣性淡水魚

鱚科

形態特徵

體延長，前部略呈圓筒狀，後部側扁。頭長約體長 1/4。上下頭緣呈圓弧狀。眼偏中，上側位。眼徑大於兩眼間距。吻尖，吻長與眼徑等長。吻端微黃。口小，開於吻端，唇薄，上頜較下頜突出，下頜處有鬚。

體呈灰白透明狀，體側前部靠近腹部白色透明微黃。側線完全。體中央有一黃色縱線。背鰭二枚，兩背鰭距離約 1～2 枚鱗片，第一背鰭為三角形，第二背鰭長形，鰭膜皆為灰色並具細小黑點。胸鰭長形，基部帶黃。腹鰭胸位，鰭膜白色帶黃。臀鰭與第二背鰭同形相對。尾鰭微凹，鰭膜灰色。

183

長印魚

Echeneis naucrates

體長 可達 100cm

| 別名 | 長印仔魚、印魚、屎印仔 | 分布 | 臺灣各地海域都有機會見到 | 棲息環境 | 河口、河川下游 |

吸附在魚缸上的長印魚

大洋型魚類，常以大型魚類或海龜為寄主四處游動，與寄主一起覓食。小型幼魚會寄附在一些小魚類身上，如烏魚，故有時會隨寄主入河覓食，能進入離河口一公里處。雙溪河就有長印魚進入到龍門吊橋上方 500 公尺處。以大魚的殘餘食物、體外寄生蟲為食，也會自己捕食無脊椎動物。

形態特徵

體延長，呈圓筒形。頭小，頭長約體長 1/4 ～ 1/5 間。眼側位。頭頂部平直。吻短，平直。口上位，下頜較上頜突出。口平裂。

體呈白色，體側中央處為黑色大縱帶，此縱帶起點由吻部貫穿眼徑一直延伸至尾柄處。背鰭二枚，第一背鰭呈吸盤狀，第二背鰭鰭條長度頗短，前部略長。胸鰭鰭條由上至下漸短，基底與尾端帶黑。腹鰭胸位帶黑。臀鰭與第二背鰭同形。尾鰭為圓形。

周緣性淡水魚

鮣科

184

絲鰺

Alectis ciliaris

體長　可達 150cm

別名	花串、白鬚公、白鬚甘仔	分布	臺灣沿海皆可見其蹤跡	棲息環境	潟湖、河口

近海、大洋型巡弋的魚種，幼魚泳力差，漂浮維生。在浪大時，幼魚會隨漂流物、能躲藏的藻類或掩蔽物進入近岸漁港、潟湖及河口區，有時會進入河川下游汽水域。性情兇猛，幼時泳速較慢，故捕食一些行動較緩慢的甲殼類，大型魚屬巡弋型魚類，泳速快具掠食能力，以魚類為食。

形態特徵

　　體延長，側扁。體呈菱形，隨體型成長，越大體態越為拉長。頭小，頭長為體長 1/3 左右，頭緣輪廓陡斜，鰓蓋具一黑斑。眼側位，口端位，下頜略突出上頜。口裂斜裂，口裂可達眼睛前緣。

　　體呈銀白色，體側有 5 ～ 6 道圓弧狀橫帶。側線完全。尾柄細小。背鰭第 1 ～ 7 鰭條延長呈絲狀，第 2 ～ 7 根鰭絲帶黑。鰭絲比魚體還長，長大後漸短。背鰭簾狀，後部之鰭高窄。前部鰭膜有一黑斑。胸鰭側位，鰭膜白色。腹鰭胸位，幼體腹鰭呈長形，成魚變短。臀鰭與背鰭同形，第 1 ～ 5 根鰭條亦延長呈絲狀。第 2 ～ 4 根鰭絲帶黑。尾型叉形。

周緣性淡水魚

鰺科

185

印度絲鰺

Alectis indica

別名	大花串、鬚甘、白鬚公、南方瓜仔、馬面瓜仔	分布	臺灣沿海皆可見其蹤跡	棲息環境	潟湖、河口

近海、大洋型巡弋的魚種，幼魚泳力差，漂浮維生。在浪大時，幼魚會隨漂流物、能躲藏的藻類或掩蔽物進入近岸漁港、潟湖及河口區，有時會進入河川下游汽水域中。性情兇猛，由於幼時泳速較慢故捕食一些行動較緩慢的甲殼類為食，大型魚屬巡弋型魚類，泳速快具掠食能力，以魚類為食。

周緣性淡水魚

鰺科

形態特徵

體延長，側扁。體呈菱形，隨體型成長，越大體態越為拉長。頭小，頭長為體長 1/2 ～ 1/3。頭緣輪廓陡斜。鰓蓋不具黑斑。眼側位，眼睛有一道由背鰭基部起點劃過的黑色斜帶。口端位，下頜略突出上頜。口裂斜裂，口裂可達眼睛前緣。

體呈銀白色，體側有 5 ～ 6 道圓弧狀橫帶。側線完全。尾柄細小。背鰭第 1 ～ 7 鰭條延長呈絲狀，第 2 ～ 7 根鰭絲帶黑。鰭絲極長。可比魚體還長，長大後漸短。胸鰭側位，鰭膜白色。腹鰭胸位，幼體腹鰭較長呈長形，成魚變短。臀鰭與背鰭同形，第 1 ～ 5 根鰭條亦延長呈絲狀。第 2 ～ 4 根鰭絲帶黑。尾型叉形。

甲若鰺

Carangoides armatus

別名	甘仔魚、鎧鰺、銅鏡仔	分布	臺灣西北部與西部較多	棲息環境	河口、潟湖

成魚通常於外海巡弋，幼魚則在河口與潟湖等環境活動，於河口或潟湖附近的漁港出沒。屬上層活動的魚類，具群居性，泳力極佳，以小魚及小型甲殼類為食。

形態特徵

體延長，側扁，體呈卵圓形。頭小，稍呈圓錐形。背緣與腹緣呈圓弧狀，隨體長漸大時頭緣會較爲突起。體高大於1/2體長。眼大，側位。頭部中央有一斜帶劃過眼睛，成魚時此斜帶會消失。口端位，斜裂。下頜較上頜突出。

體呈銀白色，側線位居中央偏上，前部與背緣平行，後部則轉平直延伸至尾鰭基部。體側具5～6道黑褐色橫帶，成魚不明顯。背鰭二枚，第二背鰭與臀鰭同形，雄魚中部鰭條延長呈絲狀，幼魚及雌魚則否。胸鰭長形，鰭膜透明。腹鰭胸位。尾柄極細。尾鰭深叉形。胸鰭鰭膜顏色透明外，其餘鰭膜帶綠色。

周緣性淡水魚

鰺科

187

浪人鰺

Caranx ignobilis

體長 可達 150cm 以上

| 別名 | 牛港仔、牛港瓜仔、牛港鰺、甘仔 | 分布 | 臺灣東部、北部、東北部、南部、東南部 | 棲息環境 | 河口、河川下游 |

　　一般大型魚體均於海域生活，幼魚則進入河口、河川下游之半淡鹹水區，此魚較少出現於純淡水域，大型魚體棲息之海域為沙泥底質海岸、礁岩區、港區及潟湖等環境，幼魚則在河口區域。幼魚較具群居性，成魚雖有群居之習慣但通常不大群，越大則越小群。泳力佳，具掠食性，主要以比牠小型的魚類、甲殼類為食。

形態特徵

　　體延長，側扁，呈長橢圓狀。背緣呈弧形狀，稜脊明顯。體高約體長的1/2，頭長約體長 1/3。吻短而鈍。口裂頗大，下頜略比上頜突出，上頜骨可延伸至眼前部下方。

　　體背為藍綠色，腹部為銀白色。腹鰭前方帶藍色。側線完全。第一背鰭基底頗短，鰭緣帶黑。第二背鰭長，前部呈鐮刀狀，前部之鰭條較長，後段鰭高較低，第一根鰭條帶黑。胸鰭呈長鐮刀狀，鰭膜透明。腹鰭胸位透明。臀鰭與第二背鰭同形。尾柄之稜鱗頗長。尾鰭分叉透明。臀鰭前方有 2 根游離之鰭棘，臀鰭與第二背鰭同形。

六帶鰺

Caranx sexfasciatus

體長　可達 60cm 以上

別名	甘仔、瓜仔、田蛙仔	分布	臺灣北部、東北部、西部、南部、東部等	棲息環境	河口、河川中下游

生長於近海與河口區的魚類，通常 30cm 以內之體型較常出現於潟湖區、河口區及漁港，更小型的魚體會進入河川中下游，較大魚體則在近海海域，屬中上層魚類，具群游習性。泳力極佳，具掠食性，會追逐小魚、甲殼類及無脊椎動物等為食。

形態特徵

體延長，側扁，體呈長橢圓形。頭背緣與第一背鰭前之項部有明顯稜脊並呈弧型狀。頭長爲體長 1/3，吻短。口裂大，下頜較上頜突出，上頜骨可延伸至眼中央下方。

體背呈灰白色，體側與腹部則銀白帶黃色。側線完全。鰓蓋 1/3 處有一藍點。第一背鰭基底短，上部鰭緣微黑。

第二背鰭鐮刀狀前部之鰭緣爲黑色，後部之鰭高較低。胸鰭呈鐮刀狀，鰭膜透明。腹鰭胸位，微黃。臀鰭前方有 2 根游離的鰭棘。臀鰭與第二背鰭同形而鰭膜帶黃。尾鰭分叉。尾柄具稜鱗。

周緣性淡水魚

鰺科

托爾逆溝鰺

Scomberoides tol

別名	七星仔、棘蔥仔、鬼平、龜柄仔、臺灣逆鉤鰺	分布	臺灣東部、西部、南部、北部、澎湖、小琉球	棲息環境	河口

幼魚常見於河口區域，但不曾游入純淡水域。較大的魚體通常出現於近海區域，棲息於上層水域。小魚較具群居性，大型魚體則較少群居。泳力極佳。肉食性，掠食性強，一般以小魚及甲殼類為食。

周緣性淡水魚

鰺科

形態特徵

體延長，身體極為側扁，背緣稍隆起呈弧形。頭長約體長 1/5。眼前位。吻部長較眼徑大。口裂頗大，斜裂，下頷略比上頷突出，上頷可延伸至眼睛後緣。頰部無斑。

體背呈銀灰色，體側與腹部為銀白色。側線由體側上部鰓蓋為起點，平直延伸至尾鰭基部中央。體側有 6 個斑點但幼魚無斑。第一背鰭有 6～7 根硬棘，硬棘與硬棘間基底有小膜相連。第二背鰭前部呈鐮刀狀，前段具一黑斑，後段鰭高漸低。胸鰭透明。腹鰭胸位，微黑。臀鰭與第二背鰭等長同形。尾鰭分叉。尾柄窄小。

杜氏鰤
Seriola dumerili

體長 可達 150 cm 以上

別名	紅甘、紅甘鰺	分布	臺灣沿海都有機會見到蹤跡	棲息環境	河口

近岸礁岩區之魚類，亦會進入港灣、內灣，幼魚時會在河口出沒，水深可棲息至 100 公尺以下區域。群居性。泳力強，游速快。肉食性魚類，具掠食性，以小魚為主食，亦會食用頭足類。此魚也是鐵板路亞的對象魚之一。

形態特徵

體延長，呈紡錘狀。幼魚頭形頗大，頭長大於體長 1/3。頭部有一道由背鰭斜下劃過眼徑的黑帶。眼側位，外框具虹膜。口端位，斜裂，口裂可達眼睛前緣。

體呈灰白色，成魚體上部呈黑色。體中央有一道黃色縱帶，有時不明顯。幼魚有 5 道橫帶，成魚後消失。背鰭二枚，第一背鰭硬鰭棘短。第二背鰭呈簾形狀，前部鰭條長而後鰭條漸短，鰭膜偏黃。胸鰭扇形，鰭膜白色。腹鰭胸位，鰭膜黃色。臀鰭與第二背鰭同形，臀鰭起點較第二背鰭為後，鰭膜鮮黃。尾鰭分叉，鰭膜黃色。

周緣性淡水魚

鰺科

191

小甘鰺

Seriolina nigrofasciata

體長 可達 50cm 以上

別名	黑甘、油甘、軟骨甘、火燒甘、虎甘	分布	臺灣各地海岸均有機會看到	棲息環境	河口

屬於近岸的魚類，有時會在河口出沒，浪大時幼魚會隨漂流物進入漁港或河口區。大多發現 1～2 尾，很少群游。肉食性魚類，一般以無脊椎動物及小魚為食。

周緣性淡水魚

鰺科

形態特徵

體延長，呈紡錘形。幼魚時頭大而圓，頭背緣輪廓渾圓，頭長大於全長 1/3。幼魚頭部有二道斜帶，一斜帶劃過眼睛，另一道在鰓蓋處。眼大，具虹膜。口端位，口裂達眼睛前緣。

幼魚體呈黃色，體側有 4 道橫向黑帶，橫帶不規則。成魚銀白色。背鰭二枚，第一背鰭有一大黑斑。第二背鰭在

幼魚期有 3 大斑塊，鰭膜帶黃，成魚則全黑。胸鰭鰭膜透明。腹鰭胸位，鰭膜黑色。臀鰭與第二背鰭同形，起點較第二背鰭為後。幼魚尾柄有一道橫帶。尾鰭分叉，幼魚上下葉各有一黑斑，尾鰭中部亦有一斑塊。成魚鰭膜黑色。

斐氏鯧鰺

Trachinotus baillonii

體長　　可達 60cm

別名	幽面仔、斐氏黃臘鰺、南風穴仔	分布	臺灣各地都有機會見到	棲息環境	河口、潟湖

棲息於淺海礁岩區或沙質區海域，幼魚可見於河口汽水域及潟湖，在河口礁石與沙質混合區是活動較為頻繁的區域，故在沙質海岸灘釣偶爾可釣獲。具群居性，泳力頗佳，以無脊椎動物、多毛類、小魚、小蝦為食，通常活動於淺海中下層水域。

形態特徵

體側扁，體呈長圓形。隨成長逐漸向後延長。背緣與腹緣稍呈淺弧狀。頭長約體長 1/3 ～ 1/4。眼大，前側位。吻鈍，吻長小於眼徑，鼻孔頗大。上下頜等長，口斜裂，可延伸至眼前部。

體呈雪白色，鱗片細小。側線幾乎呈直線狀。幼魚時無任何斑點；較大魚體則體側有 1 ～ 5 個黑斑。第一背鰭 5 ～ 6 硬棘，幼魚時具鰭膜，隨成長而漸呈游離狀。第二背鰭呈鐮刀狀，前面鰭條較長，較長鰭條處帶黑，鰭膜白色。胸鰭長形，鰭膜白色。腹鰭胸位。臀鰭與第二背鰭同形，前面鰭條較長，較長鰭條處帶黑，鰭膜白色。尾鰭深叉形，上下葉有黑色斜帶，鰭膜透明微黃。

周緣性淡水魚

鰺科

布氏鯧鰺

Trachinotus blochii

| 別名 | 紅沙、黃臘鰺 | 分布 | 臺灣東北部、北部、西部、南部、東部等地區 | 棲息環境 | 河口、潟湖 |

通常出現於沙質海岸、礁石與沙質兩者交會之海岸，幼魚則會出現於河口地帶及潟湖，通常活動於淺海中下層水域。具有群居性，泳力頗佳，以無脊椎動物、多毛類、小魚、小蝦為食。

出現於河口區的布氏鯧鰺

形態特徵

體延長，側扁。體呈卵圓形。背緣、腹緣呈弧形。幼魚時頭部頗大，頭長約體長 1/3，漸大後頭長縮小。眼前側位。吻鈍。上下頜約略等長，口裂可延伸至眼中部下方。

體呈銀白色，無斑。側線完全。無稜鱗。背鰭前方有 5～6 枚游離鰭棘，背鰭前部鐮刀狀，前部之軟條隨魚體大小而延長，後部之軟條較短，背鰭前部在幼魚時有一大黑斑，成魚則無。胸鰭透明無斑。腹鰭胸位。臀鰭與背鰭同形，大型魚體之前部軟條隨魚體大小而延長，幼體前部有一黑斑帶黃色，至大型魚體則軟條延長此斑消失。臀鰭前方有 2 枚游離鰭棘。尾鰭分叉，鰭緣帶黑。

周緣性淡水魚

鰺科

194

短棘鰏

Leiognathus equulus

體長
可達 25cm

別名	金錢仔、三角仔、狗坑仔	分布	臺灣西部、南部	棲息環境	河口、河川下游

沙泥底淺海區之魚類，通常出現於沙泥底海岸、內灣、漁港區、河口區及河川下游的半淡鹹水區，屬廣鹽性魚類，群居性。肉食性魚類，以底棲生物、浮游動物、多毛類為食。

形態特徵

　　體延長，體側極為側扁。體高約體長 2/3 以上，呈卵圓形。項部內凹明顯，背緣隆起明顯，頭長約體長 1/3。眼呈上側位，兩間距平扁，眼間距小於眼徑。吻部尖鈍，可向下、向前拉長。口部橫裂，上頜略下頜突出。口小，下頜輪廓內凹明顯。

　　體色偏青綠色，下部及腹部為銀白色。側線完全。體表上部有 20 條以上大小不一的橫紋，尾柄極窄。背鰭前部之硬棘部分較高呈鐮刀狀，往後之鰭條均較低平，鰭緣偏黑，基底鞘鱗呈黃色。臀鰭與背鰭同形，基底具鞘鱗，鰭膜微黃。胸鰭透明。腹鰭胸位帶黃。尾鰭呈深叉形，透明無斑。

周緣性淡水魚

鰏科

黑邊布氏鰏

Eubleekeria splendens

別名	金錢仔、三角仔、狗坑仔	分布	臺灣東部、北部、西部、南部等	棲息環境	潟湖、河口、河川下游

活動於沙泥底質的淺海域，通常出現於沙質海岸、潟湖、港灣、河口以及河川下游的半淡鹹水一帶。具群居性，有大群出沒覓食之習性，夏季時無論水清或水濁均大量出沒於沿海一帶。嘴小，體型也小，在釣友心目中是極為頭痛的魚種。屬肉食性，通常以浮游動物、底棲性小型蝦類、多毛類為食。

周緣性淡水魚

鰏科

形態特徵

體延長，側扁，呈長橢圓形。項部稍內凹。體高約體長 1/2。頭長約體長 1/4。眼上側位，眼間距扁平，小於眼徑。吻短而鈍，吻部可向前、向下拉長。口小，橫裂。上頜略突出下頜，下頜輪廓稍內凹但不明顯。

體上部為藍綠色，下部及腹部為銀白色。體表上部有許多波浪狀或不規則的橫向紋路。側線完全，與體背緣平行。尾柄稍長。背鰭前部為鐮刀狀，而後低平，前部有一大黑斑，黑斑之後微黃，低平處之鰭緣為黑，背鰭頗長。臀鰭與背鰭同形，鰭膜黃色，後部鰭膜透明。背鰭與臀鰭具鞘鱗。胸鰭為長形，鰭膜透明。腹鰭胸位，基底起點帶藍黑色，尾鰭呈深叉形。

圈頸鰏

Nuchequula mannusella

體長　可達 15cm

| 別名 | 短吻鰏、狗坑仔、三角仔、金錢仔 | 分布 | 臺灣西部、南部、北部 | 棲息環境 | 潟湖、河口、河川下游 |

活動於淺海沙泥底的小型魚類，常出現於沙灘型近海、潟湖、港灣、河口、河川下游之半淡鹹水區，此魚耐汙染，在表面浮油頗為嚴重的港區依然可見其蹤跡。具群居性，族群常成百成千大量出現，不過大群出現時均為小型魚體或幼魚。以浮游動物、多毛類、小型無脊椎動物為食。

附註：過往為短吻鰏（*Leiognathus brevirostris*）誤鑑。

形態特徵

　　體延長，側扁，呈長橢圓形。頭長約體長 1/3。兩眼間距寬平，大於眼徑。吻鈍，可向前、向下拉長。上頜與下頜等長。口大，上位，橫裂。下頜輪廓內凹明顯。

　　體背呈青綠色，體表與腹部銀白。側線完全，側線上方之體表有數道不規則有如彩帶狀橫向斑紋。項部具一黑斑，背鰭與項部間背緣亦有一黑斑。背鰭基底頗長，形狀有如簾狀，鰭緣黃色鰭膜透明。胸鰭長形，鰭膜透明，腋下具黃斑。腹鰭胸位，鰭微黃。臀鰭與背鰭同形。尾鰭呈深叉形，鰭緣黃色，鰭膜透明。

長吻仰口鰏

Secutor insidiator

體長　可達 10cm

別名	金錢仔、三角仔、狗梗仔	分布	臺灣東北部、北部、西部、南部等地區	棲息環境	潟湖、河口、河川下游

棲息於沙泥底質淺海區的小型魚類，一般在沙質區之近海、潟湖、港灣均可見到。此魚對半淡鹹水之忍受度頗佳，所以在河口、河川下游的感潮帶等地區也可觀察到牠的蹤跡。群居性，屬肉食性魚類，以浮游動物為主要食物，亦會尋找一些小型無脊椎動物及多毛類為食。

形態特徵

體延長，側扁，呈長橢圓形。項部後之背緣稍微隆起，頭長約體長 1/3。眼大，眼間距寬平，兩眼間距小於眼徑。口大，上位，吻能向前及向上，口橫裂，上下頜約等長。頰部雪白無斑。下頜內凹。

體背稍偏紫色，側線下方之體表偏藍，腹部白色。側線完全，約與背緣平行。尾柄極細窄。體表上部有橫向不規則黃色條紋。背鰭簾形狀，前部硬棘處稍黑，有黑色鰭緣。胸鰭為鐮刀狀，鰭膜透明。腹鰭胸位透明。臀鰭與背鰭同形，前部鰭條稍黃，後部鰭膜透明。尾鰭深叉，鰭膜透明。

銀紋笛鯛

Lutjanus argentimaculatus

別名	紫紅笛鯛、紅槽	分布	臺灣西部、南部、北部、東北部	棲息環境	潟湖、河口、河川下游

活動於近海、河口，幼魚常見於河口、河川下游處，更可以游入純淡水區，成魚則出現於礁石區、港灣、港口的消波塊及潟湖中。幼魚時可見群居之狀況，大型成體則單獨行動。性情兇猛，通常以小魚及甲殼類為主要食物。

亞成魚

形態特徵

體延長，側扁，體呈橢圓形，背緣與腹緣圓弧狀。頭長約體長 1/3。眼上側位，眼間距與眼徑相等。吻長約與頭背緣長相等，吻鈍。口稍斜裂，上頜略突出於下頜，上頜骨延伸至眼前緣下方。

幼魚呈紅褐色，成魚紫紅色，腹部褐色帶白色。幼魚體側有 6 ～ 7 條白色橫紋，隨魚體成長而逐漸消失。眼下有藍色縱紋，至成魚會消失。背鰭具明顯深刻，硬棘部為深褐色，鰭緣為白色，軟條部下半部之鰭膜為黃色，上部則呈透明狀。胸鰭透明。腹鰭胸位，鰭膜紅褐色。臀鰭前段之鰭緣為白色，後半段深黑色，鰭膜紅褐色。尾鰭略內凹，幼魚時鰭膜透明，成魚時灰帶紅色。

周緣性淡水魚

笛鯛科

埃氏笛鯛

Lutjanus ehrenbergii

體長　　可達 40cm

| 別名 | 黑點仔、點記仔 | 分布 | 臺灣北部、東北部、南部地區 | 棲息環境 | 潟湖、河口、河川下游 |

黑點被白緣包覆

生活於沿海珊瑚礁區、沙泥底與礁石交會區、河口、河川下游汽水域、蚵棚、潟湖以及潮間帶都可看到此魚，在港灣、港邊消波塊、港區礁岩邊也常見到。大型魚體均在深處不易見到。具領域性，在礁岩中不易見到群體，一般單獨行動。屬肉食性魚種，以小魚、甲殼類及小型無脊椎動物為食。

形態特徵

體延長，側扁，體呈長橢圓形或稱紡錘型，背緣與腹緣為淺弧狀。頭長約體長 1/3 以上。眼上側位，眼間距約等於眼徑。吻尖，頰部具二道黃色縱線。上頜與下頜約等長，口斜裂，上頜可延伸至眼睛下方，口裂頗大。

體背呈黑褐色，體表與腹部銀白。側線與背緣平行，體表有大黑斑位於背鰭軟條部與硬棘部交界之正下方。體側有 5 條金黃色縱線，縱線至成魚時較不明顯。背鰭連續，無明顯深刻，具硬棘部與軟條部。硬棘部至軟條部前部之鰭緣為黃色。胸鰭透明。腹鰭胸位微黃。臀鰭前部黃色後部透明。尾鰭為淺凹狀，鰭膜透明微黃色。

周緣性淡水魚

笛鯛科

火斑笛鯛

Lutjanus fulviflamma

體長　　可達 35cm

別名	黑點仔	分布	臺灣南部、北部、東北部、西部	棲息環境	潟湖、河口、河川下游

生活於沿海珊瑚礁區、沙泥底與礁石交會區、河口、河川下游汽水域、蚵棚、潟湖及潮間帶，在港灣、港邊消波塊、港區礁岩邊也可見到其蹤跡。大型魚體通常活動於外海因此不易見到。具領域性，在礁岩中不易見到群體，通常為單獨行動。屬肉食性魚種，以小魚、甲殼類、小型無脊椎動物為食。

形態特徵

體延長，側扁，體呈長橢圓形或稱紡錘形，背緣與腹緣為淺弧狀。頭長約體長 1/2 ～ 1/3，頭部中央偏上有一道劃過眼睛的黑褐色縱帶，此縱帶成魚會消失。眼下有二道較不明顯的橘色縱紋。側位。吻尖，吻長約等於眼徑。口斜裂，上頜與下頜約等長，上頜可延伸至眼睛前部下方。

體呈偏黃色。側線完全，與背緣平行，背鰭軟條部與硬棘部分界處下方體側的側線上有一橢圓形黑斑。側線以下有 5 條橘黃色縱紋。背鰭連續，無明顯深刻，具硬棘部與軟條部。鰭膜偏黃色。胸鰭透明。腹鰭胸位。臀鰭與背鰭軟條部同形，前部鰭膜橘黃色。尾鰭淺凹，鰭膜黃色。

周緣性淡水魚

笛鯛科

201

黃足笛鯛

Lutjanus fulvus

別名	赤筆仔	分布	臺灣東部、北部、東北部、東南部	棲息環境	河口、河川中下游

活動於近海岩礁區，成魚通常出現在較深處，幼魚及亞成魚在潮間帶、河口、河川中下游及潟湖可發現其蹤跡。喜好棲息於潮間帶的潮池石縫中，溪流下游與河口處較深的水域等環境。泳力極佳，通常單獨行動。以小魚、小型甲殼類及底棲無脊椎動物為食。

形態特徵

體延長，側扁，體呈橢圓形，背緣與腹緣呈圓弧狀。頭長約體長 1/3 以上。眼上側位，眼眶上緣有一道金黃色弧形紋，眼間距小於眼徑。吻鈍，口端位，上頜略突出下頜。上頜上緣有一紅褐色線紋，口裂大，上頜骨可延伸至眼前部下方。主鰓蓋有一平棘。

體背為灰白色，側線以下較偏黃，腹部白色。側線完全，側線與背緣平行，側線以下之體表有 4 條金黃色細縱帶。背鰭連續，無深刻，具軟條部與硬棘部，背鰭鰭緣白色，鰭緣下有道紅褐色細縱帶。胸鰭鰭膜微黃。腹鰭胸位，呈黃色。臀鰭鰭緣具白色，鰭膜鮮黃。尾鰭內凹，鰭緣白色，尾鰭後部鰭膜帶紅褐色，接近鰭基之鰭膜白色。

約氏笛鯛

Lutjanus johnii

| 別名 | 赤筆仔、金蘭點誌 | 分布 | 臺灣西部、南部為主。臺東溪流下游溪口處也有出現紀錄 | 棲息環境 | 河口、潟湖 |

主要棲息於岩礁區、沙泥底與礁石混合帶。幼魚大多出現於潟湖、潮池、紅樹林區、河口區。大多單獨出現，並不多見。肉食性，以小型甲殼類為主食，亦會覓食小魚及貝類等。

有時體色呈深黑色

形態特徵

體延長，呈長圓形。背緣、腹緣呈圓弧狀，主鰓蓋有一硬棘，頭長約體長 1/2 ～ 1/3。吻部尖，口端位，上頜較下頜突出，口裂可達眼徑後部。眼下有一藍紋。

體呈灰白帶黑，體側各鱗片中央均有一黑點。側線約與背緣輪廓同形，在背鰭軟條部下方體側有一黑點，黑點壓於體側線。背鰭一枚，具硬棘部與軟條部，缺刻不明顯。背鰭硬棘部下部至基底處，鰭膜黃色，上部硬棘紅褐色，幼魚具白緣。軟條部為黃色。胸鰭透明。腹鰭胸位，鰭膜黃色。臀鰭與背鰭軟條部同形，硬棘 3 根其餘為軟條，鰭膜黃色。尾鰭截形略凹，鰭膜黃色。

周緣性淡水魚

笛鯛科

203

海雞母笛鯛

Lutjanus rivulatus

別名	藍點笛鯛、海雞母、花臉、黃雞母	分布	臺灣各地均有	棲息環境	河口

棲息於珊瑚礁區、內灣、沙泥底質與礁石混合區，若有此種底質的河口就有機會出現。此魚在河口的體型均為幼魚或亞成魚，幼魚大多三兩成群，成魚較常獨游。肉食性，以小魚、甲殼類為主食。

周緣性淡水魚

笛鯛科

形態特徵

體延長，呈橢圓狀。背鰭前緣微突起。頭長為全長 1/3。頭側有波浪狀藍紋。眼側位。口端位，上頜略突出下頜，口裂頗大，可達眼睛中部。

體呈褐色，各鱗片具白色斑點。側線與背緣輪廓同形。體側線後 1/3 處有一大黑斑並疊一白色斑點，此斑點越大越不明顯。幼魚體側具 3～8 條褐色橫帶，長大後橫帶消失。背鰭一枚，具硬棘部與軟條部，硬棘上部較黃。胸鰭長形，基部有一黑點。腹鰭胸位，鰭膜黃色。臀鰭基底短而與背鰭軟條部相對，鰭膜黃色。尾鰭內凹狀，鰭膜黃色。

勒氏笛鯛

Lutjanus russellii

體長　可達40cm

別名	點志、黑點仔、黑星笛鯛	分布	臺灣西部、北部、東北部等地較常見	棲息環境	潟湖、河口、河川下游

幼魚

近海底棲性魚類，在沿海岩礁沙質交會之海岸、潮間帶、潟湖處、河口或河川下游之感潮帶均常見到，港內石縫與防波堤之消波塊中也有躲藏，以沙泥底之水域較常見。常單獨行動，頗具領域性，性情兇悍，遇較小魚類通過其領域範圍會攻擊入侵者。肉食性，以小魚、小型甲殼類及底棲小型生物為食。

形態特徵

體延長，側扁，體呈長橢圓形。背緣與腹緣呈圓弧狀。頭長約體長 1/3。眼上側位，眼間距小於眼徑。吻尖鈍。口亞端位，口裂稍斜，上頜與下頜等長，上頜骨可延伸至眼中央下方。

體呈灰棕色，腹部銀白色。側線與背緣平行。體表有一黑斑位於側線上，黑斑偏側線上方占 2/3 左右。側線下方有 3 道明顯的金黃色縱線，側線上方有 3 道不明顯金黃色斜線。背鰭連續分成硬棘部與軟條部，硬棘部鰭緣為紅褐色，軟條部鰭緣為白色。尾鰭稍呈內凹狀。胸鰭基部上方有一黑點。腹鰭胸位微黃，臀鰭與背鰭軟條部相對應，鰭膜黃色。

周緣性淡水魚

笛鯛科

松鯛
Lobotes surinamensis

體長 最大可達 100cm 以上

別名	打鐵婆、睏魚、枯葉魚、庫羅黛	分布	臺灣南部、北部均有	棲息環境	潟湖、河口

暖 水性洄游型魚類，泳力不佳，在颱風過後或大浪後會大量出現於近海的港灣、潟湖、河口，或者是混濁的海域，喜歡躲藏於海上的枯木、藻類等漂流物中。擬態能力強，屬中上層魚類。幼魚具群居性，大型魚體則單獨行動。肉食性魚類，以小魚、小蝦為主要食物。

周緣性淡水魚

松鯛科

形態特徵

體延長，呈橢圓形，側扁。背緣與腹緣呈圓弧形。體高為體長 1/2。頭長約體長 1/3。眼小，前側位，紅色，眼眶具 4 條放射狀線紋。幼魚的眼後方具斜上與斜下線紋，頭頂部亦具線紋。前鰓蓋具黑紋。口斜裂，端位，下頜較上頜突出，上頜骨可延伸至眼中部下方。

體呈枯葉色，大多為褐色。體側具若干小黑斑，幼魚時黑斑較多。側線與背緣平行。背鰭一枚，具硬棘部與軟條部，軟條部具白色鰭緣。胸鰭長形，鰭膜灰白色。腹鰭胸位，鰭膜黑褐色。臀鰭與背鰭軟條部同形，上部為咖啡色，鰭緣為黃綠色。尾鰭扇形，接近外緣處有一鵝黃色弧形紋，內緣為黃綠色並有 2 條褐色弧形斑紋。

短鑽嘴

Gerres erythrourus

體長 可達30cm

別名	碗米仔、紅尾銀鱸	分布	臺灣西部、南部、北部	棲息環境	潟湖、河口、河川下游

廣鹽性魚類，主要棲息於沙泥底質的海域、港灣、潟湖、河口、河川下游的汽水域中，在沿海沙泥底質的潮溝也會有此魚蹤跡。此魚對汙染的水質頗具忍受能力。肉食性，以浮游生物、底棲生物為食。

形態特徵

體延長，呈卵圓形，側扁。背緣、腹鰭呈圓弧形。頭長為體長的 1/4 ～ 1/3，頭頂部稜脊明顯。眼側位。吻長小於眼徑。口小，可向前伸出，上下頜等長，上頜骨可延伸至眼前部下方。

體背與體上部呈青綠色，腹部銀白色。側線完全，側線與背緣平行。體側有 7 ～ 11 條橫斑。背鰭一枚，具硬棘部與軟條部，硬棘部具黑緣，背鰭中央具一列縱向點紋，鰭膜灰白帶黃。胸鰭長形，鰭膜灰白。腹鰭胸位，鰭膜黃色。臀鰭鰭膜亦為黃色但中央帶若干黑斑。尾鰭分叉，鰭膜黃色。

周緣性淡水魚

銀鱸科

207

曳絲鑽嘴

Gerres filamentosus

別名	碗米仔	分布	臺灣西部、南部、北部、東北部	棲息環境	潟湖、河口、河川下游

廣鹽性魚類，主要棲息於沙泥底之礁岩、港灣、河口、潟湖、河川下游汽水域，可忍受較為汙染的環境，採一游一停方式在中下層的沙泥底質活動，具群居性。肉食性，以小型底棲動物為食。

形態特徵

體延長，呈卵圓形，側扁。背緣與腹緣呈圓弧形。體高為體長 1/2。頭長為體長的 1/3，頭頂部稜脊明顯。眼側位。吻尖，吻長小於眼徑。口小，可向前伸出，上下頜等長，上頜骨可延伸至眼前部下方。

體呈銀白色，體上部淺褐色略帶青綠色。側線完全，側線與背緣平行。體側具 7 ～ 10 列斑點。背鰭一枚，具軟條部，第二根鰭棘最長，可延長至軟條部中部，背鰭中央具一列縱向點紋，鰭緣黑色。胸鰭長形，鰭膜灰白色。腹鰭胸位，鰭膜灰白色。臀鰭灰白色。尾鰭分叉，鰭膜灰白色。

大棘鑽嘴

Gerres macracanthus

別名	大棘銀鱸、碗米仔	分布	臺灣東北部、北部、西部、南部	棲息環境	潟湖、河口、河川下游

廣鹽性魚種，主要棲息於沙泥底質的港灣區、潟湖、河口區以及河川下游的汽水域中，對於汙染的水域略能忍受。具群居性，屬中下層之魚類，常以一游一停方式在沙泥底層找尋食物。肉食性，以小型底棲動物為食。

新北市雙溪河下游個體

形態特徵

　　體延長，呈卵圓形，側扁。背緣、腹緣呈圓弧形。體高為體長的 1/2。頭長為體長的 1/3，頭頂部稜脊明顯。眼側位。吻尖，吻長小於眼徑。口小，口能向前伸出，上下頜等長，上頜骨可延伸至眼前緣下方。

　　體呈銀白色，側線完全，側線與背緣平行。體側具 7～10 列細橫帶。背鰭一枚，具軟條部，第二根鰭棘最長，可延長至軟條部中部。鰭中央具一列黑色縱向點紋，鰭緣帶黑。胸鰭長形，末端可至臀鰭起點。腹鰭胸位，鰭膜帶黃。臀鰭第一根鰭棘較長後漸短。尾鰭分叉。臀鰭與尾鰭鰭膜灰黑色。

周緣性淡水魚

銀鱸科

長身鑽嘴魚

Gerres oblongus

別名	碗米仔	分布	臺灣東北部、北部、西部、南部地區	棲息環境	潟湖、河口、河川下游

廣鹽性魚種，主要棲息於沙泥底質的港灣區、潟湖、河口區及河川下游汽水域中，對於汙染的水域略能忍受。此種魚可深入純淡水域，常躲於兩旁植被區，靠岸邊的石頭與石頭略有深凹的水域。具群居性，屬中下層之魚類，肉食性，以小型底棲動物為食。

形態特徵

體延長，側扁，呈長圓形。頭大，頭長為體長 1/3，眼睛極大，占頭部面積 1/3～1/2。吻短尖，吻長約 1/2 眼徑。口小，能向前伸出，上下頜等長，口裂較小，未達眼前緣。

體呈銀白色，體側有不規則斑塊。側線完全，呈淺弧狀，與背緣同形。背鰭一枚，具軟條部，鰭膜透明。硬棘部第 1～4 根硬棘前端帶黑呈一黑斑，鰭條不延長。胸鰭長形狀，基部帶黃，最長可達背鰭軟條部起點。腹鰭胸位，前部微黃。臀鰭長形，較背鰭軟條部微後，鰭膜透明。尾鰭深叉形。

臀斑髭鯛

Hapalogenys analis

體長  可達 25cm

| 別名 | 打鐵婆、黑文丞 | 分布 | 臺灣西部、北部、東北部、澎湖 | 棲息環境 | 河口、河川下游 |

常見於沿岸的岩礁沙泥底交會處，偶爾游入河口與河川下游感潮帶，喜愛沙泥底質。屬底棲性魚類，習性偏向夜行性，在水濁時也會出來覓食活動。肉食性，以甲殼類、貝類為食。

形態特徵

體延長，側扁。背鰭前緣隆起。頭長約 1/3 ～ 1/2 全長。頭前部為一大褐色斑塊。眼偏上側位。吻鈍，吻長約等於眼徑。口亞端位，上頜與下頜等長，稍斜裂，口裂可達眼中部。前鰓蓋呈鋸齒狀。

體側具 5 條褐色橫帶，橫帶間為白色。背鰭有硬棘部與軟條部，具缺刻。

背鰭硬棘粗大黃色，軟條部黃色，上部接近鰭緣為一條黑色縱線。胸鰭扇形，鰭膜黃色。腹鰭帶黑。臀鰭與背鰭軟條部同形，前 3 根為硬棘，其餘為軟條，硬棘帶黑，軟條黃色，軟條上部接近鰭緣為一條黑色縱線。尾鰭偏菱形，鰭緣帶黑。

周緣性淡水魚

石鱸科

211

駝背胡椒鯛

Plectorhinchus gibbosus

別名	斜帶髭鯛、髭鯛、銅盆魚、包公	分布	臺灣西部、北部、東北部、西南部都有蹤跡	棲息環境	潟湖、河口、河川下游

周緣性淡水魚

石鱸科

常見於沿岸的岩礁與沙泥底交會處，亦會游入河口與河川下游感潮帶，喜愛棲息於沙泥底質，屬底棲性魚類，具群游性。習性偏向夜行性，水濁時也會大量出來覓食活動。食性為肉食性，通常以甲殼類、貝類、小魚為食。

1. 15 公分左右體型
2. 10 公分體型
3. 入溪的駝背胡椒鯛

形態特徵

體延長，側扁，背緣隆起，略呈長橢圓狀。頭長為體長 1/3。眼上側位。吻短而鈍尖。吻部略突出上頜，上頜與下頜約等長，上下頜唇厚。口稍斜，上頜可延伸至眼前緣下方，上頜骨具鱗片。頭部具橫帶，橫帶劃過眼部。前鰓蓋鰓裂為黑色。

體呈黑褐色，體表有二道黑色斑塊。體表有時呈雪白狀或全黑狀。側線居體側 1/3 處，側線完全。背鰭之硬棘與軟條無明顯缺刻，軟條之鰭膜為黑色，具暗帶，與軟條間之硬棘鰭膜則為白色。胸鰭鰭膜無色。尾鰭圓扇形，鰭膜黑色，有時鰭緣為白色。腹鰭與臀鰭鰭膜均呈黑色。

周緣性淡水魚

石鱸科

213

花軟唇

Plectorhinchus cinctus

別名	花尾胡椒鯛、加志、石鱸、黃斑石鱸	分布	臺灣西部、南部、北部	棲息環境	河口汽水域

常見於沿岸礁岩區，幼魚有時會出現於河口，通常不會太深入河川之中，只停留於河口處。肉食性魚類，以甲殼類為主食，亦會追逐小魚為食。

周緣性淡水魚

石鱸科

形態特徵

　　體延長，側扁。頭背緣隆起而高聳，頭長，約體長 1/3。眼上側位。吻短而鈍。口端位，上唇與下唇頗厚。上頜較下頜突出。口稍斜，上頜可延伸至眼前緣下方。頭部有一斜帶劃過眼部。前鰓蓋的鰓緣黑褐色。頰部無斑紋。

　　體表有 3 大塊黑褐色斜帶，斜帶間為白色。背鰭的硬棘與軟條無明顯缺刻。背鰭硬棘之基底有黑色斑點，軟條部具黑色圓斑不規則排列。尾鰭與尾柄處具不規則小圓斑。胸鰭白色，無斑紋。腹鰭鰭膜呈黑色。臀鰭具幾顆小圓斑，鰭膜黑色。

銀雞魚

Pomadasys argenteus

別名	雞仔魚、石鱸、咕咕鱸、加鱸仔	分布	臺灣西部、東北部、西南部	棲息環境	河口、河川下游、潟湖

活動於沿岸、港灣處，通常在沙泥底質的海域較能發現此魚蹤跡。頗能忍受低鹽度環境，故可以進入河口、河川下游感潮帶，甚至進入純淡水域。稍具群游性，屬肉食性魚類，通常以小魚、小型甲殼類、多毛類及軟體動物為食。此魚頗貪吃，故河口區可釣獲，常混於星雞魚中。

形態特徵

體延長，側扁。呈長橢圓狀。背緣、腹緣圓弧狀。頭長為體長 1/3，眼上側位。吻短。口端位，口稍斜。上頜稍長於下頜，上頜可延伸至眼中部下方。鰓蓋處有一黑色暗斑。

體上部為淡褐色，腹部銀白。側線約在體側上部 1/3 處。側線與背緣平行，側線完全。體表布滿小麻斑點。背鰭的硬棘與軟條無明顯缺刻，背鰭硬棘部分之基底有一列黑色斑點，在背鰭軟條部分則有三道不明顯黑色斑塊。尾鰭微內凹，無斑，而尾鰭下葉稍帶黃色。胸鰭呈長形，鰭膜透明無斑。腹鰭與臀鰭微黃。

周緣性淡水魚

石鱸科

215

星雞魚

Pomadasys kaakan

體長 可達 40cm

別名	斷線石鱸、石鱸、咕咕鱸仔、雞仔、點石鱸	分布	臺灣西部、北部、東北部、西南部	棲息環境	潟湖、河口、河川下游

活動於沿海、河口，通常出現於港灣、沙泥底的沿岸、河川下游的汽水域以及潟湖等環境。此魚通常不會進入純淡水域，所處環境需稍有鹽分，通常單獨行動。肉食性，以小魚、蝦蟹類及多毛類為食。

周緣性淡水魚

石鱸科

形態特徵

體呈長橢圓狀，側扁。背緣呈圓弧狀。頭長為體長 1/4，吻鈍。眼上側位。鰓蓋處有一黑斑。口前位，稍斜。上頜較下頜突出，上頜骨可延伸至眼前緣下方。

體側上部青色，下部及腹部為銀白色。側線以鰓蓋為起點，側線完全。體側上部有 4 道如虛線黑色縱帶斑點群，

幼魚較成魚明顯。背鰭 3 ～ 6 根硬棘間中央鰭膜各有一黑斑，1 ～ 11 根的硬棘粗大具黑緣。胸鰭為鐮形無任何斑點。尾鰭略像截形但有內凹。腹鰭胸位。臀鰭鰭膜部分則有些許鰭條帶黃色。

斑雞魚
Pomadasys maculatus

別名	大斑石鱸、石鯽仔	分布	臺灣西南部、東北部地區有紀錄	棲息環境	河口、河川下游、潟湖

棲息於沿岸沙泥底質環境的魚類，主要棲息於港灣、潟湖、河口，頗能忍受低鹽度地區，故在西南部的大河川下游汽水域也可見到；東北部宜蘭地區的蘭陽溪口與竹安河口間沙泥岸是牠們喜愛棲息的地點。底棲性魚類，群居性。屬肉食性魚類，以小型甲殼類、沙地中的軟體動物為食。

形態特徵

體延長，側扁，呈長圓形，頰部銀白。頭長為體長 1/3。主鰓蓋骨具一枚硬刺，前鰓蓋骨呈鋸齒狀。眼大，偏上側位。吻部頗長，吻鈍。口端位，下頜略比上頜突出。

體呈銀白色，側線與背緣平行。體側上部具 5 道黑色橫帶，第一道偏斜位於項部，第 2～4 道橫帶位居體側中央偏上，第 5 道在尾柄。背鰭基底與體側交接處有 4 個斑塊。背鰭一枚，硬棘部的第 3～7 根具一大黑斑，鰭膜透明微黃。軟條部鰭膜透明，接近基底有一道黑色小縱帶。胸鰭略呈鐮刀狀。腹鰭胸位，鰭膜偏黃，後部呈白色。臀鰭微黑帶黃色。尾鰭內凹，具黑緣。

周緣性淡水魚

石鱸科

217

四帶雞魚
Pomadasys quadrilineatus

別名	雞仔、赤筆仔、石鱸、四帶石鱸、三抓仔	分布	臺灣各地均有	棲息環境	河口

活動於沿岸岩礁區，常大量出現於河口，在港灣的消波塊一帶亦可見到其蹤跡。具群居性，偏向雜食性，以藻類、小型甲殼類、多毛類、小魚為食。

周緣性淡水魚

石鱸科

形態特徵

體延長而側扁，略呈長橢圓形。背緣呈弧形，腹緣平直。頭長為體長1/3。眼上側位。吻短而尖鈍，吻長小於眼徑。口端位，上頜稍長於下頜。

體呈銀白色，側線位於體側上部，側線完全，體側有 4 條金黃色縱帶。背鰭單一，硬棘與軟條無明顯缺刻。胸鰭白色無斑點。尾鰭微凹，偏黃色。腹鰭與臀鰭呈黃色。

最大可達 15～20cm

伏氏眶棘鱸

Scolopsis vosmeri

體長　最大可達 30cm

別名	海鯽、紅海鯽仔、海魩、赤尾冬仔、白項赤尾冬	分布	臺灣各地均有，以北部、東北部較為常見	棲息環境	河口、河川下游

分布於沿海岩礁區、港灣及礁沙混合區，亦會游入河川下游感潮區及河口處，喜愛棲息於沙泥底具蚵礁之環境，多單獨或小群活動，游泳方式頗為獨特，常以一游一停方式活動，受驚嚇時會躲入岩礁區。以多毛類、小魚及小型甲殼類為食。

形態特徵

體側扁，呈橢圓狀。背緣與腹緣隆起明顯呈圓弧形。頭長約體長 1/3。眼大側位。眼間距小於眼徑。吻短而尖鈍。口端位，稍斜。上頜與下頜約略等長，上頜可延伸至眼前緣下方。頭呈紅褐色，峽部為白色。頭頸部有一白色寬橫帶。

體呈紅褐色，腹部微紅帶白。體表無斑紋。背鰭連續無深刻，前部深褐色，背緣橘紅色，後半段鰭條較長，鰭膜呈淡黃色。胸鰭紅褐色，基部有一黑帶，鰭膜呈橘紅較偏紅色。腹鰭邊緣帶橘紅色，鰭膜帶黃。臀鰭前部鰭條帶橘紅，後部則為黃色。尾柄頗長。尾鰭內凹帶黃色。

周緣性淡水魚

金線魚科

219

青嘴龍占

Lethrinus nebulosus

體長  可達 80cm

| 別名 | 龍尖、龍占、青嘴仔 | 分布 | 臺灣各地均有機會發現 | 棲息環境 | 河口、潟湖 |

主要棲息於岩礁區旁沙質地、在潟湖的蚵棚區、底質礁岩、沙泥底質混合區的河口及紅樹林區都有出現，潮間帶也常見到小魚。單獨行動，頂多 2～3 尾小群體活動。主要以軟體動物、小型甲殼類及小魚為食。

周緣性淡水魚

龍占魚科

形態特徵

體延長，側扁，呈長橢圓形。頭長大於 1/3 體長。背緣與腹緣呈弧形狀。吻長為眼徑 2 倍。側位。口端位，上頜與下頜等長。口裂略斜。眼睛前方有 3 道藍色斜斑。

體呈灰褐色，腹部白色。側線位居體側上部，與背緣平行。鰓蓋後側線下方之體側有一方形斑塊。體側布滿藍色斑點與若干不規則黑斑，此黑斑有時會消失。背鰭一枚，不具缺刻。背鰭鰭緣紅色，具 2～3 條縱向點紋。胸鰭胸位，長形，鰭膜透明。腹鰭胸位。臀鰭與背鰭軟條部同形，具 2～3 條縱向黑色點紋。尾鰭分叉，鰭膜偏黃並具藍白斑點，鰭緣帶褐色。

琉球棘鯛

Acanthopagrus chinshira

別名	白格仔	分布	臺灣東北部、北部	棲息環境	河口、河川下游

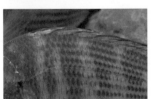

側線上鱗數 4.5 列

廣鹽性之魚類，主要棲息於沿岸沙泥底質岩礁混合區之海域，或是內灣、岩礁有沙泥底質的潮池區、港口消波塊、紅樹林區及河口，甚至會進入河川下游汽水域，少部分個體可至感潮帶與淡水域交會處。活動於中下層，雜食性，以藻類、底棲動物、多毛類、貝類、甲殼類等為食。

形態特徵

　　體呈橢圓狀，側扁。頭長為體長1/3。主鰓蓋中央有一黑斑。頰部具6列鱗。吻尖，吻長小於眼徑，吻部帶黑。口端位，上下頜等長，口裂可達眼睛前部。眼側位。

　　體呈銀白有時帶黃。腹部白色。背鰭前緣與項部為一大片黑褐色斑。體側具 4～5 橫向斑塊，斑塊會消失。側線與背緣平行，側線上鱗數 4.5 列，各鱗片具褐色斑。背鰭一枚，缺刻不明顯，具硬棘部與軟條部，背鰭上部鰭緣具黑色縱帶。胸鰭長形，基部有一黑斑。腹鰭胸位。臀鰭與背鰭軟條部同形。腹鰭與臀鰭帶黃。尾鰭叉形，鰭緣黑色。

周緣性淡水魚

鯛科

221

黃鰭棘鯛

Acanthopagrus latus

| 別名 | 黃鰭鯛、赤翅仔 | 分布 | 臺灣西部、南部、北部、東北部 | 棲息環境 | 河口、河川下游 |

周緣性淡水魚

鯛科

廣鹽性魚類，主要出現於沙泥底質的礁岩區，如河口、港口消波塊、紅樹林、河川下游汽水域，亦會進入沿海的溝渠中，偶爾會進入純淡水域，屬中下層之魚類。雜食性，以藻類、底棲動物、多毛類、貝類、甲殼類為食。

1. 溪流中的黃鰭棘鯛
2. 側線上鱗約為 3.5 列

形態特徵

體延長，呈橢圓形，側扁。背緣與腹緣呈圓弧形。頭長爲體長 1/3。眼大，上側位。吻短，吻長小於眼徑。口稍斜，端位，上下頷略爲等長，上頷骨可延伸至眼中部下方。

體呈灰黑色，腹部白色。側線位居體側上部，與背緣平行，側線上鱗約 3.5 列。體側上部具若干不明顯斑塊，有時會消失。背鰭一枚，具硬棘部與軟條部，缺刻不明顯，基部稍黑，鰭膜灰黑色，鰭緣黑色。胸鰭長形，基部有一黑斑，鰭膜灰白色。腹鰭胸位，鰭膜黃色。臀鰭與背鰭軟條部同形，鰭膜黃色。尾鰭內凹，下葉黃色，上葉暗綠色。

太平洋棘鯛

Acanthopagrus pacificus

別名	正黑格、黑牛、黑格	分布	臺灣海域皆有發現記錄	棲息環境	潟湖、河口、河川下游

周緣性淡水魚

鯛科

廣鹽性魚類，棲息於近海沙泥底質海域，主要出現於漁港消波塊區、港區沿岸區、內灣海域、蚵棚內海區、潮溝、紅樹林區及河口、河川下游汽水域。耐淡能力強，可進入純淡水域。頗耐汙，只要大型河口無化學性與農工業汙染水體即可見此魚蹤跡。群居性。以多毛類、軟體動物、甲殼類、棘皮動物、貝類及小魚為食。

1. 幼魚
2. 頰鱗列數 5 列
3. 雙溪河中的太平洋棘鯛

形態特徵

體呈橢圓形，側扁，體高。頭長約體長 1/3 ～ 1/4。頰鱗列數 5 列。吻部稍凹，吻短。口端位，上頜略比下頜突出。口斜裂，口裂長度未達眼睛前緣。眼側位，眼徑小於吻長。

體呈黑灰色，下部偏黑。側線與背緣平行，鱗數 3.5 列。背鰭一枚，具硬棘部與軟條部，缺刻不明顯。硬棘部鰭棘黃褐色，鰭膜帶黑，軟條部鰭膜爲黑。胸鰭長形，長度可達背鰭軟條部，未達臀鰭起點，鰭基上方有一黑點，鰭基帶橘紅色，鰭膜橘黃色。腹鰭胸位，鰭膜黑色。臀鰭黑色，硬棘 3 根，8 根軟條。尾鰭叉形，鰭膜黑色。

周緣性淡水魚

鯛科

225

黑棘鯛

Acanthopagrus schlegelii

別名	黑格、烏格仔、黑鯛、沙格	分布	臺灣各地均有	棲息環境	潟湖、河口、河川下游

周緣性淡水魚

鯛科

廣鹽性之魚種，主要棲息於沙泥底質的礁石區，一般見於漁港、防波堤、內海蚵棚、潟湖、河口、河川下游以及沿海的溝渠等。對於水質變化的忍受力頗強，可耐低汙染水域，較小的魚體更可進入純淡水域中。此魚為雌雄同體，前3年皆是雄魚而後轉為雌魚。中下層魚種。雜食性，以小型甲殼類、小魚、貝類、小型無脊椎動物為主食，幼魚有時會刮食藻類。

1. 幼魚
2. 側線上列鱗為 5.5 列

形態特徵

　　體延長，呈橢圓形，側扁。背緣呈圓弧形，腹緣較背緣平直。頭長為體長 1/3。眼上側位。吻長約等於眼徑。口稍斜，端位，上頜與下頜等長，上頜骨可延伸至眼前部下方。

　　體呈銀灰色，腹部白色。側線與背緣平行，側線上列鱗 5.5 列。體側上部具 10 餘條橫紋，體側亦有 10～13 條黑色縱紋。背鰭一枚，具硬棘部與軟條部，硬棘部與軟條部連續無明顯缺刻，邊緣具黑緣，鰭膜灰黑色。胸鰭長形，基部上方具一黑點，鰭膜微黃。腹鰭胸位，鰭膜微黃。臀鰭與背鰭軟條部同形，鰭膜灰黑色。尾鰭內凹，鰭膜微黃，鰭緣黑色。

周緣性淡水魚

鯛科

227

橘鰭棘鯛

Acanthopagrus sivicolus

別名	黑格、沙格、厚唇仔	分布	主要出現於臺灣北部與東北部地區	棲息環境	河口、河川下游

棲息於沙泥底質或近海沿岸海域，主要出現於內灣、河口汽水域，幼魚較常出現河口區，甚至可進入河川下游汽水域，常混於黑棘鯛與太平洋棘鯛中。屬中下層覓食魚類，以多毛類、小型甲殼類及貝類為主要食物。

周緣性淡水魚

鯛科

形態特徵

體延長，側扁，呈橢圓形。頭長為體長 1/3。眼前上側位。吻短，吻長小於眼徑。口端位，上頜較下頜突出。口斜裂，未達眼前緣。鰓蓋具黑緣。

體呈銀灰色，腹部白色。側線起點有一小黑斑，與背緣平行。各鱗片帶黑。背鰭一枚，具硬棘部與軟條部，缺刻不明顯，具黑緣，靠近基部有一道縱帶。胸鰭長形，胸鰭腋下有一黑點，胸鰭長度只達腹鰭與臀鰭中央處。腹鰭胸位，臀鰭與背鰭軟條部同形，鰭膜微黃帶黑。尾鰭叉形具黑緣。

臺灣棘鯛

Acanthopagrus taiwanensis

體長 可達 50cm

| 別名 | 臺灣黑鯛、烏格、金鱗黑格 | 分布 | 臺灣西南部較常見 | 棲息環境 | 潟湖、河口、河川下游 |

側線上鱗數 3.5 列

廣鹽性魚類，主要棲息於沙泥底質或岩礁沙泥底混合區之沿岸近海。在臺灣於內灣、港區、蚵棚區、潟湖及河口、河川下游汽水域均可發現，有時能進入河川下游感潮帶與淡水域交界。數量不多，偶爾混獲於太平洋棘鯛與黑棘鯛群中。屬中下層魚類，以多毛類、貝類、甲殼類等為食。

形態特徵

體呈橢圓形，側扁。頭長小於體長 1/3。頰鱗列數為 3～4 列。眼偏前上側位，眼眶具虹膜。口端位，上下頜約等長。口略斜裂，可達眼前緣。鰓蓋具黑色緣。

體呈灰褐色，體側中央偏下處偏黑。側線起點有一黑色斑。側線與背緣平行，側線上鱗數 3.5 列。體側各鱗片具金黃色。背鰭一枚，具硬棘部與軟條部，缺刻不明顯。鰭棘黑色，鰭膜灰黑色。胸鰭長形，長度可達臀鰭起點。腹鰭胸位。臀鰭與背鰭軟條部同形，具 3 根硬棘，9 根軟條，鰭棘帶黑。尾鰭叉形，鰭膜黑色。

周緣性淡水魚

鯛科

229

平鯛

Rhabdosargus sarba

體長 可達 80cm

別名	邦頭仔、黃錫鯛	分布	臺灣西部、南部、北部	棲息環境	潟湖、河口、河川下游

沿岸礁石區之魚類，通常活動於沙泥與礁岩交會處、河口、港口的消波塊區、潟湖、紅樹林、內海的蚵棚一帶，主要棲息於沙泥底質環境，繁殖期時會大量集結於河口，屬於廣鹽性中下層魚類。幼魚多出現於河口、河川下游汽水域，偶爾會誤入淡水域。屬雜食性魚類，以藻類、甲殼類、小魚、底棲動物、多毛類、貝類等為食物來源。

形態特徵

體延長，呈長圓形，側扁。背緣與腹緣呈圓弧形。頭長為體長 1/3。眼大，上側位。吻長約與眼徑相等。口稍斜，端位，上下頜約等長，上頜骨可延伸至眼前部下方。

體呈銀灰色，腹部銀白色。側線位居體側中央偏上，側線上鱗列約 6.5～7.5，側線平行。體側有 13 條左右的黃褐色縱線，上部則有 7 個黑色橫向斑塊。背鰭一枚，具硬棘部與軟條部，硬棘部與軟條部連續無明顯缺刻，基部與中部各有一列縱向黑斑，具黑緣。胸鰭長形。腹鰭胸位，鰭膜黃色。臀鰭第 2～5 根鰭棘較長至後漸短，鰭膜黃色。尾鰭內凹，呈灰黑色。

周緣性淡水魚

鯛科

230

四指馬鮁

Eleutheronema tetradactylum

別名	四絲馬鮁、竹午、大午、午仔	分布	臺灣東部、西部、南部、北部、東北部	棲息環境	河口、河川下游

沿海沙泥底質魚類，通常出現於內灣、沙質底的港灣、河口、河口紅樹林一帶，甚至可進入河川下游汽水域，然而不會進入純淡水域。在水稍混濁時會大量出沒，習性偏向夜行性，屬中下層活動魚種。具季節性洄游現象，每年 10 月～隔年 3 月間會大量出沒於河口及近海沙質底之沿岸。以小魚、小型甲殼類及多毛類為食。

形態特徵

體延長，側扁。頭背部淺弧狀，背緣平直。頭長為體長 1/4。眼大前位。吻圓鈍，吻端突出。口裂大，幾近水平狀，口裂長約眼徑 2.5 倍。上頜無唇、下頜近無唇狀。

體背青灰色，體側與腹部銀白。側線起點位居鰓蓋上部，側線完全。體側鱗細。背鰭 2 枚，第一背鰭小，基底短，

具黑緣；第二背鰭鐮刀狀，鰭緣黑色，鰭膜為白色。胸鰭下側位，具黑斑，下方有 4 根游離鰭條。腹鰭與第一背鰭相對應，基底為紅色。臀鰭為鐮刀狀與第二背鰭相對，鰭膜紅色。尾鰭分叉。鰭膜紅色，鰭緣黑色。

周緣性淡水魚

馬鮁科

231

五絲多指馬鮁

Polydactylus plebeius

別名	五絲馬鮁、午仔、粗鱗午仔	分布	臺灣西部、南部、北部、東北部、澎湖、小琉球	棲息環境	河口、河川下游

主要出現於沿岸沙泥底質環境，常群游於浪腳當中，可入河川汽水域。季節性洄游魚類，冬末春初時體型較大，夏季數量較少，夏末秋初時會出現大量幼魚。冬天河口汽水域會有不少魚群出現。較偏夜行性，白天稍濁的時期亦可發現。以甲殼類、小魚及沙質底棲的生物為食。

形態特徵

體延長，側扁。頭長為體長 1/3。眼側位。吻圓鈍，吻長小於眼徑，吻部包覆上頜。上頜與下頜等長，口下位，口裂稍斜接近水平，長度可超過眼睛之後，口裂長為眼徑的 2 倍。

體呈銀白稍黑，體高頗高，約等於頭長，尾柄大於 1/2 體高。側線與背緣平行。體側有 15～17 條縱紋。體側鱗片較粗大。背鰭二枚，第一背鰭鰭膜灰黑色，帶黑緣，第一根鰭條較為粗大。第二背鰭呈鐮刀形，鰭膜灰黑色。胸鰭下側位，上部胸鰭條不分叉，下部具 5 枚游離軟條，基部有一小黑斑。腹鰭胸位，顏色偏黃。臀鰭與第二背鰭相對，灰黑帶黃色。尾鰭深叉形，鰭膜灰白，微帶黑緣。

體長 可達 50cm

周緣性淡水魚

馬鮁科

232

勒氏枝鰾石首魚

Dendrophysa russelii

別名	厚唇仔	分布	目前只發現於臺灣西南部地區	棲息環境	河口、河川下游

棲息於近岸沙泥底質海域，在臺灣出現於沙泥底質的潟湖、河口，亦會進入大型河川下游汽水域，族群並不多。一般採獲數量為 3～5 條，是否群體行動未知。以甲殼類、多毛類為食。

形態特徵

體延長，側扁。頭長為體長 1/3。頭緣有一黑斑。眼側位。吻鈍，吻長小於眼徑，吻部包覆上頜。口裂小，下位，上頜與下頜幾近等長，口裂略呈水平，口裂長，可達眼前部。頦部有一短小頦鬚。

體呈銀白色，側線由鰓蓋為起點，前部側線弧度與背緣平行，側線完全，側線以上體側偏紫色。體側前部靠鰓蓋處至項部具一大黑斑。背鰭一枚，前部硬棘部略呈三角狀，第三、四根鰭棘較長，具一大片黑塊，軟條部長形，上部偏黃，軟棘上部帶黑。胸鰭側位。腹鰭側位。臀鰭與背鰭軟條部中央相對，尾鰭楔形。腹鰭、胸鰭、臀鰭及尾鰭帶黃。

周緣性淡水魚

石首魚科

233

鈍頭叫姑魚

Johnius amblycephalus

別名	黑加網	分布	臺灣以西北部、西部、西南部沙岸為主。澎湖亦有	棲息環境	潟湖、河口、河川下游

周緣性淡水魚

石首魚科

主要棲息於沙泥底質的近海域，偏好內灣、潟湖、沙質漁港、河口區及河川下游汽水域。具群居性，較偏向夜行性魚類。在浪大時期是此魚覓食時刻，一般以甲殼類還有多毛類為食。

1. 第一背鰭特寫
2. 頭部特寫

形態特徵

　　體延長，側扁。頭長小於體長
1/3。眼側位。吻圓鈍，吻部頗長，吻
長大於眼徑，包覆上頜。口下位，口裂
接近水平，上頜長於下頜，口裂可達眼
前部，口腔粉紅色。鼻孔2個，後孔較
前孔大。頦部有一短小頦鬚。

　　體呈褐色帶紫色，頭部亦呈褐色帶
紫色。體側線位體側中央偏上，前部側
線與背緣平行，側線完全。背鰭一枚，

缺刻明顯，背鰭硬棘部高，第二根鰭棘
最長。硬棘部第1～6根鰭膜較呈紫黑
色，軟條部鰭膜為淡褐色。胸鰭側位。
腹鰭胸位。臀鰭起點與背鰭軟條中央處
相對。尾鰭楔形。各鰭深褐色，尾鰭顏
色較深。

周緣性淡水魚

石首魚科

235

皮氏叫姑魚

Johnius belangerii

別名	加網	分布	臺灣北部、西部、南部沙質地區均可發現	棲息環境	河口、河川下游

頭部特寫

棲息於近岸沙質底海域，棲息深度不深。此魚偏向夜行性，只有在夜間與水濁時出來行動，具群居性，主要在沙質內灣、港區、潟湖及河口區甚至河川汽水域發現。鰾會發聲，能發出喀喀聲音。主要以甲殼類與多毛類為食。

形態特徵

體延長，呈長圓形，側扁。頭長大於 1/3 體長。吻圓鈍，吻部包覆上頜，吻長約等於眼徑。眼偏前側位。鼻孔 2 個，後鼻孔略大於前鼻孔。口腔白色。口下位，上頜略較下頜長，唇厚。口裂略斜，可達眼睛前部。

體側有 3/4 面積為黃褐色，腹部銀白，死後顏色轉黑。側線位居體側中央偏上，前部側線與背緣平行，側線完全。背鰭一枚，缺刻明顯，背鰭硬棘部鰭膜偏黑。軟條部長形，鰭膜淺黃褐色略帶不明顯的黑色素，鰭緣帶黑。胸鰭長形，側位。腹鰭胸位，鰭膜鮮黃帶黑。臀鰭鮮黃帶黑。尾鰭楔形，鰭膜淺黃褐色，鰭緣帶黑。

周緣性淡水魚

石首魚科

236

婆羅叫姑魚

Johnius borneensis

體長 可達 25cm

別名	春子	分布	臺灣西部	棲息環境	河口、河川下游

上下頜犬牙明顯

棲息於近海沙泥底質環境，多出現於沙質型漁港、近岸、河口及河川下游汽水域。屬夜行性，通常群體行動。肉食性，底層活動覓食，以甲殼類、多毛類為食。

形態特徵

　　體延長，側扁，呈長圓形。頭長為體長 1/3。吻短，吻長較眼徑小，吻部不包覆上頜。具 2 個鼻孔，後鼻孔非常接近眼睛。眼側位。口亞端位，上頜與下頜等長，上下頜齒列呈犬牙狀。口腔黃色；口裂可達眼前緣，上唇薄。

　　體側顏色有 3/4 為黑色，1/4 白色。側線位居體側中央偏上，前部側線與背緣平行，側線完全。背鰭一枚，缺刻明顯。硬棘部以第二根鰭棘最長，鰭膜黑色。軟條部為長形，鰭棘黑色，鰭膜灰色帶淺黑，鰭緣帶黑。胸鰭側位，長度可達硬棘部與軟條部缺刻處。腹鰭胸位，鰭膜黃色帶細小黑點，鰭基白色。臀鰭鮮黃，鰭棘帶黑。尾鰭楔形，鰭膜灰黑色，鰭緣帶黑。

周緣性淡水魚

石首魚科

237

鱗鰭叫姑魚

Johnius distinctus

體長 最大可達 30cm

別名	帕頭仔、春子仔、丁氏叫姑魚、油口	分布	臺灣西部、北部	棲息環境	河口、河川下游

棲息於沿海一帶，偶爾可見於河口，通常活動於水質頗為混濁的水域，河口沙泥底質區域較有機會觀察到其蹤跡。偏向夜行性，能利用鰾發聲來傳遞訊息，在秋末冬初及冬末時節較易出現大量魚群。肉食性魚類，以無脊椎動物為食物來源。

周緣性淡水魚

石首魚科

形態特徵

體延長，側扁。背緣呈弧形狀，腹緣較為平直。頭長約體長 1/3。眼上側位，眼徑大於眼間距。吻短，頰部無斑點，吻部較上頜前突。上頜較下頜略突出，上頜骨可延伸至眼中央下方。頭背部有藍黑色金屬光澤。鰓蓋有不明顯的暗斑，口腔白色。

體側線完全，側線上下具黑色暗帶。腹部銀白，腹側有一條金黃色縱帶。背鰭長，有一深凹將硬棘與軟條分開。硬棘鰭膜上方具黑斑，軟條上有一黑色縱帶，背鰭基底有一小縱紋。尾鰭楔形，具黑緣。胸鰭、腹鰭及臀鰭則鰭膜透明微黃。

臺灣叫姑魚

Johnius taiwanensis

體長　可達 30cm

別名	春子	分布	臺灣西部、北部地區	棲息環境	河口

頭部特寫

棲息於近海沙質底質海域，棲息深度不深，釣獲地點皆靠近河口的沙質海岸、漁港外堤防、河口區，均為夜間出沒。數量不多，大部分混於鱗鰭叫姑魚中。肉食性，以甲殼類、多毛類為食。

附註：臺灣 *Johnius macrorhynus*（大鼻孔叫姑魚）的名稱，其實就是此魚的誤鑑，2019 年新發表的魚種。

形態特徵

　　體延長，側扁，體呈卵圓形。頭長小於 1/3 體長。吻鈍，吻部不包覆上頜，吻長大於眼徑。眼側位。口端位，上頜略較下頜突出。口略斜裂，口裂可達眼睛前部，上頜薄。具 2 個鼻孔，鼻孔頗大，前鼻孔略小於後鼻孔，眼前緣略與後鼻孔相連。鰓蓋、上頜與鼻孔間距具藍黑色塊。

　　體呈銀白色，約 3/4 體側偏灰黑色。側線與背緣平行，側線完全，側線以下具 10 ～ 11 條波浪紋。背鰭一枚，缺刻明顯，硬棘部呈三角狀，具黑斑。軟條部呈長形狀，上部略黃，具黑緣。胸鰭側位。腹鰭胸位，鰭膜微黃。臀鰭與背鰭軟條部相對，鰭膜鮮黃。尾部楔形，鰭膜灰白，具黑色鰭緣。

周緣性淡水魚

石首魚科

239

屈氏叫姑魚

Johnius trewavasae

別名	加網、帕頭仔	分布	臺灣北部、西部地區	棲息環境	河口

棲息於沙質近海區，棲息深度不深，底棲性魚類，在漁港堤防、沙質型河口區都有機會碰到此魚。此魚數量較少，一般與皮氏叫姑魚混棲，夜行性魚類。鰾能發出喀喀聲音。主要以甲殼類與多毛類為食。

1. 有時呈偏黃色
2. 頭部特寫
3. 鱗片特寫

形態特徵

　　體延長，側扁，呈長圓形。頭長約體長 1/3 ～ 1/4。吻部圓鈍，吻長大於眼徑，吻部略包覆上頜，口裂小，下位，近水平，上頜長於下頜，口裂達眼前緣。頰部偏綠。鼻孔 2 個，後鼻孔大於前鼻孔。上頜唇薄，厚度小於兩鼻孔間距，後鼻孔與眼前緣相連。

　　體側有 3/5 為灰黃色，其餘 2/5 為白色，有時呈金黃色。體高大於頭長。

側線完全。背鰭一枚，缺刻明顯，硬棘部呈三角形，上部具黑斑，下部接近鰭基的鰭膜灰白色。軟條部呈長形狀，鰭膜灰黃色，上部黃色，具黑斑。胸鰭側位，長形，鰭膜黃色。胸鰭基部有一黑點。腹鰭胸位，鰭膜鮮黃帶黑色素。臀鰭與背鰭軟條部相對，鰭膜黃色帶些許黑色，具白緣。尾鰭楔形，鰭膜褐色，具黑緣。

周緣性淡水魚

石首魚科

241

黃姑魚

Nibea albiflora

| 別名 | 春子、假黃魚、黃婆、紅花 | 分布 | 臺灣宜蘭、北部、西部地區 | 棲息環境 | 河口、河川下游 |

主要棲息於砂泥底質較淺沿岸海域，鰾能發出「咯咯」的聲音，受驚嚇或生殖期時發生頻率較高，主要出現於漁港、內灣、紅樹林區、河口區。初夏為繁殖期，會大量出現於近岸，此時河口區及河川下游汽水域會有較多族群出現。群居性，屬底棲性魚類。肉食性，以甲殼類、多毛類為食。

周緣性淡水魚

石首魚科

形態特徵

體延長，側扁，呈紡錘形。頭長大於體長 1/3。吻部較短，吻尖，吻部略包覆上頜。眼中大，側位，眼徑與吻部等長。鼻孔 2 個。口端位，上頜略比下頜突出。口裂大，口裂長可達眼前部。

體呈灰黑色，體側布滿不規則小麻斑，腹部白色。側線位居體側中央偏上，側線完全。背鰭一枚，缺刻明顯，硬棘部鰭棘黑色，鰭膜灰白，基底為一條黑點集結而成的縱帶。軟棘部具 2 條黑色縱帶，其中一條與硬棘部縱帶相連，鰭緣帶黑。胸鰭側位，內緣有一黑斑，鰭基帶弧形金邊。腹鰭胸位，前部鮮黃，後部白色。臀鰭與背鰭軟條部相對，鰭膜黃褐色。尾鰭楔形，鰭膜淺黃褐色，邊緣帶黑。

斑鰭白姑魚

Pennahia pawak

體長 可達 25cm

別名	春子、帕頭	分布	臺灣西部、西南部	棲息環境	潟湖、河口

主要棲息近岸沙泥底質海域，在臺灣主要以灘釣、筏釣或拖網捕獲，在漁港堤防外、內灣、潟湖及河口處可以發現。很少大量捕獲，較無明顯的群居性。中下層魚類。主要以甲殼類與多毛類為食。

形態特徵

體延長，略呈紡錘狀。頭長略小於1/3體長。頭緣具褐色斑塊，項部呈一大褐色斑塊，鰓蓋有紫黑色大斑。眼上側位。吻部略包覆上頜，吻長小於眼徑。口端位，上頜略突出下頜，上下頜具犬齒。口裂可達眼中部，口腔白色。

體背呈淺褐色，具4～5個深褐色斑塊。側線上下為紫青色，腹部銀白。側線位居體側中央偏上，側線完全，上有4～5個褐色圓斑。背鰭一枚，缺刻明顯，硬棘部呈三角狀，後部有一大黑斑。軟條部呈長形，具2條白色縱帶。胸鰭側位。腹鰭胸位。臀鰭與背鰭軟條部相對。尾鰭楔形。腹鰭、臀鰭帶黃。尾鰭鰭膜灰白具黑緣。

大頭白姑魚

Pennahia macrocephalus

體長 可達 25m

| 別名 | 帕頭、闊嘴加網 | 分布 | 分布於西部、北部及澎湖海域 | 棲息環境 | 河口 |

口部特寫

棲息於沙泥底質近海，此魚棲息深度可達 100 米，目前發現地點在漁港堤外、潟湖區、河口汽水域。此魚通常不進入河川下游汽水域，以河口為主，冬季較常出現於沿岸河口區。群居性，屬夜行性魚類。以小型甲殼類、多毛類為食。

形態特徵

體延長，側扁。頭大，頭長大於體長 1/3。眼側位。吻長小於眼徑。口端位，下頜略突出上頜，上頜最外列齒擴大為犬齒，口裂長可達眼前部，口腔白色。鼻孔 2 個。

體呈銀白略呈黃褐色，腹部銀白。體側側線位居體側中央偏上，前部側線與背緣平行。背鰭一枚，缺刻明顯，硬棘部呈三角狀，鰭膜灰白，鰭緣帶黑。軟條部長形，長度可至背鰭軟條部前部。胸鰭側位。腹鰭胸位，基部黃色。臀鰭與背鰭軟條部對應。尾鰭楔形。各鰭鰭膜為白色。

周緣性淡水魚

石首魚科

244

印度海緋鯉

Parupeneus indicus

體長 可達40cm

別名	秋哥仔、海呆仔	分布	臺灣各地均有機會見到	棲息環境	潟湖、河口

沿岸珊瑚礁區常見魚類，主要棲息珊瑚礁外緣沙質區，在有珊瑚礁區的港灣處亦有機會遇到，此魚經常進入沙泥底的河口汽水域覓食，在潮間帶也常看到此魚。單獨行動較多，有時二兩成群以頦鬚翻沙找尋食物，以多毛類、軟體動物及小型甲殼類為食。

形態特徵

體延長，前部呈圓筒狀，後部側扁。背緣與腹緣呈淺弧形。頭長為體長1/3。眼眶紅色，眼睛具一斜帶，眼下有2～3條藍色線紋。吻長為眼徑2倍。口小，上頜僅達吻部中央，後緣斜向彎曲。頦鬚1對。

體呈灰色帶黃，部分個體偏綠色。側線與背緣平行。體側中央偏上為一大片金黃色斑塊，斑塊下方體側具若干紅色斑塊。尾柄為一大塊黑色圓斑。背鰭二枚，第一背鰭第一根鰭棘偏黃其餘白色，鰭膜褐色。第二背鰭為3道藍白色縱線。胸鰭長形。腹鰭胸位，呈長形，鰭膜紅色。臀鰭與第二背鰭同形，具3～4道不明顯藍紋。尾鰭深叉形，鰭膜紅褐色。

周緣性淡水魚

鬚鯛科

黑斑緋鯉

Upeneus tragula

| 別名 | 秋哥仔、海呆仔 | 分布 | 臺灣各地均有 | 棲息環境 | 潟湖、河口、河川下游 |

常見於沿岸珊瑚礁一帶，主要棲息在珊瑚礁外緣的沙質區，在有珊瑚礁的港灣處亦有機會遇到，此魚經常進入沙泥底的河口及河川下游汽水域覓食。體色變化頗大，亦有鮮紅色個體。觸覺靈敏，常以口鬚翻動泥沙找尋食物，通常單獨行動，有時亦有 3～5 尾群體。肉食性，以多毛類、軟體動物及小型甲殼類為食。

周緣性淡水魚

鬚鯛科

形態特徵

體延長，前部稍呈圓筒狀，後部側扁。背緣呈淺弧狀，腹緣平直。頭呈尖錐狀，頭長為體長 1/3，頭背部有紅褐色斑點群。眼上側位，眼徑小於眼間距，眼眶紅色。口下位，稍斜裂，上頜突出下頜，上頜骨可延伸至眼前緣下方。臉頰有若干黑斑。下頜下方有對帶橘黃色長鬚。

體側上部有一縱帶，縱帶上方背緣有四塊黑斑，背緣具不明顯紅褐斑，縱帶以下布滿若干不規則紅褐色斑點。背鰭二枚，第一背鰭有兩個紅褐色斑塊。第二背鰭上部呈斑塊狀，中央有一縱帶。尾鰭分叉，上下葉各具 3 條斜帶。胸鰭透明。臀鰭與第二背鰭相對，腹鰭與臀鰭有紅褐色斑塊。

多帶緋鯉

Upeneus vittatus

體長 可達 25～30cm

| 別名 | 秋姑仔 | 分布 | 臺灣東北部、西部、南部地區都有紀錄 | 棲息環境 | 河口 |

主要棲息於近海沙泥底質或礁沙混合區海域，在潟湖區、潮間帶及河口區是此魚經常出沒的地點。底棲性，具群居，常常數尾一群在沙泥底質尋找食物。肉食性，以小型軟體動物及甲殼類為食。

形態特徵

體延長，側扁，背緣稍呈圓弧狀，腹緣平直。頭長約體長 1/3～1/4。眼大，偏上側位，眼眶紅色。吻長大於眼徑，口下位。上頜略比下頜突出，上頜骨可延長至眼前部下方，鰓蓋略呈粉紅色。具口鬚 1 對。

體呈白色，側線稍平直。腹部白色。體側有 4 條橘黃色縱帶，第 3 條縱帶最長，可由體側往頭部方向延伸至眼部。背鰭二枚，第一背鰭尖而高，最上方 1/4 為一大黑斑，下為雪白色縱帶。第二背鰭各有 3 條白色與淺黑色縱帶。胸鰭長形。腹鰭胸位。臀鰭呈三角形。胸鰭、腹鰭、臀鰭鰭膜為白色。尾鰭深叉形，具 7 條黑色縱紋，縱紋間為雪白色。

周緣性淡水魚

鬚鯛科

247

銀鱗鯧

Monodactylus argenteus

別名	銀鯧、金鯧	分布	臺灣西部、南部、北部、東北部、小琉球	棲息環境	潟湖、河口、河川中下游

野外生境

沿岸河口區之魚類，通常出現於沿海內灣、漁港、潟湖、河口、河川中下游一帶，喜愛躲藏於陰暗處，如船底、橋下、浮水性水生植物及兩岸植物之根部處，屬中上層魚類。對水質適應力極佳，通常出現在半淡鹹水區，亦會出現於純淡水域。具群居性，泳力強，警覺性佳。雜食性，以浮游動植物及無脊椎動物為食，亦會食用一些小型蝦類。

周緣性淡水魚

大眼鯧科

形態特徵

體延長，側扁，背緣與腹緣圓弧狀，體高與體長相等。頭三角狀，頭長為體長 1/3。眼大，眼部有一圓弧之黑色線紋，眼徑大於眼間距。吻鈍，口小，稍斜裂，上頜與下頜約等長，上頜僅延伸至眼前緣下方。

體呈銀白色。側線與背緣相互平行。體側接近鰓蓋處有一條圓弧黑紋。

背鰭高聳，呈鐮刀狀，黃色，上部較橘紅，前部鰭緣帶黑。臀鰭鐮刀狀，與背鰭同形，前部之鰭條為一黑色帶，臀鰭偏黃色。胸鰭鰭膜透明。幼魚具黑色腹鰭，隨體型增長腹鰭會慢慢退化。尾鰭略凹，帶淺黃色。

月斑蝴蝶魚

Chaetodon lunula

體長 | 可達 25cm

| 別名 | 月眉蝶、蝶仔 | 分布 | 臺灣各地均有機會見到 | 棲息環境 | 潟湖、河口 |

近海岩礁區、珊瑚礁區的魚類，潮池、漁港、潟湖甚至河口汽水域都有此魚紀錄，大多三兩成群。以珊瑚蟲、小型無脊椎動物、藻類還有小型甲殼類為食，屬於雜食性魚種。

幼魚

形態特徵

體呈圓盤狀，側扁。頭小，呈三角狀。眼側位。口小，吻尖，上下頜等長，吻端部分鮮黃色，幼魚為白色。中部有一大黑塊劃過眼睛，後部為一大圓弧形的白色斑塊。

體側以黃色為底，背鰭前端為一大黑斑，幼魚則無。頭部後方體側為大型斜三角形黑塊，體側上部較黑，下部黃色，具 6 ～ 10 條斜狀點紋。尾柄具一大黑點，背鰭軟條部基底為圓弧形黑色帶，幼魚則為一大黑點。胸鰭側位。腹鰭胸位，呈亮黃色。臀鰭與背鰭後部同形，有一弧形狀褐色鰭緣。尾鰭呈圓弧形狀，前部鮮黃，有一條紅色橫線，中後部有一淺弧形淺褐色斑帶，中部後鰭膜透明。

周緣性淡水魚

蝴蝶魚科

253

飄浮蝴蝶魚

Chaetodon vagabundus

體長 可達 20cm

| 別名 | 假人字蝶、蝶仔 | 分布 | 臺灣各地均有分布 | 棲息環境 | 潟湖、河口 |

棲息於近海岩礁區及珊瑚礁區魚類，亦常見於潮池、潮間帶區、潟湖及河口汽水域中。常與揚旛蝴蝶魚混棲，大多單獨行動，以珊瑚蟲、多毛類、底棲甲殼類、藻類等為食。

周緣性淡水魚　蝴蝶魚科

形態特徵

體呈圓盤狀，側扁。頭小，呈三角錐狀。眼大側位，頭部有一道橫向黑色橫帶。頭緣斜，有5條黃色紋路。吻尖，口小，上下頜等長。

體呈雪白色，前上部具右往左斜的5條斜紋，中部、後下部為左往右斜的11條斜紋。後部接近尾柄之體側有一條橫向黑帶，尾柄黃色。背鰭一枚，軟條部後部為黃色，鰭緣帶黑。胸鰭側位，鰭膜透明。腹鰭胸位，呈白色。腹鰭與背鰭後部同形，鰭膜帶黃接近鰭緣具黑色弧形黑帶。尾鰭呈三角形，鰭緣弧形；尾鰭前部為黃色，中央有弧形黑色斑塊，後部鰭膜透明。

白吻雙帶立旗鯛

Heniochus acuminatus

體長

可達 25cm

別名	黑白關刀、關刀	分布	臺灣各地均有	棲息環境	潟湖、河口、河川下游

近海沿岸魚種，礁岩區之漁港及岩礁區還有珊瑚礁區之海岸常可見到一大群成體活動。幼魚常出現於潮池、潮間帶及潟湖，甚至河口、有岩礁區的河川下游汽水域常見此魚啄食礁壁上的附著生物。主要捕食浮游動物、小型甲殼類及礁岩上附著的生物。

形態特徵

體呈菱形狀，體高約等於體長，體側扁。頭小，呈白色。眼中大，側位，眼睛處有一道黑色斜帶，此斜帶不劃過眼徑。吻尖，吻緣輪廓帶黑。口小，上頜與下頜等長。

體呈白色，體側具 2 道黑色寬帶，第一道為橫向寬帶，第二道為斜形寬帶。背鰭一枚，第 4 根硬棘特別長，可延伸至尾鰭後，軟條部呈鮮黃色。胸鰭側位，鰭膜略帶淺黃透明，基底有一半月形黃色弧形斑。腹鰭胸位，呈黑色。臀鰭與背鰭軟條部同形，前部為白色，後部黑色。尾鰭圓形，鰭膜黃色。

周緣性淡水魚

蝴蝶魚科

六帶叉牙䱗

Helotes sexlineatus

別名	六帶牙䱗、花身仔舅	分布	臺灣北部、西部、澎湖都有紀錄	棲息環境	潟湖、河口、河川下游

沙質底之淺海區及沙質礁石混合區魚類，中下層活動之魚類。一般出現於內灣、港灣、河口及河川下游、河口紅樹林、潟湖等區域，頗能忍受半淡鹹水區。為肉食性魚類，以小魚、甲殼類、多毛類為食。此魚不常見，常混於四線列牙䱗之中。

周緣性淡水魚

䱗科

形態特徵

體延長，側扁，呈長橢圓狀。體高約體長 1/3。頭小，頭部上下緣輪廓為弧形，頭長為體長 1/4。前鰓蓋為鋸齒狀，鰓蓋骨上具 2 扁小棘，下棘較長。吻短略鈍，吻長小於眼徑。口小，前位，上頜突出下頜。

體呈銀白色，體側鱗片細小，具 5～6 條縱紋，前 3 條縱紋會分裂呈虛線狀。

體側前上部與項部為一大塊黑斑。背鰭一枚，具硬棘部與軟條部，缺刻明顯，硬棘部鰭棘上部與鰭棘尖端為一片黑塊。軟條部上部帶黃，鰭緣帶黑。胸鰭偏三角形，鰭長不過腹鰭。腹鰭胸位，臀鰭與背鰭軟條部同形並相對，胸鰭與臀鰭均為黃色。尾鰭叉形，上下葉帶黃，具黑緣。

銀身中鋸䲁

Mesopristes argenteus

| 別名 | 尖嘴花身仔、銀島䲁 | 分布 | 臺灣東北部、東部、東南部地區 | 棲息環境 | 河口、河川中下游 |

幼魚

主要棲息於河川下游或河口區，常成群在感潮帶偏上處的純淡水域活動。好奇心極強，幼魚時期較不怕人，會在人為走動溪流時揚起的砂石中找尋小生物，溪流底質通常為小石礫灘。泳力佳，常在水流湍急的沙瀨區或稍有深度的平瀨區活動，大型魚體則在深潭當中出沒。偏肉食性，主要以小型水生昆蟲及底棲的無脊椎動物為食。

形態特徵

體延長，側扁，呈長圓形。頭呈三角錐狀，頭長為體長的 1/3。吻尖，口中大，前位，上頜較下頜突出，口斜裂。眼偏中，上側位。前鰓蓋處呈鋸齒狀，鰓蓋具 2 根硬刺，具細鱗。

體呈銀白色，體側具 4 條黑色縱線，成魚時此縱線會消失，整尾為銀白色。背鰭一枚，具硬棘部與軟條部，缺刻明顯，硬棘部鰭棘末端帶黑緣，背鰭鰭膜黃色。胸鰭三角扇形。幼魚鰭膜透明，成魚則帶黃。腹鰭胸位，臀鰭與軟條部同形相對，腹鰭與臀鰭前部帶黑，後部偏白。尾鰭凹形，鰭膜黃色。

周緣性淡水魚

䲁科

257

格紋中鋸䱛

Mesopristes cancellatus

| 別名 | 斑吾、雞仔魚、格紋中鋸䱛 | 分布 | 臺灣東部、南部、西南部、東南部 | 棲息環境 | 河口、河川中下游 |

周緣性淡水魚

䱛科

此魚大多出現於河口未汙染的溪流中，泳力強，常溯入河川中游的純淡水區域，現今西部河口大多受到汙染，難以發現。單獨行動，食性以多毛類、小型甲殼類、小魚及一些底棲動物為食。

形態特徵

體延長，側扁，背緣與腹緣呈淺弧形。頭部呈尖錐狀，頭長約體長 1/3。眼大，上側位，兩眼間距寬平，眼間距小於眼徑。吻尖鈍，口前位，上頜略突出下頜。口裂小，僅達眼睛前下方。眼前方有一黑色斜紋可達吻部，眼下方亦有一條與眼睛平行之黑紋。前鰓蓋有一弧形狀黑紋。吻部至第一背鰭間之背緣有一道黑色縱線，成魚則無。鰓蓋有 2

1. 較大幼魚
2. 較小幼魚
3. 溪流生境

枚平棘，下棘較長些。

　　體背呈灰褐色，腹部銀白。側線約與背緣平行，上方有 5 大塊橫斑，此橫斑幼魚較明顯。硬棘部與軟條部間的深刻基底有一黑色斑塊，成魚不明顯。體背緣之尾柄處有一黑斑，幼魚較為明顯。側線下方之體表有 3 道分列成塊狀的縱帶。胸鰭基部有一黑點，鰭膜透明。腹鰭胸位，前部之基底有黑色斑塊。背鰭有一深刻將其分成硬棘部與軟條部，硬棘的鰭條為黑色，幼魚鰭背緣處為黑色，軟條部鰭膜透明。尾鰭淺凹，上下葉接近基底之鰭緣各有一黑色黑斑，此黑斑幼魚明顯。臀鰭前部之基底部則有塊黑斑。

依氏中鋸䱛

Mesopristes iravi

別名	雞仔、花身仔舅、斑吾、紅眼䱛	分布	數量稀少，分布不明，在臺灣河口未汙染的河川都可能出現	棲息環境	河口、河川中下游

屬 中下層活動之魚類，為近海魚類，通常出現於河口區、河川下游，甚至常溯游至大型河川的中游純淡水域，先決條件是溪流河口不能受到汙染。河川中之族群常出現在水流平緩的深潭區，族群稀少，泳力頗佳，警覺性高。以小魚、小蝦為主食，亦會食用溪流中的水棲昆蟲。

形態特徵

體延長，側扁，呈紡錘狀，背緣與腹緣淺弧形。頭部約體長 1/3，鰓蓋有兩根平棘。眼上側位，眼眶紅色，眼間距約等於眼徑。吻長而尖，口前位，斜裂，上頜突出於下頜，上頜骨延伸至鼻孔下方。

體呈灰白色，有時偏黃，腹部為白色。側線與背緣平行，體側有 4 道黑色縱帶。背鰭有深刻，分成硬棘部與軟棘部，硬棘部鰭緣為黑，軟條部鰭緣微紅。胸鰭為橘黃色。腹鰭胸位，前部微黑，後部帶黃。尾鰭內凹，上下葉接近尾柄之鰭緣各有一黑斑，鰭膜為黃色。

四帶牙鯻

Pelates quadrilineatus

別名	花身仔舅、雞仔、花身仔、銅罐仔、斑吾仔	分布	臺灣西部、南部、北部、東北部	棲息環境	潟湖、河口、河川下游

棲息於沿海沙質底之淺海區及沙質礁石混合區，屬底質層活動的魚類，通常出現於內灣、港灣、沙質海岸、河口及河川下游、河口紅樹林、潟湖等區域，頗能忍受半淡鹹水區。為肉食性魚類，以小魚、甲殼類、多毛類等底棲動物為食。

幼魚

形態特徵

體延長，側扁，呈長橢圓形，背緣與腹緣呈圓弧狀。頭長約體長的 1/3。眼上側位，眼間距與眼徑相等。吻尖鈍，口前位，上頜略突出下頜，口裂延伸至眼前緣下方。

體背為黑褐色，體側與腹部銀白色，體側有 4 條褐色縱帶。背鰭連續，具硬棘部與軟條部，硬棘部的鰭緣黑色，前部硬棘部的鰭膜有一黑斑。胸鰭基部有一黑斑，鰭膜透明。腹鰭胸位，鰭條微黃，鰭膜透明。臀鰭具 3 根硬棘，前部微黃，後部透明。尾鰭淺叉形，鰭緣微黑。

周緣性淡水魚

鯻科

尖突吻鯻

Rhynchopelates oxyrhynchus

| 別名 | 花身仔舅、斑吾、尖吻雞魚、石頭鱸仔 | 分布 | 臺灣東北部、西北部 | 棲息環境 | 河口、河川下游 |

周緣性淡水魚

鯻科

主要棲息於近岸的港灣、潟湖、河口及河川下游，通常出現於河口稍深處，亦會上溯於純淡水域的河川下游一帶。具群居性，大型魚體會至特定海域產卵，孵化之魚苗到一定魚體大小時則會進入河口及河川下游的半淡鹹水區，有些個體則會進入純淡水域。通常以底棲性動物、小型魚類、蝦、蟹、貝類及浮游生物為食。

形態特徵

體延長，側扁，略呈橢圓形。背緣圓弧狀，腹緣呈淺弧狀。頭尖錐狀，頭長為體長 1/3。眼側位。吻長而尖，為頭長 1/2。口中大，前位，口稍斜裂，上頜略較下頜前突。前鰓蓋為鋸齒狀，主鰓蓋骨有 2 根硬棘。

體呈灰白色，腹部白色。體側有 4 條黑色縱紋，上方第一條縱紋由吻部經頭背緣而後至體側上方，第二條縱紋由

262

1. 幼魚體側只有縱線
2. 亞成魚

眼上緣前方至體側後延伸至背鰭軟條後部下方，第三條縱紋則由吻端劃過眼部，而後延伸至尾鰭基部中央，縱紋有時呈分列狀，第四條縱紋則位居體側下部，由胸鰭基部經腹部而延伸至臀鰭末端。體側中上部具 4 條橫向大型長形斑塊，此橫向長型斑塊有時會消失。體側 4 條縱紋間具縱列狀點狀斑。背鰭一枚，硬棘部與軟條部有明顯缺刻，硬棘部之硬棘尖端帶黑色，軟條部之若干鰭棘間有些許黑斑，背鰭鰭膜灰白微黃。胸鰭呈長形狀，第一根鰭棘爲硬棘，鰭膜爲灰白帶黃色。腹鰭胸位，具一枚硬棘，前部鰭棘之鰭膜帶黃，後部鰭膜灰白。臀鰭具 3 根硬棘，而後鰭棘爲軟條，硬棘與軟條具明顯缺刻；臀鰭下部有一圓弧斑紋，鰭膜黃色。尾鰭呈內凹狀，鰭棘有若干黑色線紋，鰭膜黃色。

花身鯻

Terapon jarbua

體長

可達 40cm

別名	花身仔、鯻、銅罐仔、斑吾仔、細鱗鯻	分布	臺灣各地均有	棲息環境	潟湖、河口、河川下游

常見於沙質地形海岸，通常棲息於內灣、潟湖、河口、河川下游，泳力極佳，有時甚至會溯游至河川中游的純淡水域中。具群居性，屬肉食性，以多毛類、小型甲殼類、小魚及底棲無脊椎動物為食。

形態特徵

體延長，側扁，呈長橢圓形。背緣與腹緣呈淺弧狀。頭部約體長 1/3。眼上側位，眼間距略小於眼徑。吻圓鈍，口端位，斜裂。上頜與下頜約等長，上頜骨可延伸至眼睛下方。鰓蓋有兩根粗大刺棘。

體側銀白色，有 3 條弧形斜紋。側線與背緣平行。胸鰭透明無色。背鰭硬棘部與軟棘部間有一缺刻，硬棘部第 3～6 根硬棘間的上緣為一大黑斑，軟條部背緣有 2 個較小的黑斑。尾鰭上葉有二道黑色斜紋而下葉只有一道。腹鰭胸位，鰭膜黃色。臀鰭有黑色斜紋，斜紋前方之鰭膜黃色，後部透明。

條紋䱗

Terapon theraps

體長 | 可達30cm

| 別名 | 花身仔、雞仔、銅罐仔、條紋雞魚、斑吾 | 分布 | 臺灣西部、北部較易見到 | 棲息環境 | 潟湖、河口、河川下游 |

屬 底層中小型魚類，通常出現於沙泥底質海岸、內灣、港口、河口、河口紅樹林及河川下游汽水域。一般在河口與河川下游處均為幼魚，冬季淺海區之近海不常見，產卵期時才能至淺海處看見成魚，具群居性。通常以小魚為主食，亦會吃些多毛類、小型甲殼類等底棲動物。

形態特徵

體延長，側扁。體背頗高，腹部渾圓。背緣與腹緣呈淺弧形。頭長約體長1/4。背緣稜脊明顯。眼上側位，眼間距大於眼徑。吻尖鈍，口上位，上頜與下頜等長，口斜裂延伸至眼前緣下方。

頭背緣呈褐色，體背稍黑，體表與腹部銀白。側線與背緣平行，體側有3道縱帶，於幼魚時偏黑也較明顯。背鰭深刻，硬棘部上部有一大黑斑，軟條部與硬棘部之深刻處靠近基底有道縱帶，軟條部前半部鰭緣有黑斑，後半部有道斜紋與體側第一道縱帶相連。胸鰭鰭膜透明。腹鰭胸位，前部黑褐色並帶黃色斜紋斑。臀鰭有明顯黑色斜紋。尾鰭凹型，尾鰭中央為一道黑色縱帶，上下葉各有兩條縱帶。

周緣性淡水魚

䱗科

265

大口湯鯉

Kuhlia rupestris

| 別名 | 烏尾冬 | 分布 | 臺灣各地均有，以東部、東南部較為普遍 | 棲息環境 | 河口、河川下游 |

可以溯游至河川中游純淡水域的迴游型魚類，通常以河口及河川下游為主要棲息河段，較常出現於沿海的中小型獨立水系，需生活於無汙染或者是汙染較輕微的河系中。小魚較具群居性，大型魚體通常單獨或成一小群活動，泳力極強。攻擊力強，具很強略食性，以小型魚類為主要食物，亦會以水生昆蟲及小型甲殼類為食。

形態特徵

體延長，側扁，呈流線型。項部稍內凹，背緣與腹緣隆起。頭部呈錐狀型，占體長 1/3 左右。眼大，上側位，眼間距寬平，具有蠕蟲紋，眼間距大於眼徑，眼上緣具紅紋。吻鈍，口大而斜裂，下頜較上頜略突出，上頜骨可延伸至眼睛前半下方。頰部有若干小黑斑。

體背青綠色，體側及腹部銀白，側線完全。體側具不規則黑斑，較大魚體在體側前部下方至腹部有成列小黑點斑群。背鰭連續，具黑緣，軟條部有一黑斑。胸鰭、腹鰭微黃。臀鰭除微黃外，接近基底有若干不規則小黑斑。尾鰭內凹，上下葉各具一黑斑，鰭膜微黃透明，基部中央之鰭條具一黑斑。

湯鯉

Kuhlia marginata

別名	紅尾冬、黑邊湯鯉	分布	臺灣各地未汙染的溪流都可見其蹤跡	棲息環境	河口、河川下游

通常較小魚體或幼魚經常出現於河口處，而較大魚體則會出現於河口乾淨無汙染的溪流下游純淡水處。泳力強，溯河力佳。偏向日行性，夜間在潭中休息，此時警覺性較低，燈光照射下很容易受到驚嚇而亂竄。掠食性極強，通常以小魚、小蝦、浮游生物及落水的昆蟲為食。

形態特徵

體延長，側扁，呈紡錘形。背緣與腹緣圓弧形。頭長約體長 1/4。眼徑頗大，頭頂部、吻部、兩眼間距有蠕蟲般的紋路，眼間距小於眼徑。頰部有鱗片，鱗片成列。吻短，口端位，下頜突出下頜，口斜裂，上頜骨可延伸至眼前部下方處。

體背偏青綠色，體表銀白帶黃，腹部銀白。體側中央有不規則的黑斑群。側線與背緣平行，背鰭無明顯深刻，背鰭硬棘部與軟條部為黑褐色，軟條前部邊緣帶白色。胸鰭第一根鰭條之鰭膜處略帶紅色，其餘透明。腹鰭胸位。臀鰭第 2 ～ 3 鰭條帶紅色，第 4 ～ 10 鰭條鰭緣帶黑。尾鰭分叉，上下葉鰭緣帶紅色與白色，分叉處鰭緣則帶黑。

周緣性淡水魚

湯鯉科

267

銀湯鯉

Kuhlia mugil

體長　可達 20～25cm

別名	湯鯉、國旗仔、花尾、美人魚、鯔形湯鯉	分布	臺灣各地都可見其蹤跡	棲息環境	河口

幼魚常出現於潮間帶的潮池當中，偶爾可見於河口一帶，此魚通常不會棲息於純淡水域，活動範圍僅限於河口。成魚均活動於珊瑚礁海域，具群居性，常成群群游，泳力強，屬中上層的魚類。為肉食性魚類，以小魚、小型浮游生物為食，警覺性高。

形態特徵

體延長，側扁，呈紡錘狀。背緣呈淺弧形，腹緣圓弧形。頭呈尖錐狀，頭長約體長的 1/3。眼大。吻部短，吻長小於眼徑，下頜較上頜突出，口裂可延長至眼睛前部下方。

體背呈青色，體側與腹部銀白。側線完全。背鰭深刻明顯，硬棘部與軟條部有不明顯黑色斜紋。胸鰭基部有一半月形黑斑，鰭膜透明。腹鰭略帶淡黃色。臀鰭基底略帶黑但不明顯。尾鰭分叉，上下葉各有兩條黑色斜紋，中央亦有一條黑色縱紋，黑紋間呈白色狀。

孟加拉豆娘魚

Abudefduf bengalensis

別名	厚殼仔、孟加拉雀鯛	分布	臺灣各地均有機會見到	棲息環境	河口、潟湖

棲息於較淺的岩岸海域，一般在潮池、潮間帶、潟湖、河口底質有石礫灘或礁岩區均有發現紀錄，常混於條紋豆娘魚及勞倫氏豆娘魚一起覓食。屬群居性魚類。以動物性浮游生物、藻類、小型甲殼類為食。

形態特徵

體呈卵圓形，側扁。頭小，頭長為體長 1/3 左右。背緣與腹緣呈弧形狀。眼大，偏上側位。吻長小於眼徑，口小，端位，上頜與下頜等長，口斜裂，上頜骨末端未達眼睛前緣。

體呈灰黃色或暗黃色。側線位居中央偏上與背緣平行，起點下方有一小藍點。體側具 6 條黑色橫帶與 14 ～ 16 條亮藍色縱向點紋，尾柄有一條較細黑色橫紋。背鰭一枚，鰭膜黃色，鰭緣帶黑藍，軟條部延長呈尖形。胸鰭長形，鰭基有一藍色點，鰭膜透明。腹鰭胸位，鰭膜黃色，若干鰭條帶黑，鰭緣藍白色。臀鰭與背鰭軟條部同形，鰭膜上部偏黃，下部帶黑。尾鰭叉形，鰭膜黃色，末端稍淡，鰭緣黑色。

梭地豆娘魚
Abudefduf sordidus

體長  可達 18cm

| 別名 | 黑厚殼仔、日本婆仔、厚殼仔、厚殼婆仔、梭地雀鯛 | 分布 | 臺灣東北角、南部、東南部岩礁區均可見 | 棲息環境 | 河口、潟湖 |

常見於潮間帶活動，潮池可見小魚，通常躲於岩礁區的浪腳處。此魚會進入較無汙染潟湖、大型河口或在有岩礁區的小型河口，常與孟加拉豆娘魚混棲。領域性強，會攻擊進入領域範圍的魚隻。以藻類及小型甲殼類為食。

體型較小的個體

周緣性淡水魚

雀鯛科

形態特徵

體呈卵圓形，側扁。頭小，頭長為體長 1/3 左右。頭部上方偏後具若干鱗片帶黑色斑點。背緣與腹緣呈弧形狀。眼大，偏上側位。吻短，吻長等於眼徑。口小，端位，上頜略比下頜突出，唇厚。

體呈灰黑色或淡灰色，體側有 5 ～ 6 條橫帶。背鰭硬棘與下方之體側具黑斑。尾柄前上方亦有一黑斑。尾鰭基部具許多小白點。背鰭中央之基底偏黃，背鰭一枚，前部硬棘黑色，中央偏黃，軟條部偏灰綠，較長之軟條帶黃。胸鰭側位，基底偏上帶黃，基底處一藍黑色斑點。腹鰭胸位，鰭膜黑色。臀鰭與背鰭軟條部同形，鰭膜灰黑色帶黃色。尾鰭叉形，灰黑色帶黃。

三斑雀鯛

Pomacentrus tripunctatus

體長　最大 10cm

別名	厚殼仔	分布	臺灣各地均有機會見到	棲息環境	河口

主要出現於淺岸底質為石礫灘底或有些許沙質地的岩洞中，常見於潮間帶。在底質有岩礁區的河口有發現紀錄。此魚頗兇，領域性很強，只要經過牠的領域區會立刻衝出攻擊。大多單獨行動。以底藻、小型甲殼類為食。

形態特徵

　　體呈橢圓形，側扁。頭長約 1/3 ～ 1/4 體長。背緣呈弧形狀，腹緣前部呈弧形後部平直。眼中大，側位。吻部短鈍，口小，上頜與下頜略等長，上頜唇厚。口稍斜，上頜骨之延伸不到眼睛前緣。眼下至前鰓蓋間有兩列鱗。

　　體呈墨綠色，有時會變黑。側線位居中央偏上，僅達背鰭軟條部起點下方之體側，起點鰓蓋處有一黑點。體高約 1/2 體長。尾柄上方亦有一黑斑。背鰭一枚，連續，鰭膜墨綠色，軟條部鰭膜微黃，鰭緣帶黑，幼魚背鰭軟條部有一大黑斑。胸鰭側位，呈扇形，基部有黑塊。腹鰭胸位，鰭膜黑色。臀鰭與背鰭軟條部同形。尾鰭凹形，鰭膜黃色，後部透明。

周緣性淡水魚

雀鯛科

271

黑帶海豬魚

Halichoeres nigrescens

別名	笠仔	分布	臺灣各地均有機會見到	棲息環境	河口

周緣性淡水魚

隆頭魚科

棲息於珊瑚礁區或岩礁區的藻床，目前在潮池及淺水區均可見，而在有小石礫灘處或大石藤壺貝類的河口區常見此魚及同科的小海豬魚（*Halichoeres miniatus*）混棲。一般以甲殼類、貝類、軟體動物、多毛類、小魚及魚卵等為食。具性轉變行為，屬於先雌後雄型的型態。

形態特徵

體延長，側扁。頭長為體長的 1/3 ～ 1/4。吻長大於眼徑。眼小，偏上側位，眼前為一斜下紅帶，眼後弧形斑塊呈一反「7」字形，紅帶後面之鰓蓋處有縱向橢圓斑。頰部具二道有一平行ㄇ字形斜上紅色斑塊。口小，上頜略突出下頜。

體呈綠褐色，側線完全。雄魚接近背鰭基部體側具 8 ～ 10 個小褐斑群，體側上部鱗片具若干半圓形斑，雌魚為 5 ～ 6 條紅色縱紋。體側中央具 5 個淺黃色圓斑。背鰭一枚，具鋸齒狀斑紋，斑紋間為黃色斑點。胸鰭鰭膜透明，基部帶黃並有一藍黑色斑點。腹鰭胸位。臀鰭具二道波浪形紅色縱紋，上部為紅色。尾鰭圓形，中央為紅色網紋，上下帶黃。

八部副鳚

Parablennius yatabei

別名	狗鰷	分布	臺灣西部、南部、北部、東北部、澎湖、小琉球及蘭嶼沿岸	棲息環境	潟湖、河口、河川下游

屬沿岸潮間帶魚類，但在南部大型河川的潟湖、河口及河川下游汽水域也頗常見。一般躲於岩壁的藤壺中鑽動，白天躲於石縫，跳躍能力佳。以藻類與有機碎屑物為食。

形態特徵

體延長，前部略呈圓柱狀，後部側扁。頭圓渾厚，頭長約全長 1/3。眼上位，兩眼上方有呈掌狀分支的鬚，眼下具 5 ～ 6 條放射狀紅紋，眼徑大於兩眼間距。頰部具一大暗斑，頰部、喉部為蠕紋狀及不規則斑塊。口小橫裂。

體呈灰白色，體側具 5 ～ 6 道橫向暗斑，布滿褐色斑點。背鰭一枚，具缺刻，長形，缺刻前部第 1 ～ 3 鰭條具一大斑，鰭膜灰白並布滿黑色或褐色圓斑，缺刻後部亦布滿褐色或黑色圓斑。胸鰭基部為蠕紋狀斑。腹鰭喉位。臀鰭與背鰭缺刻後部同形，具褐色斑點。尾鰭圓扇形，無斑。

周緣性淡水魚

鳚科

277

暗帶雙線鯔

Diplogrammus xenicus

體長　可達8cm

| 別名 | 老鼠 | | 分布 | 臺灣東北部、南部、澎湖、綠島等處 | 棲息環境 | 河口 |

主要出現於珊瑚礁旁的沙質地，有時會進入水質透明的砂質底河口汽水域內。受驚嚇或擬態獵食時會躲入砂中。一般以片腳類動物、多毛類動物、二枚貝、腹足動物與陽燧足等為食。

周緣性淡水魚

鼠鯔魚科

形態特徵

體延長，前部稍縱扁，尾柄處側扁。頭部縱扁，頭小，頭長為體長1/4。眼稍大，上位。吻尖，吻部頗長。口小，橫列。眼下方與頰部均有若干蠕紋及藍色斑點。項部寬且平扁。

體呈黃色，具兩條側線，側線中央為2～3列藍白斑點。背鰭二枚，雄魚的第一背鰭第一根鰭條呈絲狀。第二背鰭長形，具3～4列白色小斑，鰭緣有一藍紋。胸鰭長圓形，具4～5列褐色橫紋，橫紋下具藍點。基部具藍斑點，腹鰭偏後位，略呈蓮花狀，具若干藍白色小點。臀鰭與第二背鰭同形，起點較第二背鰭為後。尾鰭長圓扇形，具許多藍色斑點。

溪鱧

Rhyacichthys aspro

體長
可達 25cm 以上

別名	粗鱗和尚魚、石貼仔	分布	臺灣各地均有，但僅限於河口未汙染之河川，以東部、東南部數量較多	棲息環境	河川中下游

兩側洄游型魚類，通常活動於未受汙染的河口，喜歡棲息於河川中下游之純淡水域，或是水流湍急的瀨區。溯河能力強，具群居性，只要溯游季一到，便可看見為數壯觀的族群出沒。食性以藻類、水生昆蟲為食。

腹面

形態特徵

體延長，頭部平扁，身體前部為亞圓筒狀，後部側扁。背緣淺弧狀，腹緣略呈平直。頭長占體長 1/4。眼位於頭頂處，眼間距窄，眼後有一金黃斑塊。吻長為眼徑 2 倍，口橫裂，上唇較厚，下唇隱於腹面。

體呈黃褐色或灰褐色，體背具 5～6 個白色斑。體側有 5 條黑色縱紋，下部體表有 5 塊黑色斑，上部體表則有不規則雲狀斑塊。背鰭二枚，皆具有二道縱帶。胸鰭向兩側平展，基部具兩個斑塊，有 4 道黑色橫紋。腹鰭分離，與胸鰭共同成一吸著面，上部橘黃色，下部紅色。臀鰭與第二背鰭相對應。尾鰭淺叉型，上下葉基部及基部中央有黑點，具 3～4 道橫紋。

周緣性淡水魚

溪鱧科

棘鰓塘鱧

Belobranchus belobranchus

別名	寬帶塘鱧	分布	臺灣東部、東南部	棲息環境	河川中下游

見於河川中下游之純淡水域，喜愛棲息水流稍有流速，底質為石礫底質的環境中，以石縫或兩岸植被的水草叢中藏覓，體色多變，隨環境改變，擬態能力強，通常與小石礫擬態等待獵物上門。泳力頗佳。底棲性，夜間是此魚活動的高峰期。屬肉食性魚類，以小魚、小型甲殼類為食。

形態特徵

體延長，前部為圓筒形，後部側扁。背緣與腹緣頗為平直。尾柄長大於尾柄高。頭長約體長 1/4，頭呈長圓形，頭前部為一大黑塊，有時不明顯。眼上側位，眼睛略突出，眼間距為眼徑的 2 倍或以上。吻短而鈍，吻長約略等於眼徑。口斜裂，口前上位，下頷略較上頷突出，口裂可至眼中部下方。臉頰帶白色斑點，頭背緣、眼間距、吻部等除有

1. 黑白相間的寬帶塘鱧有如特大
　號的寬帶裸身鰕虎
2. 寬帶塘鱧喜愛躲於小石礫中

周緣性淡水魚

塘鱧科

白斑外，亦有些不規則紅褐色紋路。

　體色多變，體側有兩大黑色橫帶，分別位於第一與第二背鰭下方。尾柄有一道黑色橫帶，橫帶間為白色。此魚體色變化大，有時顏色變淡其黑帶也會變淡，黑帶中有白斑，會隨體色變化而顯現。具背鰭二枚，第一背鰭具二道縱紋，第二背鰭則具 3 道縱紋。胸鰭大圓扇形，基部有一橫帶，橫帶後方有數道橫紋。腹鰭分離，不癒合呈吸盤狀，鰭膜灰白。尾鰭長圓形，亦具數道橫紋。

黃鰭棘鰓塘鱧

Belobranchus segura

別名	枝鰭塘鱧、紫身塘鱧	分布	臺灣東部、東南部、東北部	棲息環境	河川中下游

周緣性淡水魚

塘鱧科

兩側洄游型魚類,活動於河口未受汙染之溪流中下游處,常見於稍有水流的淺瀨區,喜歡躲藏於石縫中及底部為小石礫底質的環境。魚體顏色多變化,會隨棲息環境改變其顏色,受驚嚇時其原有之 5 條橫帶會被粗大的縱帶取而代之,幼體時縱帶較橫帶明顯。覓食時間均於夜間,屬夜行性魚類,肉食性,通常以小型甲殼類如小蟹、小蝦、小型魚類為食。

形態特徵

體延長,頭部圓筒狀,身體前部較為肥厚呈亞圓筒狀,身體至尾柄部分側扁,背緣與腹緣平直,尾柄頗高。頭大而圓厚,眼後方有一箭頭形斑紋,眼徑小於兩眼間距,眼間距約為眼徑 2 倍。吻短而圓鈍,吻長大於眼徑。口裂可下斜至眼睛中間下方,唇厚實,下頜略突出上頜,下頜前端有一小白斑。吻部有 3 條紅褐色條紋,眼間距有 2 條如吻部

1. 雌魚
2. 幼魚
3. 10 公分的大型雄魚
4. 有時會變為黑色

處的紅褐色條紋，紅褐色後方則為一群小白斑。體呈紫黑色，體側有 5 條白色橫帶，亦有一道粗大的白色縱帶，此縱帶與 5 條橫帶均有交錯。尾柄有兩塊圓形白斑。胸鰭有游離鰭條，基部有二道似半圓弧狀之白斑，基部上部前方則有一塊明顯藍紫色斑點。胸鰭鰭膜部分為淺紫色，上方具許多游離鰭條。第一背鰭有二道波浪型斑紋，鰭緣偏黃色。第二背鰭有 4 道黑色小線紋，鰭膜顏色為黃色。尾鰭偏黃，腹鰭分叉為白色。幼體與雌魚背鰭、尾鰭均有黑色線紋。

周緣性淡水魚

塘鱧科

283

中華烏塘鱧

Bostrychus sinensis

別名	蟳虎、中國烏塘鱧、烏咕魯仔	分布	臺灣西部	棲息環境	河口、河川下游、潟湖

出現於河川下游半淡鹹水處、河口區及紅樹林區等，皆為泥底質。屬底棲性魚類，通常躲於泥穴中或泥灘地等具有掩蔽物的地方。不具群居性。白天不見其蹤跡，屬夜行性魚類。行動遲緩泳力不佳，此魚頗具耐汙性。肉食性，主要以蝦、蟹等小型甲殼類為食，小魚及無脊椎動物則為次要食物來源。

周緣性淡水魚

塘鱧科

形態特徵

體延長，前部為圓筒狀，後部側扁。頭頂部、背緣及腹緣平直。頭部頗大，頭長約體長的 1/3 左右。眼小，上側位，兩眼間距寬平，眼間距約眼徑的 2 倍。吻長而尖，吻長大於眼徑。鼻管頗長可至上頜處。口斜裂，可以延伸至眼中部下方。

體背灰色，體側呈褐色，體側有 10 多個紅褐色橫斑塊。第一背鰭鰭條略等高，具兩列黑色縱帶，縱帶間為黃色。第二背鰭有 4 ～ 5 道黑色縱帶，縱帶間呈黃色。胸鰭透明。腹鰭分叉。臀鰭與第二背鰭同形，基底長較第二背鰭短。尾鰭為圓形，前部上方具一塊大圓斑，有不明顯細紋。

側帶丘塘鱧

Bunaka gyrinoides

別名	黑咕魯、蝌蚪丘塘鱧	分布	臺灣東部、南部、東南部	棲息環境	河口、河川中下游

主要活動於河口、河川中下游地區，通常棲息於石礫灘底的底質環境，瀨區也是此魚喜愛的環境，屬底棲性魚類。通常躲藏於石縫、兩岸植被的水草下方水體中，然而躲於水流和緩的水域及水草中之魚體通常較小。夜間才會出來覓食，以小型魚蝦、水生生物為食。

形態特徵

體延長，前部圓筒形，後部側扁。頭背緣較平直，背緣、腹緣呈淺弧狀。頭長為體長的 1/3。眼上側位，眼小，眼間距為眼徑的 3 倍，眼後有兩線紋。吻短，吻長小於兩眼間距。頰部鼓起。口前位，口裂大，下頜突出於上頜，上頜骨延伸至眼前部下方。

體背為灰白色或棕褐色，體呈黑褐色或灰褐色，體側具 10～12 條黑色縱紋。背鰭二枚，第一背鰭有二道黑色斑塊，第二背鰭具細斑。胸鰭基部有兩塊黑斑。腹鰭分叉。臀鰭與第二背鰭同形，基底長略小於第二背鰭，臀鰭具細斑。尾鰭圓截形，具數道褐色橫斑。

周緣性淡水魚

塘鱧科

285

花錐脊塘鱧

Butis koilomatodon

| 別名 | 花錐塘鱧、鋸塘鱧、花錐鋸塘鱧、鋸脊塘鱧、黑咕魯、狗甘仔 | 分布 | 臺灣西部 | 棲息環境 | 潟湖、河口、河川下游 |

活動於河川下游、河口、潟湖及紅樹林，沙質的海岸與港灣都有可能出現其蹤跡，喜歡棲息於沙泥底泥穴、岩礁區的洞穴等環境，屬底棲性，通常是單獨行動，多為夜間出來覓食，利用擬態方式伏擊獵物，以小型甲殼類及小魚為食。

周緣性淡水魚

塘鱧科

形態特徵

體延長，前部圓筒形，後部側扁，背緣、腹緣呈淺弧形。頭長為體長1/3。眼上側位，眼間距小於眼徑且稍內凹，眼四周具放射狀之斜紋，眼下方則有一馬蹄形褐色斑。吻寬鈍，吻長小於頭背緣長。口斜裂，上位，下頜突出上頜，上頜可延伸至眼前部下方，上下頜均具褐色斑紋。

體呈棕褐色，體側有 8 道橫帶。背鰭二枚，第一背鰭前部具一塊大黑斑，第二背鰭第二根鰭棘可延長呈絲狀，具6 條點紋。胸鰭圓扇形，基部有一黑斑，鰭條具白色小點。腹鰭分叉為黑色。臀鰭鰭膜為黑色。尾鰭圓形，具 10 幾道橫紋。

黑斑脊塘鱧

Butis melanostigma

體長 可達 15cm 以上

別名	木頭魚、黑咕魯、狗甘仔、安邦塘鱧、黑點脊塘鱧	分布	臺灣西部、南部、北部、東北部地區	棲息環境	河口、河川下游、潟湖

活動於河口、河川下游的汽水域、潟湖、河口紅樹林或是河口的溝渠水門處，喜愛躲藏於漂流木、枯木與水生植物中。棲息環境有時偏向中上層，然亦會在下層活動，較喜愛緩流水體，不善游動，有時會以擬態方式或倒游假死狀態躲避危險或覓食。夜間活動較為頻繁，屬肉食性魚類，以小魚、小蝦、蟹類為食。

形態特徵

體延長，前部圓筒形，後部側扁，背緣呈圓弧狀。腹緣較平直。頭長約體長 1/3，頭部略呈縱扁狀。眼上側位，兩眼間距大於眼徑，眼周圍有 4 條線紋。吻尖，吻長大於眼間距。口斜裂，前上位，下頜較上頜突出，口裂可延伸至眼中部下方。頰部具黑斑與小黑點。

體色多變。體側有 8 道橫斑，10 多條黑色縱紋，具些許細點。背鰭二枚。第一背鰭前部有一斑塊。第二背鰭具點紋。胸鰭長圓形，基部有 2 個橘色斑。腹鰭分離不癒合。臀鰭與第二背鰭同形，接近基底呈橘紅色，後緣具點紋。尾鰭圓形具點紋。

周緣性淡水魚

塘鱧科

287

刺蓋塘鱧

Eleotris acanthopoma

體長  可達 16cm

別名	黑咕嚕、塘鱧	分布	臺灣西部、北部、東北部	棲息環境	河口、河川下游、潟湖

活動於河口、河川下游、潟湖及紅樹林，棲息環境與黑塘鱧差不多，通常生長在半淡鹹水域，很少進入純淡水域中。白天躲藏於石縫或掩蔽物中，不具群居性，屬底棲性魚類。夜間才出來覓食，以小魚及小型甲殼類為食。

周緣性淡水魚

塘鱧科

形態特徵

體延長，前部呈圓筒形，後部側扁，背緣、腹緣呈淺弧形。尾柄約頭長的 1/2，體高約頭長 2/3，頭長為體長的 1/3。眼上側位，眼間距大於眼徑，眼四周有 3 條線紋。吻鈍，吻長大於眼徑。口大、前位，下頜突出上頜，口裂延伸至眼中部。前鰓蓋後緣中部有一向下彎的小棘。

體呈棕褐色或黑褐色，體背有 5～7 道白斑塊。體側具白斑，有時會不明顯。背鰭二枚，第一背鰭下部具點紋 2 列。第二背鰭有 6～8 道線紋。胸鰭圓扇形，具點紋。腹鰭分離，不癒合。臀鰭與第二背鰭同形，基底較第二背鰭短，具不規則線紋。尾鰭圓形，點紋密集。

褐塘鱧

Eleotris fusca

體長  可達 15cm

| 別名 | 烏咕魯、棕塘鱧 | 分布 | 臺灣各地均有 | 棲息環境 | 河口、河川中下游 |

野外生境

棲息於河口未汙染或者是輕度汙染的河流之中，通常在河口的汽水域或溪流中下游的純淡水域都可發現此魚蹤跡，甚至沿岸潮間帶偶爾可觀察到牠。底棲性魚類，通常白天躲藏於石縫及兩旁的水草、枯木等掩蔽物附近，晚上為此魚較活躍的時間。肉食性魚類，以小魚、小型甲殼類為食，亦會攝食水生昆蟲。

形態特徵

體延長，前部亞圓筒形，後部側扁，背緣與腹緣為淺弧狀。頭長為體長的1/3 左右。眼上位，眼眶具黑斑，兩眼間距小於眼徑，眼下有 4 條斜紋。吻長大於眼間距，口裂大，前上位，下頜突出上頜，上頜骨可延伸至眼前部下方。前鰓蓋後緣中部處有一小棘。

體背具白色斑塊，此斑會消失，體呈褐色或者黃棕色，體側具不明顯黑色線紋。背鰭二枚，第一背鰭上有 2～3 道黑色點紋，第二背鰭則為 4～5 道。胸鰭為圓扇形，基部上方有一黑斑。腹鰭小，分叉。臀鰭與第二背鰭同形，基底較第二背鰭短，具點紋。尾鰭圓扇形，亦具點紋。

周緣性淡水魚

塘鱧科

289

黑塘鱧

Eleotris melanosoma

| 別名 | 黑咕嚕、黑體塘鱧 | 分布 | 臺灣各地均有 | 棲息環境 | 潟湖、河口、河川下游 |

小型的黑塘鱧

主要活動於河口或者是沿岸潮池，偶爾會進入河川下游淡水域，喜歡棲息於石礫與沙泥底混合的區域或是潟湖、沿海溝渠之環境，屬底棲性魚類。泳力不佳，通常躲藏於石縫或是一些掩蔽物中，並藉此伏擊獵物。不具群居性，有一定領域性，夜間出來覓食機會較大，以小魚、小蝦及無脊椎動物為食。

周緣性淡水魚

塘鱧科

形態特徵

體延長，前部亞圓筒形，後部側扁，背緣、腹緣呈淺弧形。頭頂部內凹狀，頭部粗大，頰部鼓起，頭長約體長的 1/3 左右。眼上側位，眼間距大於眼徑。吻鈍，吻長小於眼間距。口斜裂，前上位，下頜較上頜突出，口裂可至眼後緣下方。前鰓蓋骨後緣中部有一小棘。

體呈紅褐色或黑褐色，體側無雜斑。體高約等於頭長，尾柄高約體高的 1/2 左右。背鰭二枚，第一背鰭有二道線紋，第二背鰭具 5～6 道線紋。胸鰭圓形，具不明顯點紋。腹鰭分離。臀鰭與第二背鰭同形，基底長短於第二背鰭。尾鰭長圓形，鰭緣白色，具成列點紋。

290

尖頭塘鱧

Eleotris oxycephala

體長 最大可達 25cm

別名	黑咕嚕	分布	臺灣北部、東北部	棲息環境	河川下游

活動於河口、河川下游的半淡鹹水區中，會躲藏於石縫、漂流木及一些掩蔽物附近，屬底棲性魚類。無群居性，通常單獨行動，白天足不出戶，屬夜行性魚類。性情兇猛，以擬態方式突擊獵物。肉食性，以小魚、小型甲殼類及無脊椎動物為食。

小型個體

形態特徵

　　體延長，前部圓筒形，後部側扁。頭背緣平直，頭長約體長的 1/2 ～ 1/3 左右。眼上側位，眼部下方周圍有 5 道放射狀黑紋，眼間距寬平，為眼徑 2 倍。吻長約等於眼徑，口斜裂，下頜較上頜突出，頦部與上下頜均有若干白點群。口裂延伸至眼前緣下方，頰部亦有與頦部相同的白點群。

　　體背白色，體側為黑褐色，有數列不明顯黑色線紋。胸鰭具 10 幾道點紋，基部有 2 塊黑斑。第一背鰭有二道黑褐色縱帶。第二背鰭則有 5 ～ 6 道黑色線紋。腹鰭分叉有黑色線紋。尾鰭圓形，具多條黑色線紋。

周緣性淡水魚

塘鱧科

珍珠塘鱧

Giuris margaritacea

體長　　可達 25cm 以上

別名	無孔蛇塘鱧、無孔塘鱧	分布	臺灣東部、南部、北部、東南部、東北部	棲息環境	河川中下游

幼魚

活動於河川中下游純淡水域及沿海之溝渠，喜歡棲息於水草茂盛之淺潭區、深潭石縫等環境，幼魚時偏向為中上層之魚種。跳躍力強，警覺性頗高。幼魚時期有群居性，通常躲於和緩的水窪處或者水草中，成魚偏底棲性，較獨來獨往，通常躲於石縫中。為肉食性魚類，以小魚、小型甲殼類、水生昆蟲等為食。

形態特徵

　　體延長，前部圓筒形，後部側扁，腹緣、背緣呈淺弧狀。頭頂部具若干黑色小斑，頭長為體長 1/3。眼上側位，眼徑小於眼間距，眼周圍 4 條線紋。吻長大於眼徑，口斜裂，前上位，下頜略比上頜突出，上頜骨延伸至眼前緣下方。鰓蓋骨後緣中部有一小棘。

　　體呈淡灰色，體背 6 個黑斑，體側有一列藍黑斑點，斑點旁具黃色不規則縱紋，體側有些許紅斑，腹部白色。背鰭二枚，第一背鰭具二道黑斑紋。第二背鰭則 3 道黑斑紋。胸鰭長圓形，基底具 2 黃斑。腹鰭分叉。臀鰭與第二背鰭同形，具有 2 縱帶，兩縱帶間鰭膜淡黃色。尾鰭長圓形，灰白帶黃。

周緣性淡水魚

塘鱧科

擬鯉短塘鱧
Hypseleotris cyprinoides

別名	短塘鯉、擬鯉黃黝魚、碧眼狐貍	分布	臺灣東部、南部、北部、東南部、東北部	棲息環境	河口、河川下游

雌魚

兩側迴游型魚類，活動於河口未汙染的河川、河口及河川下游純淡水之水域，一般在沿海的清澈溝渠也可見到其蹤跡，屬中上層魚類。棲息環境喜好在水生植物繁多的地方，或是躲藏於河川兩旁蘆葦叢中。性情膽怯，容易受到驚嚇。跳躍力頗強，具群居性。雜食性，以小魚、小蝦、小型水生昆蟲、浮游生物、附著性的藻類為食。

形態特徵

體延長，側扁，背緣、腹緣呈淺弧形。頭長約體長 1/4 左右。眼側位，眼間距大於眼徑，雄魚發情時，眼會呈現紅色或碧綠色。吻長小於眼徑，口裂小，下頜略比上頜突出，上頜骨僅延伸至眼前緣下方。

體呈淡黃或灰褐色，帶透明，雄魚發情時體色會呈橘黃、橘紅或黑褐色。

體側有一黑色縱帶，發情時縱帶消失。背鰭二枚，雄魚第一背鰭與第二背鰭鰭膜灰黑色，有若干的淡藍色線紋或淡藍斑紋。胸鰭長圓形。腹鰭分叉，雄魚腹鰭呈橘黃。臀鰭與第二背鰭同形，雄魚臀鰭基底橘黃，中央橘紅。尾鰭長圓形，基部有黑點。雌魚顏色樸素，各鰭透明。

周緣性淡水魚

塘鱧科

293

頭孔塘鱧

Ophiocara porocephala

| 別名 | 烏咕嚕 | 分布 | 臺灣西部、北部、東北部、南部、東部 | 棲息環境 | 河口、河川下游、潟湖 |

周緣性淡水魚

塘鱧科

主要出沒於河川下游、河口的紅樹林及潟湖一帶。幼魚通常躲藏於兩岸植被的根部或者是有掩蔽物附近，大型魚則躲於洞穴之中。可見於一些河口溝渠，偶爾會進入純淡水的水體中。屬底棲性魚類，通常單獨行動。肉食性魚類，以小魚、小型甲殼類為食。

1. 幼魚體側具二道明顯橫斑
2. 頭孔塘鱧頭部鼻管頗長
3. 野外的頭孔塘鱧

形態特徵

體延長，前部圓筒形，後部側扁，背緣、腹緣淺弧形。頭長為體長的1/3。眼上側位，眼徑小於眼間距。吻圓鈍，吻長大於眼徑。口裂大，前上位，下頜較上頜突出，上頜骨可延伸至眼中部下方。頰部與鰓蓋具白色斑點，前鼻孔具細鼻管。

體呈灰黑或暗灰色，腹部白色。體側具二道不明顯橫斑。體側有 6 ～ 8 條黑色縱線，具白色斑點，斑點不成列。第一背鰭灰色。第二背鰭鰭緣帶黃色，鰭膜灰色。胸鰭長圓形，基底具 2 黑斑。腹鰭分離。臀鰭基底較第二背鰭短，與第二背鰭同形。尾鰭長圓形，鰭緣黃色，鰭膜白色。

周緣性淡水魚

塘鱧科

295

穴沙鱧

Kraemeria cunicularia

| 別名 | 穴柯氏魚、海沙鰍 | 分布 | 目前僅在臺灣北部地區發現 | 棲息環境 | 河口、潟湖 |

頭部特寫

主要棲息於沙質底質的內灣區、潟湖、河口區。體小，故常躲於細沙之中。目前在臺灣棲息環境尚不明。但發現的棲息環境為細沙底，沙子顏色與體色差不多為白色。喜愛鑽沙，國外記載偏夜行性，食性較不明確。

形態特徵

體延長，側扁，呈長條狀。頭緣與背緣具 18～20 個不規則小斑塊。頭部具若干花斑，頭長為體長的 1/5。頰部透明。眼睛極小，上位。口斜裂，上位，下頜有一前伸肉瘤，且較上頜突出，口裂可至眼徑之後。

體色偏透明狀，腹部乳白色。體側上部具 20～23 道く字形細斑。背鰭長形，占體長 70～80%，鰭膜透明。胸鰭側位，鰭膜白色。臀鰭與背鰭同形，臀鰭起點起於背鰭 1/2 處。尾柄小於體高。尾鰭圓形，前部黃色帶褐色小斑點。

體長
可達 4cm

周緣性淡水魚

柯氏魚科

長身鯊
Acanthogobius hasta

| 別名 | 斑尾刺鰕虎、狗甘仔 | 分布 | 臺灣西部 | 棲息環境 | 潟湖、河口、河川下游 |

活動於近海的底棲性大型虎魚類，主要出現於內灣、潟湖、沙泥底質的港灣、河口及河川下游處，但不進入純淡水域。不好游動，通常躲藏於沙泥底中，由於顏色偏向沙泥底的顏色，故其擬態能力強，並以此方式伺機捕食獵物，遇危險會躲入沙泥中。食性為肉食性，以小型魚類與小型甲殼類為食。

形態特徵

體延長，呈長條狀，前部圓筒形，後部側扁。尾柄高約體高的 1/2 左右，尾柄頗長。背緣與腹緣平直。頭長為體長 1/3 左右，頰部鼓起。眼上側位，眼間距約 1/2 眼徑。吻長約眼間距 1.5 倍。口大，上頜略比下頜突出，上唇頗厚，上頜骨可延伸至眼前緣下方。頰部無斑帶黃。

體呈灰色，腹部白色。體背有 8～10 個斑塊，體側中央有 10 個黑斑塊，尾柄有一黑斑。背鰭二枚，兩背鰭具 3～5 列點紋，鰭緣帶黃。胸鰭扇形，中央略帶黃色。腹鰭癒合呈吸盤狀。臀鰭與第二背鰭同形，背鰭之基底長於臀鰭的基底。尾鰭長圓形，接近基底有不明顯點紋，點紋不成列。

周緣性淡水魚

鰕虎科

297

彎紋細棘鰕虎

Acentrogobius audax

別名	狗甘仔	分布	臺灣東北部、西南部	棲息環境	潟湖、河口

喜 好棲息於河口汽水域、港灣、潟湖或沿岸的海域中，但不曾出現在純淡水域中。肉食性魚類，以小型無脊椎動物為食，為少見魚種。

周緣性淡水魚

鰕虎科

形態特徵

體延長，前部亞圓筒形，後部側扁，背緣與腹緣平直。頭長為體長 1/3 左右。眼上側位，眼前有一斜帶。吻短而鈍，口上位，下頜較上頜突出。頰部具一縱帶。鰓蓋有一斜斑，斑塊上有亮綠色斑。

體呈灰白色，體背具 5 個斑塊，體側中央有 5 圓斑，腹部白色，具 3 條細線，2 個小圓斑。體側上部具許多小黑斑，後部腹緣有暗斑。背鰭二枚，第一背鰭基部有紅褐色暗帶。第二背鰭下部有 1 ～ 2 條橫帶。臀鰭基部有一紅色橫紋。胸鰭基部有二道黑色紋。腹鰭呈吸盤狀。尾鰭長圓形，鰭條有放射狀紋路，尾柄有紅褐色點紋，基部有一黑斑。

頭紋細棘鰕虎

Acentrogobius viganensis

體長 可達 6cm

| 別名 | 雀細棘鰕虎、狗甘仔 | 分布 | 臺灣西部、南部、北部、東北部 | 棲息環境 | 潟湖、河口、河川下游 |

雌魚

底棲性小型魚類，通常出現於河口、河川下游半淡鹹水區、內灣等地區。喜好棲息於沙泥底質環境，因此在紅樹林、潟湖、沙泥底的漁港、沿海的溝渠或是魚塭都有機會觀察到其身影。習性偏好躲藏於泥穴或石縫中，具群居性，有領域性。能處於稍汙染的水域。雜食性魚類，以有機碎屑物、浮游生物、無脊椎動物等為食。

形態特徵

　　體延長，前部亞圓筒形，後部側扁，背緣、腹緣為淺弧形。頭長為體長 1/3。眼上側位，眼後緣有一黑紋，眼間距小於眼徑。頰部有一斑塊。吻鈍，吻長短於眼徑，口斜裂，前位，下頜略比上頜前突，上頜骨可延伸至眼前部下方。鰓蓋處有 3～5 個亮藍色斑點。

　　體呈黃棕色，腹部白色，體背緣具褐色碎斑，體側上部有褐紋斑，中央有 4 個黑色斑塊，有些許亮藍斑及紅斑點。背鰭二枚，第一背鰭第一根鰭棘具點紋。第二背鰭具有 2～3 列縱帶，上部有一縱向藍紋。胸鰭基部上方有一黑點。臀鰭與第二背鰭同形。尾鰭為矛形，鰭基有一黑色斑塊，內緣具斑紋，上部具斜紋。

周緣性淡水魚

鰕虎科

299

青斑細棘鰕虎

Acentrogobius viridipunctatus

別名	珠鰕虎、青斑銜鯊、狗甘仔	分布	臺灣西部、北部、東北部	棲息環境	潟湖、河口、河川下游

幼魚

活動於泥灘底質的河川下游、河口、紅樹林、潟湖的淺水區、泥底小潮池及魚塭旁的溝渠，喜歡棲息於泥穴中，或者躲於泥底型態的潮溝，屬底棲性魚類。白天並不易見到，通常晚上才出來活動，領域性、攻擊力極強，不具群居性。肉食性，以甲殼類、小魚及小型無脊椎動物為食。

形態特徵

體延長，前部圓筒形，後部側扁，背緣、腹緣淺弧形。尾柄高為體高的 1/2 以上。頰部鼓起。頭長約為體長的 1/4。眼上側位，眼下後緣具一 L 形斑紋，眼間距小於眼徑。吻鈍，吻長約眼徑的 1.5 倍。口前位，斜裂，下頜突出於上頜，口裂可達眼中部下方。鰓蓋具青綠色斑。

體呈灰黑帶些綠色，腹部白色。體背具 6 個藍色斑，斑點間具 6 個黑色斑塊。體側中央有 5 個黑斑，具青綠色斑點。背鰭二枚，第一背鰭接近基底鰭膜黑色。第二背鰭具褐色斑，鰭緣有一紅色縱紋。胸鰭圓扇形。腹鰭癒合呈吸盤狀。臀鰭與第二背鰭同形。尾鰭長圓形，鰭緣淡黃色，基底有點紋。

尾斑鈍鯊

Amblygobius phalaena

體長 可達 15cm

別名	尾斑鈍鰕虎、白斑鈍鯊、環帶鯊	分布	臺灣東部、南部、北部、東南部、東北部	棲息環境	潟湖、河口

暖水性小型魚類,通常棲息於淺海港灣區、河口旁之海岸、退潮後之潮池、潮溝、潟湖及河口等區域。一般大型魚體並不出現於河口域,倒是幼魚常見於河口區。幼魚具群居性,成魚為雄雌魚互相棲息著。會躲藏於沙泥底,具有濾食性,屬肉食性魚類,以小魚、小型甲殼類及底棲性小生物為食。

形態特徵

體延長,前部亞圓筒形,後部側扁,背緣、腹緣淺弧形。頭長為體長的 1/3 左右。眼上側位,眼上部後緣有二道鮮紅色點群及一道縱紋,眼間距小於眼徑。口斜裂,上頜較下頜突出,上頜骨可延伸至眼前緣下方。頰部有 3 ～ 4 條藍色縱紋。

體呈黑褐色,體側有 5 橫帶,體表有白斑。背鰭二枚,第一背鰭具白斑,前部有紅斑,中部黑斑。第二背鰭上部有一黑色縱帶,下部鰭膜帶黑,具白斑。胸鰭黃色,基部上方有黑斑。腹鰭癒合呈吸盤。臀鰭與第二背鰭同形,鰭緣有黑色縱紋。尾鰭圓扇形,鰭膜粉紅,上下部均有 2 黑點,接近尾基上方有一黑點。

周緣性淡水魚

鰕虎科

犬牙鯔鰕虎

Amoya caninus

體長 可達 15cm

別名	狗柑仔、虎齒細棘鰕虎、虎齒楊氏鰕虎	分布	臺灣西部、西南部地區	棲息環境	潟湖、河口、河川下游

頭部特寫

棲息於近岸的鰕虎科魚類，一般見於潟湖、沙泥底質的潮間帶、河口紅樹林區及河川下游汽水域中，屬底棲性魚類。此魚體內含有河豚毒素，故避免食用此魚。肉食性魚類，以底棲動物、小型魚類、甲殼類及有機碎屑物等為食。

形態特徵

體延長，前部呈亞圓筒形，後部漸呈側扁。頭中大，頭長約體長 1/3 左右，頭長等於體高。鰓蓋斜上方有一紫藍色斑點。眼上側位，兩眼間距小，略小於眼徑。吻短而鈍，口大，斜裂，口裂達眼睛前緣，唇厚。鰓裂及前端具一排斜向藍色亮斑，頰部則有 2 排縱向藍色亮斑。

體呈灰白色，體側上方體背處有 4～5 個方形斑塊，中央至尾柄具 5 個黑色圓斑，體側若干鱗片上鑲有亮藍色斑點。背鰭二枚，鰭膜呈灰白色，第二背鰭具二道縱向褐色斑點。胸鰭基底處有少許亮藍細點。腹鰭癒合呈吸盤狀。臀鰭與第二背鰭同形。尾鰭圓形，灰白帶些紅色。

周緣性淡水魚

鰕虎科

302

紫鰭韁鰕虎

Amoya janthinopterus

體長  最大 14cm

別名	狗甘仔、紫鰭細棘鰕虎	分布	臺灣東北部	棲息環境	河口汽水域

喜好在河口、紅樹林的潮溝中棲息,亦分布於沿岸、內灣等水域,然不會溯游至純淡水區內。屬於肉食性底層魚類,主要以小型蝦、蟹等無脊椎動物及小魚為食。

形態特徵

體延長,前部圓筒形,後部側扁,背緣與腹緣呈淺弧形。頭長為體長 1/3。眼上側位,眼前有一斜下黑紋,眼後有 2 條平行間斷黑紋。頰部具二道平行的黑色線紋。吻長大於眼徑,口斜裂,上頜骨可延伸至眼中部下方,唇部肥厚。

體呈青灰色,腹部白色。體側具青綠亮斑,上部布滿小碎斑,中央有 5 個黑斑。背鰭二枚,第一背鰭具 3 ～ 4 條點紋,第二背鰭具 2 ～ 3 列點紋,上緣有一白色線紋。胸鰭圓形。腹鰭呈吸盤狀。臀鰭與第二背鰭同形。尾鰭長圓形,具黑色斑點,尾鰭外緣有白色與黑色二道框紋。各鰭鰭膜灰白色。

周緣性淡水魚

鰕虎科

303

黑帶䲁鰕虎

Amoya moloanus

別名	狗甘仔、黑帶細棘鰕虎、細鱗鰕虎	分布	臺灣西部	棲息環境	潟湖、河口、河川下游

為沿海內灣與河口的小型底棲性魚類，活動於河口、港灣及河川下游的半淡鹹水域，喜歡棲息於沙泥底質環境，如河口紅樹林、河口淺灘、潟湖、溝渠或者退潮後的潮溝。習慣躲藏於泥穴及泥灘旁的小石中，且能忍受頗為汙染的環境，以藻類、有機碎屑物、浮游生物及小型無脊椎動物為食。

周緣性淡水魚

鰕虎科

形態特徵

體延長，側扁，背緣與腹緣平直。頭長為體長的 1/4。眼上側位，眼間距小於眼徑，眼後具一斜紋。吻長小於眼徑，口斜裂，上頜較下頜前突，上頜骨可延伸至眼前部下方。頰部具有藍色亮點。

體呈灰白色，腹部為白色。項部具藍斑有時會消失。體側具 2 條褐色縱紋，有時會間斷；亦具有藍斑，通常呈消失狀態。體背有褐色小斑。背鰭二枚，第一背鰭以第二根鰭棘最長，延長呈絲狀。胸鰭長圓形，鰭基具藍點。腹鰭癒合呈吸盤狀。臀鰭與第二背鰭同形，中部具一黑色縱紋，鰭基小於第二背鰭。尾鰭長圓形，前部具紅斑。各鰭鰭膜透明帶黃。

普氏矙鰕虎

Amoya pflaumi

別名	狗甘仔、普氏細棘鰕虎、普氏閩鰕虎	分布	臺灣西部、北部、東北部	棲息環境	潟湖、河口、河川下游

分布於河口、港灣、河川下游的半淡鹹水域、紅樹林以及潟湖等，喜好棲息在沙泥底質的淺水域、退潮潮池與潮溝。通常住在泥穴之中，不好游動，具有領域性，不具群居性，通常單獨活動。以浮游生物、小型無脊椎動物等為食。

形態特徵

體延長，前部圓筒形，後部側扁。背緣平直，腹緣淺弧形，尾柄高約體高 1/2。頭長為體長 1/3。眼上側位，眼間距小於眼徑，後緣有一縱紋。吻長小於眼徑，口前位斜裂，下頜較上頜前突，上頜骨延伸至眼前部下方。鰓蓋有一黑斑。

體呈灰褐色，體背具 6 個斑塊，體側具 4 條黑色縱紋，中央處有 4 ～ 5 斑塊。背鰭二枚。第一背鰭第一根鰭棘具 2 點紋，接近鰭基有一縱帶。第二背鰭有 4 ～ 5 個縱向點紋。胸鰭長圓形，鰭基上方有一黑斑及一縱向短紋。腹鰭癒合呈吸盤狀。臀鰭與第二背鰭同形。尾鰭長圓形，基部有一黑斑，具 4 ～ 5 條褐色橫帶。

周緣性淡水魚

鰕虎科

短斑叉牙鰕虎

Apocryptodon punctatus

別名	短斑臥齒鯊、臥齒鯊、花跳	分布	臺灣西部、南部	棲息環境	河口、河川下游

活動於河口的小型底棲性魚類，通常分布於河口、河川下游的半淡鹹水域、潟湖、河口紅樹林及沙泥底質的溝渠。喜歡棲息在泥灘地、泥底的潮池、潮溝或淺水區。白天躲藏於泥穴當中，常與彈塗魚混棲，跳躍力頗強，夜間時會出來覓食。雜食性魚類，以有機碎屑物、浮游生物、底藻、小型底棲性無脊椎動物為食。

周緣性淡水魚

鰕虎科

形態特徵

體延長，前部圓筒形，後部側扁，背緣與腹緣平直。頭長為體長的 1/4。眼上側位，眼間距小於眼徑。眼前緣有一鼻管可延伸至上頜。吻鈍，吻長大於眼徑。口裂呈水平狀，口前位，上頜較下頜前突，口裂可延伸至眼後緣下方。頰部有一縱向斑紋。

體呈灰白色，體背有 4～5 道橫斑。

體側中央處有 5 個黑色短斑，中央隱約有一縱紋，腹部白色。背鰭二枚，第一背鰭鰭基較短，以第 2、3 根鰭棘最長。第二背鰭基底頗長。胸鰭尖圓形。腹鰭癒合呈吸盤狀。臀鰭與第二背鰭同形，鰭基較第二背鰭短，鰭緣呈白色。尾鰭矛形。

半斑星塘鱧

Asterropteryx semipunctata

體長　最大可達 6cm

別名	星塘鱧、半點鰕虎	分布	臺灣南部、北部、東北部	棲息環境	潟湖、河口

為近岸的小型底棲性魚類，通常活動於港灣、沙泥底質的岩礁區等地點。喜愛棲息於岩岸潮池有沙泥底質的地方，有時亦會出現於河口、潟湖等區域，稍能耐於半淡鹹水之水體。受驚嚇時會躲入自己築出的沙礁混合小岩穴中，通常以有機碎屑物、小型無脊椎動物及浮游生物為食。

形態特徵

　　體延長，前部圓筒形，後部側扁。背緣弧形，腹緣淺弧形。頭長為體長的 1/3。眼上側位，眼間距小於眼徑，眼下具一黑斑，眼後方與鰓裂處各有一黑色斑塊。臉頰具藍點。吻短較眼徑小，口前上位，斜裂，上下頜等長，上頜骨可延伸至眼前部下方。

　　體呈灰白色，體側有不規則的斑塊，體表 1/3 以下有如同臉頰的亮藍點。背鰭二枚，第一背鰭的第三根鰭棘延長成絲狀，第一背鰭為灰白色，基底具黑斑，鰭棘具褐色斑。第二背鰭基底具黑斑。胸鰭圓扇形，基部具 2 黑斑。腹鰭分叉。臀鰭與第二背鰭同形。尾鰭圓形，約與頭長等長，鰭棘具褐色斑。

周緣性淡水魚

鰕虎科

307

黑頭阿胡鰕虎

Awaous melanocephalus

| 別名 | 黑首阿胡鰕虎、狗甘仔、曙首厚唇鯊 | 分布 | 臺灣東部、南部、北部、東北部、東南部 | 棲息環境 | 河口、河川中下游 |

暖水性的底棲小型魚類，活動於未受汙染的河口、河川中下游處，一般在河川的半淡鹹水區與純淡水域均能生存，含泥量過多的底質較少見到其蹤跡。通常棲息在水流平緩的潭區，夜間較易在淺水區見到。遇驚嚇或掠食者時會躲入沙中藏匿，不好游動，會在沙中找尋食物，以小魚、小型甲殼類、藻類、有機碎屑物為食。

形態特徵

體延長，前部亞圓筒形，後部側扁，背緣與腹緣淺弧形。頭長為體長的 1/3。眼背側位，眼徑大於兩眼間距，眼前部具 2 斜紋，眼下部有 2 條水平短紋。吻部具斑紋，吻長為眼徑 1.5 倍。口斜裂，前位，上領較下領前突，上領骨可延伸至眼前部。

體呈灰白色，腹部白色，體背具雲狀斑塊群，體中央有一列水平 8 ～ 10 個的褐色斑塊。背鰭二枚，第一背鰭具 3 ～ 4 條縱向點紋。第二背鰭有 5 ～ 6 條縱向點紋。胸鰭長圓形，基底上方具一斑塊。腹鰭呈吸盤狀。臀鰭與第二背鰭同形。尾鰭長圓形，有 8 ～ 10 條橫紋。

周緣性淡水魚

鰕虎科

眼斑阿胡鰕虎

Awaous ocellaris

| 別名 | 厚唇鯊、晴斑厚唇鯊、晴斑阿胡鰕虎、狗甘仔 | 分布 | 臺灣東部、南部、北部、東南部、東北部 | 棲息環境 | 河口、河川下游 |

野外生境

兩側洄游型之底棲性魚類，分布於河川下游淡水域中，通常棲息於未受汙染的清澈小溪，喜愛以有沙石底質的潭區、平緩的瀨區為主要棲身之所，若遇危險時會鑽入沙中。幼魚具群居性，成魚則兩兩成群。屬雜食性魚類，以藻類、小魚、水生昆蟲、浮游生物及小型甲殼類為食。

形態特徵

體延長，前部亞圓筒形，後部側扁，背緣與腹緣平直。頭長為體長的 1/3 左右。眼背側位，眼徑大於眼間距，眼前緣有 2 條黑色細斜紋，眼下也有 2 條水平短紋。吻長大於眼徑 2 倍以上，吻部與眼間距有小細斑。口下位，上頜較下頜前突，上頜具黑色斑紋。

體呈灰褐色，腹部白色，體背有 5～6 個斑塊群，體側中央有 6～7 個黑斑點，體表布滿斑點。背鰭二枚，第一背鰭後部有一黑斑，鰭棘具點紋。第二背鰭點紋 3～4 列，鰭緣紅色。胸鰭長圓形，基底有一圓弧線。腹鰭癒合呈吸盤狀。臀鰭與第二背鰭同形。尾鰭為長圓形，具 3 條橫向點紋。

周緣性淡水魚

鰕虎科

309

藍點深鰕虎

Bathygobius coalitus

| 別名 | 海狗甘仔 | 分布 | 臺灣北部、東北部、東部、東南部、南部 | 棲息環境 | 河口 |

底棲性沿海的小型魚類，一般出現於沿海潮池、河口兩旁的海岸區、潟湖區。偶爾會進入河川接近河口的河段當中，一般不會往較深的海域，在河川汽水區也是躲於河川兩旁之淺水域，主要會躲於珊瑚礁區及小石縫中。警覺性很高，稍有動靜即躲入石縫，具有領域性。為雜食性魚類，以藻類、小型無脊椎動物、小型甲殼類等為食。

周緣性淡水魚

鰕虎科

形態特徵

體延長，前部圓筒形，後部側扁，背緣與腹緣呈淺弧狀。頭長為體長1/4，頭部具小白斑。眼上側位，眼眶四周有放射性線紋，眼間距小於眼徑，眼後方有一黑點。吻長與眼徑相等，口斜裂，上頜較下頜突出，上頜骨可延伸至眼中部下方。

體呈灰褐色，體背有 4～5 個斑塊，體側 8～9 條縱向白斑，體中央偏下處有 2～3 列斑塊。背鰭二枚，第一背鰭有二道斑帶，上緣帶黃。第二背鰭有 4 道斑帶，鰭緣褐色。胸鰭長圓形，基底上方有一藍斑，胸鰭具點紋。腹鰭癒合呈吸盤狀。臀鰭與第二背鰭同形，鰭緣帶黑。尾鰭長圓形，具 4～5 道橫斑。

椰子深鰕虎

Bathygobius cocosensis

體長　可達 8cm

別名	椰子黑鰕虎、狗甘仔	分布	臺灣東部、南部、北部、東北部、東南部	棲息環境	河口、河川下游

主要生長於礁石潮間帶，偶爾會進入河口或河川下游處。棲息環境主要在石礫區穿梭，河口與河川下游大多為感潮帶，有極少機會會進入純淡水域，所發現的地點皆為淺水區。為雜食性魚類，以藻類及底棲動物為食。

小型魚體

形態特徵

　　體延長，前部圓筒形，後部側扁，背緣與腹緣淺弧形。尾柄高約體高的1/2。頭長約體長的1/3，頭部有不規則黑褐色斑塊。眼上側位，眼間距小於眼徑。吻鈍，吻長等於眼徑，口前位，上下頜約等長，上頜骨可延伸至眼前緣下方。

　　體呈黃褐色或黃棕色，體背具不明顯斑塊，體側中央有一列縱向斑塊，下方有數條明顯的縱線。背鰭二枚，第一背鰭的鰭棘具有點紋。第二背鰭下部具3列水平點紋。胸鰭圓扇形，上部有游離鰭條，基部有一黑斑，具3～5條橫紋。腹鰭癒合呈吸盤狀。臀鰭與第二背鰭同形，基底長較第二背鰭基底長。尾鰭為圓形，具橫紋。

周緣性淡水魚

鰕虎科

311

褐深鰕虎

Bathygobius fuscus

| 別名 | 狗甘仔、黑鰕虎、深鰕虎 | 分布 | 臺灣東北部、西部岩礁區海岸、北部、南部、東部、東南部 | 棲息環境 | 河口、河川下游 |

周緣性淡水魚

鰕虎科

沿岸的小型底棲性魚類，主要活動於岩礁區的潮池、內灣、港區及河口，有時會進入河川下游處，極少進入純淡水域。通常躲藏於石縫中，領域性頗強。潮池中通常具有一定族群，不過數量多寡要看潮池大小。屬雜食性，以藻類、小魚、小型甲殼類及無脊椎動物為食。

1. 雌魚
2. 小型魚體

形態特徵

體延長，前部圓筒形，後部側扁，背緣與腹緣平直。頭長爲體長的 1/3。眼上側位，眼徑大於眼間距。吻圓鈍，吻長大於眼徑，口斜裂，上下頜等長，有褐色斑，上頜骨延伸至眼前緣下方。頰部鼓起。

體色多變，體背具有 3～4 個斑塊。體側爲多塊大小不一雲狀斑，並布滿了亮藍斑點。背鰭二枚，第一背鰭方形，中下部鰭膜黑色，上部有一淡黃縱帶。第二背鰭具點紋，上部有一條淡黃色縱帶。胸鰭圓扇形，鰭膜具白斑，基底有 2 條黑色橫紋，上部具 4～5 根游離鰭條。腹鰭癒合呈吸盤狀。臀鰭與第二背鰭同形，基底長小於第二背鰭。尾鰭圓形，具紅褐色橫紋。

鰓斑深鰕虎

Bathygobius sp.

| 別名 | 海狗甘仔 | 分布 | 僅見於臺灣東北部、西南部、恆春半島 | 棲息環境 | 河口、河川下游 |

前目僅發現於河口與河川下游的汽水域，其底質為沙泥混合區，躲於附著扇貝類的礁岩區及礁岩中。底棲小型魚類，具有領域性。不具群居性。肉食性魚類，以小型甲殼類、多毛類為主要食物，亦會捕食經過礁岩的小魚苗。

周緣性淡水魚

鰕虎科

形態特徵

體延長，前部亞圓筒形，後部側扁。頭長大於體長的 1/3，鰓蓋緣有三個黑褐色斑塊。眼上側位，眼眶有放射紋，眼下方前後各有一道黑斜紋。吻鈍，口前位，上下頜等長，口裂未達眼前緣，上唇有若干紅褐斑。頰部具一排黑褐斑。背鰭前緣與項部具兩橫向斑塊。

體呈褐色，體側上部具 4 條白色橫紋，中央以下有 5 ～ 8 條縱向虛線紋。背鰭二枚，第一背鰭呈三角形，鰭棘具點紋，下部一大黑斑，鰭棘偏黃。第二背鰭具 2 ～ 3 道點紋，鰭棘偏黃。胸鰭圓扇形，具點紋，上方具 12 條游離鰭條。腹鰭呈吸盤狀。臀鰭與第二背鰭同形。尾鰭圓形，具橫紋。

大彈塗魚
Boleophthalmus pectinirostris

體長
可達 16cm 以上

| 別名 | 花跳、花條、星點彈塗魚 | 分布 | 臺灣北部、西部 | 棲息環境 | 河口 |

棲息於河口及紅樹林的泥灘地上，跳躍力及爬行力很強，一般在泥灘地活動，耐汙力強。通常躲藏於泥穴當中，具有領域性，有時可在紅樹林或河口泥灘地看見相互打鬥的情形。屬雜食性魚類，以浮游生物、有機碎屑物及小型無脊椎動物為食。

形態特徵

體延長，側扁，背緣與腹緣平直。頭長為體長 1/4 ～ 1/3。眼上側位，眼間距為眼徑的 1/2。吻長為眼徑的兩倍，前鼻管較吻端突出，口稍斜裂，上頜可延伸至眼中部下方。頭頂部有 3 塊黑斑，頭部具藍斑點。

體呈灰黑色，腹部及體表下部帶藍，體表布滿不規則白斑與藍點，體背具 5 ～ 6 條斜紋，尾柄有一橫斑。背鰭二枚，第一背鰭在雄魚成體為鰭條拉長，具藍點，幼魚則是具褐色縱帶。第二背鰭成魚有二道藍斑縱帶，幼魚基底有 3 條橫斑。胸鰭圓形，成魚基部具褐色斑。腹鰭癒合呈吸盤狀。臀鰭與第二背鰭同形。尾鰭長圓形，成魚具藍斑點，幼魚具點紋。

周緣性淡水魚

鰕虎科

315

臺灣葦棲鰕虎

Calamiana sp.

別名	克利米鰕虎	分布	臺灣西部、東北部	棲息環境	河口、河川下游

雌魚

活動於河口、河川下游處，通常出現在溝渠、魚塭、河川下游旁的支系，偏向棲息於泥沙底質或是牡蠣殼中，部分族群會躲入兩岸水草根部下方。遇驚嚇時會躲入泥底、泥穴、小石縫及牡蠣殼中，具領域性，以小魚、小型甲殼類、小型無脊椎動物為食。

附註：臺灣未描述的魚種，是否為新種有待進一步研究。

形態特徵

體延長，前部亞圓筒形，後部側扁，背緣、腹緣平直，尾柄長約占體長 1/4。頭長約體長 1/4 ～ 1/3。眼上側位，眼間距小於眼徑。吻鈍，吻長大於眼徑，吻部、眼間距及頭頂部有紅色線紋。上頜與下頜等長，口斜裂，約延伸至眼前緣下方。頰部有 4 條紅褐色斜紋。

體呈黃褐色，體側具不規則黑紋與碎斑。腹部橘黃色，有 5 ～ 6 道紅褐色橫紋。背鰭二枚，第一背鰭 4 ～ 6 列點紋，2 ～ 3 根會延伸成絲狀。第二背鰭有 4 ～ 6 列點紋。胸鰭扇形，基部有一半月形橘紋。臀鰭與第二背鰭同形，基底長與第二背鰭等長。尾鰭長圓形，有 8 ～ 9 條橫向點紋。

周緣性淡水魚

鰕虎科

種子島硬皮鰕虎

Callogobius tanegasimae

別名	種子島美鰕虎、神島硬皮鰕虎	分布	臺灣北部、東北部、東南部	棲息環境	河口、河川下游

個體間花紋變化頗大

河口或河川下游汽水域之魚類，一般棲息於半淡鹹水區，鮮少進入純淡水域，其底質均為沙泥底質。通常單獨行動，為夜行性魚類，泳力並不佳，白天常躲於泥穴或是石頭上的藤壺中。以小型魚類及小型甲殼類為主要食物。

形態特徵

體延長，前部圓筒形，後部側扁，背緣與腹緣平直。頭長為體長 1/4。眼背側位，眼間距小於眼徑，眼部有一斜紋，往前可延伸至下頜處，眼後至項部有一雲紋斑。吻圓鈍，吻長約眼間距 2 倍，吻部具皮褶。口前位，斜裂，下頜較上頜前突，上頜骨僅延伸至眼前緣下方。頰部有皮褶，眼下與頰部具黑褐色紋路。

體呈土黃色，體側具雲狀斑或不規則條紋斑。背鰭二枚，第一背鰭鰭基短，具黑斑，上部鰭膜微黑。第二背鰭鰭棘具黑色細點，鰭緣白色。胸鰭圓扇形，具點紋。臀鰭與第二背鰭同形，基底長小於第二背鰭，鰭棘帶黑色細點。尾鰭長而尖，具點紋。

周緣性淡水魚

鰕虎科

317

尾鱗頭鰕虎

Caragobius urolepis

別名	釣鋼仔、狗甘仔、無鱗鰻鰕虎	分布	臺灣南部、東北部	棲息環境	潟湖、河口、河川下游

頭部特寫

周緣性魚類，主要活動於泥質海岸、潟湖、河口、河川下游、紅樹林，屬底棲性魚類。喜愛泥質環境，白天通常躲藏於泥穴當中，夜間則會出來覓食。不好游動，泳力極差，性喜單獨行動。以浮游生物與小型甲殼類為食。

附註：*Brachyamblyopus anotus*（高體短鰻鰕虎為同種異名）。

周緣性淡水魚

鰕虎科

形態特徵

體延長，呈鰻形狀，前部略呈圓筒形，後部側扁。背緣與腹緣平直。頭部較呈圓筒形，頭小，頭頂部隆起明顯，中央內凹，頭長約體長的 1/6 左右。眼睛極小，退化，上側位。吻部頗寬，口大，斜裂，下頜較上頜突出。

體呈暗紅色。背鰭發達，基底極長，占背緣 4/5。胸鰭圓形，接近基部

有一弧形紅紋。腹鰭圓形呈吸盤狀。臀鰭與背鰭同形但基底短於背鰭，約占腹緣 3/5 左右。尾鰭長圓形。背鰭、臀鰭、尾鰭相連，各鰭鰭膜呈淺紅色。

谷津氏絲鰕虎

Cryptocentrus yatsui

| 別名 | 亞氏猴鯊、狗甘仔、臺灣絲鰕虎 | 分布 | 臺灣北部、西部及澎湖地區 | 棲息環境 | 河口、河川下游 |

主要出現於河口、河川下游、潟湖、內灣、紅樹林等地區，底質為泥底質，屬底棲性魚類。為穴居之魚類，白天大多躲於洞穴，夜晚出來覓食。此魚大多在半淡鹹水域，並無進入純淡水域。肉食性，以小型甲殼類、小型魚類為食。

形態特徵

體延長，前部亞圓筒形，後部側扁，背緣淺弧形，腹緣平直。頭長為體長 1/3，頭部具褐色斑，前鰓蓋處與項部具亮藍斑。眼上側位，眼間距窄小於眼徑。口斜裂，下頜較上頜前突，上頜骨可延伸至眼後緣下方。

體呈黃棕色或暗棕色。體側具褐色斑，具 6～7 個亮藍色斑。背鰭二枚，第一背鰭的第 2、3 根鰭棘可延長呈絲狀，下部具 2 條縱向斑紋。第二背鰭下部具 2 條縱向斑紋。胸鰭圓扇形，基底具 2 條縱向斑紋，鰭緣白色。腹鰭呈吸盤狀。臀鰭與第二背鰭同形，鰭膜黃色帶些金屬亮藍色。尾鰭長圓形，基底具黑斑並帶亮藍斑，內緣具 3 條橫紋，鰭膜褐色。

周緣性淡水魚

鰕虎科

319

網頰鰕虎

Drombus sp.

| 別名 | 狗甘仔 | 分布 | 臺灣西部、南部、北部、東北部 | 棲息環境 | 河口、河川下游 |

主要活動於半淡鹹水的河川下游、河口、港灣等地區，喜棲息在沙泥底質，退潮後的潮溝處、蚵棚、泥穴皆是其最佳環境。泳力不佳，通常出現在水流和緩處或者淺水區，遇驚嚇時會躲入泥穴或掩蔽物中，具有築穴習性，通常以小魚及小型甲殼類為食。

周緣性淡水魚

鰕虎科

形態特徵

體延長，前部亞圓筒形，後部側扁，背緣與腹緣淺弧形。頭長約體長 1/3 ～ 1/2。眼上側位，眼徑大於眼間距，眼後有水平黑紋。吻鈍，口前位，下頜略上頜突出，口斜裂，上頜骨可延伸至眼前緣下方。

體呈褐色，體背有 7 條白色橫紋，體側具紅褐色斑。背鰭二枚，第一背鰭中央有一黑斑，具 3 ～ 4 列水平點紋。第二背鰭上部有淡藍色水平縱紋，鰭緣紅色，中下部具 3 列水平點紋。胸鰭具點紋，基部上方有一黑斑。腹鰭呈吸盤狀。臀鰭與第二背鰭同形，下部鰭膜黑色，上部有一黑帶，鰭緣具亮藍色。尾鰭圓形，具 10 多條橫紋，上緣處具 2 條紅紋，紅紋間帶黃色。

帶鰕虎

Eutaeniichthys gilli

別名	狗甘仔	分布	臺灣西部地區	棲息環境	河口、河川下游

棲息於泥質環境的河口紅樹林溼地及潟湖環境，也會進入河川下游的汽水域。此魚頗為耐淡，可以純淡水方式飼養。穴居，常出現於乾潮後的泥質潮池中。雜食性，以有機碎屑物、小型浮游生物為食。

附註：2019年1月由彰化精誠高中李志穎老師發現的新紀錄魚種。

形態特徵

體延長，呈長條狀，背緣與腹緣平直。頭部細小，頭長為全長的1/7左右。吻長大於眼徑。眼上側位，眼徑小於眼間距。口小，前位。

體呈灰白色，中央體側有一黑色縱帶，體背布滿不規則斑塊。背鰭二枚，兩背鰭距離頗大，第一背鰭鰭棘短而小，鰭膜透明。第二背鰭長形，透明無

斑。胸鰭長圓形，透明帶小點。腹鰭呈吸盤狀。臀鰭與第二背鰭同形，起點較第二背鰭為後，由第八根鰭條開始，鰭膜無斑。尾鰭長圓形，鰭棘有點紋。

周緣性淡水魚

鰕虎科

321

縱帶鸚鰕虎

Exyrias puntang

體長

可達 15cm

| 別名 | 縱帶鸚歌鯊、狗甘仔 | 分布 | 臺灣西部、北部、東北部、西南部 | 棲息環境 | 潟湖、河口、河川下游 |

近岸小型魚類,活動於近岸的珊瑚礁潮池區、港灣、河口、河川下游、紅樹林、潟湖等區域。喜好礁石區、泥底旁的礁岩蚵殼區等底質環境。不好游動,遇驚嚇時會躲入石縫中。屬雜食性魚類,以有機碎屑物、小型魚類或甲殼類為食。

周緣性淡水魚

鰕虎科

形態特徵

體延長,側扁,背緣呈弧形,腹緣淺弧狀。頭長為體長 1/3。眼上側位,眼間距為眼徑 1/2,眼前有一紅紋,眼後一黑紋。頰部與鰓蓋具分裂斑塊。口前位,斜裂,上頜與下頜等長,上頜骨可延伸至眼前緣下方。

體呈淺黃色帶黑,體背有 7 ～ 9 個不等的黑色斑塊。體側具 8 ～ 9 條不明顯的橫帶,中央 5 個斑塊呈縱向排列;幼魚體側布滿紅色斑。背鰭二枚,第一背鰭第 1、2、3 根鰭棘可延長成絲狀,有 4 ～ 5 列點紋。第二背鰭具 3 ～ 5 列點紋,幼體斑點大。胸鰭圓扇形,基底具 2 條黑紋,具褐色斑點。腹鰭呈吸盤狀。臀鰭與第二背鰭同形。尾鰭圓形,具點紋。

裸頸蜂巢鰕虎

Favonigobius gymnauchen

體長 可達 8cm

別名	裸頸鯊、裸頸斑點鰕虎、裸項斑點鰕虎、狗甘仔	分布	臺灣西部	棲息環境	河口、河川下游

體色隨環境改變

活動於沿海港灣處、河川下游與河口的半淡鹹水區。棲息環境大多以沙泥底質偏向沙質的淺水區、潮溝、潮池為棲息環境。具群居性，通常與雷氏鯊混居其中，遇驚嚇時會躲入金黃色之沙底。不好游動，大多趴於底層，以小魚、小型甲殼類為食。

形態特徵

　　體延長，前部圓筒形，後部側扁。背緣淺弧形，腹緣平直。尾柄細長，尾柄高為體高的 1/2。頭長為體長的 1/3 ～ 1/4。眼背側位，眼間距為眼徑 1/2，眼前緣有斜紋。吻長與眼徑相等，口前位，斜裂，下頜較上頜前突，上頜骨可延伸至眼前緣下方。頰部具黑斑。

　　體呈淡黃色，腹部白色，體背具 5 ～ 7 個白斑，體側具褐色斑點，中央有 5 個明顯黑斑塊，背鰭二枚，第一背鰭具黑褐色斑。第二背鰭有黑斑塊。胸鰭長圓形，基底上方有黑點。腹鰭呈吸盤狀。臀鰭與第二背鰭同形。尾鰭長圓形，具有 5 ～ 7 條斜紋，基部有一倒ㄑ字形斑與尾柄斑塊相連。

周緣性淡水魚

鰕虎科

323

雷氏蜂巢鰕虎

Favonigobius reichei

別名	雷氏斑點鰕虎、狗甘仔、雷氏點頰鰕虎、雷氏鯊	分布	臺灣西部、北部、東北部	棲息環境	潟湖、河口、河川下游

雌魚

暖水性底棲小型魚類，主要出現於港口、內灣及河口等地。棲息環境以沙質底的河口、內灣、河川下游半淡鹹水區及潟湖等地之淺水區為主。由於體色頗像棲息環境中的沙質，故擬態能力強。泳力不佳，遇驚嚇時會鑽入沙中。具群居性。雜食性魚種，以有機碎屑物、小魚及小型蝦蟹為食。

形態特徵

體延長，前部圓筒形，後部側扁，背緣淺弧形，腹緣平直。頭長為體長1/3。眼背側位，眼間距小於眼徑，眼前緣與眼下各具斜紋。口前位，斜裂，下頜較上頜前突，上頜骨延伸至眼前緣下方。頰部具圓斑。

體呈淡棕色，腹部白色，具3條橫斑。體背4個白斑，體側中央5個由兩黑斑結合的斑點，尾鰭基部有一黑斑，體側布滿圓斑。背鰭二枚，雄魚第一背鰭的第二根鰭棘呈絲狀，下部基底有一列水平斑點，上部水平藍紋。第二背鰭下部具3列縱列點紋，上部一條水平藍色線紋。胸鰭基底2個斑，具點紋。腹鰭呈吸盤。臀鰭與第二背鰭同形。尾鰭長圓形，具5～7條橫帶。

周緣性淡水魚

鰕虎科

金黃叉舌鰕虎

Glossogobius aureus

別名	金色叉舌鰕虎、金叉舌鰕虎、海狗甘仔	分布	臺灣各地均有	棲息環境	河口、河川下游、潟湖

活動於河口與河川下游的汽水域之中，曾有進入純淡水域的紀錄。其棲息的環境通常為泥沙底質，如潟湖、紅樹林、沿海溝渠及魚塭旁、泥底的港灣等環境，會躲藏於小石縫及泥底旁的掩蔽物中。夜間會出來覓食，為底棲性魚類，以小魚、小型甲殼類為主要食物。

形態特徵

體延長，前部圓筒形，後部側扁。背緣淺弧形，腹緣平直。頭長為體長的1/3。眼上側位，眼間距等於眼徑，眼前緣、眼下各有一斜紋，幼魚時頰部有4個斑塊，至成魚時斑塊較不明顯。口前位，斜裂，下頜較上頜突出，上頜骨可延伸至眼前部下方。

體呈金黃色，體背具6個黑褐色斑塊，體側中央有5黑斑，具斑駁不規則斑紋，幼魚體側乾淨，縱列黑斑下有明顯斑紋。背鰭二枚，第一背鰭具點紋，點紋分散不成列。第二背鰭具點紋約3～5列。胸鰭圓形，基部具二縱帶。腹鰭呈吸盤狀。臀鰭與第二背鰭同形。尾鰭長圓形，幼魚點紋約4～6條，大型魚體則10條以上。

周緣性淡水魚

鰕虎科

325

雙鬚叉舌鰕虎

Glossogobius bicirrhosus

別名	狗甘仔	分布	臺灣西南部、東北部	棲息環境	河口、河川下游、潟湖

主要棲息於半淡鹹水域的區域，如河口、潟湖等環境中。底棲性魚種，常躲藏於洞穴中，較少侵入淡水水域，喜好以水中的小魚及其他無脊椎動物、有機碎屑為食物來源，是不常見的叉舌鰕虎。

周緣性淡水魚

鰕虎科

形態特徵

體延長，前部圓筒形，後部側扁，背緣淺弧形，腹緣平直。頭長為體長的1/4。眼背側位，眼間距小於眼徑。吻鈍，吻部具紅褐色斑。口上位，斜裂，下頜較為突出，下頜前端腹面有一對短鬚。

體呈淡褐色或黃棕色，背側具深色斑點。體側中央具 5 個黑褐色斑塊。雄魚第一背鰭的第二鰭棘延長成絲狀，上緣有一銀白色橫紋通過，下部具黃色與褐色斑塊。第二背鰭上緣紅色中間有一白色橫帶，並有 3 列深褐色斑點狀紋。胸鰭圓形。腹鰭呈吸盤狀。臀鰭呈黃灰色。尾鰭長圓形，具 3 ～ 6 列點紋。

鈍吻叉舌鰕虎

Glossogobius circumspectus

體長 最大可達 18cm

別名	橫列叉舌鯊、叉舌鰕虎、沙狗甘仔、甘仔魚	分布	臺灣西南部、東北部	棲息環境	河口、河川下游、潟湖

生活於河口半淡鹹水域的泥灘底質中，或是潟湖、河口、河川下游、內灣等棲地裡。底棲性魚類，通常棲息在緩流區或較靜止的水域中，以小魚或蝦、蟹等無脊椎動物為食。

形態特徵

體延長，前部圓筒形，後部側扁，背緣、腹緣呈淺弧形。眼上側位，眼間距小於眼徑，眼部有一斜紋。口裂大，上頜骨向後延伸可達眼中部下方，下頜明顯突出於上頜。

體呈淡棕色，背側散布紅棕色斑點，體側中央有一列約6個圓形的黑褐色斑塊，並有 3 ～ 4 條斷續水平褐色縱紋。頰部具 4 個黑褐色斑塊。第一背鰭的第 2 或第 3 硬棘延長成絲狀，具 3 ～ 5 列點紋。第二背鰭則有 3 ～ 5 列褐色點紋。胸鰭基部有一水平狀的黑褐色條斑。腹鰭呈吸盤狀，灰黑色。臀鰭鰭膜透明。尾鰭具 3 ～ 5 列褐色點紋。

周緣性淡水魚

鰕虎科

叉舌鰕虎

Glossogobius giuris

| 別名 | 狗甘仔、正叉舌鰕虎 | 分布 | 臺灣西部、南部、東北部 | 棲息環境 | 河口、河川下游 |

大型的鰕虎科魚類，屬底棲性魚類。一般見於河口及其周邊海岸、河川下游汽水域，沿岸的內灣與河口紅樹林區也可看到此魚。棲息環境為沙泥底質環境，一般躲於泥底旁的石穴中，此魚偏向夜行性，夜間出來覓食。肉食性，通常以小魚、小型甲殼類及無脊椎動物為食。

周緣性淡水魚

鰕虎科

形態特徵

體延長，前部圓筒形，後部側扁，背緣與腹緣淺弧形。頭長約體長 1/3。眼上側位，眼後緣有黑斑，眼前下方有一條線紋，眼間距大於眼徑。吻鈍，吻長約眼間距的 1.5 倍。口斜裂，下頜較上頜突出，下唇比上唇厚實，上頜延伸至眼前緣下方。頰部厚實。

體呈黃棕色，體背主要有 5 大斑塊，體側有 5 條黑色縱紋，中央則有 5 斑塊。背鰭二枚，第一背鰭第 1～2 根鰭棘帶黃，鰭條有黑紋。第二背鰭第一根鰭棘帶黃，有 3 列點紋。胸鰭圓扇形，基部具兩個斑塊。腹鰭呈吸盤狀。臀鰭與第二背鰭同形。尾鰭長圓形，具橫紋。

328

潔身叉舌鰕虎

Glossogobius illimis

體長 最大可達 15cm

別名	清溪叉舌鰕虎、狗甘仔	分布	臺灣南部、北部、東北部、東南部	棲息環境	河口、河川中下游

生境

棲息於河川下游及河口的底棲性魚類，喜愛水質清澈河口及未受汙染的小溪當中，通常出現於純淡水域，亦會出現在半淡鹹水區。棲息環境有小石礫灘及水流較緩的溪流區域。屬肉食性魚類，以水生昆蟲、小型甲殼類、小魚等為食物來源。

附註：2011 年原以 *Glossogobius celebius*（盤鰭舌鰕虎）介紹，2012 年 Hoese & Allen 發表為 *Glossogobius illimis*（潔身叉舌鰕虎）。

形態特徵

體延長，前部亞圓筒形，後部側扁，背緣與腹緣平直。頭長約體長的 1/3。眼上側位，眼前緣有一斜紋，眼下方頰部有方形斑塊，眼間距小於眼徑。吻長大於眼徑。口斜裂，下頜突出上頜，上頜骨可延伸至眼前緣下方。

體呈淡棕色，體背顏色較深，腹部為白色。體背 4 斑塊，體側中央 5 個方形斑塊。背鰭二枚，第一背鰭具二道褐色縱紋，第 1 ～ 2 根鰭棘鰭緣黃色。第二背鰭亦有二道褐色縱紋，鰭緣微黃。胸鰭圓形，基底具 2 個黑塊。腹鰭呈吸盤狀。臀鰭與第二背鰭同形。尾鰭長圓形，具 3 ～ 5 道橫紋。

周緣性淡水魚

鰕虎科

329

點帶叉舌鰕虎

Glossogobius olivaceus

體長 可達20cm

別名	背斑叉舌鰕虎、背斑叉舌鯊、斑帶叉舌鯊	分布	臺灣西部、南部、北部、東北部	棲息環境	河口、河川中下游、潟湖

屬於暖水性小型底棲魚類，主要活動於河口與河川下游處。喜棲息在泥沙底質的河口、河川下游半淡鹹水區、紅樹林、潟湖、溝渠及溝渠旁的魚塭中，亦會出現於純淡水域中，可見其適應力頗佳，可忍受稍受汙染的水域。不好游動，體色可隨環境改變。生性兇猛，領域性強，以小魚、小型甲殼類為食。

形態特徵

體延長，前部圓筒形，後部側扁，背緣與腹緣淺弧形。頭長為體長 1/3。眼背側位，眼間距小於眼徑，眼前緣偏下處有一斜帶，眼後緣下方則有一斜帶。吻長大於眼徑，口斜裂，前位，下頜較上頜前突，上頜骨可延伸至眼中部下方。頭腹緣有 3 黑斑。

體呈灰白色，體背棕黃色，腹部為白色，體背共有 6 塊大型長形斑塊。體中央有 5 個方形斑塊，體側有 5～7 道水平鋸齒狀水平縱線。背鰭二枚，第一背鰭具點紋。第二背鰭有 3～4 列水平點紋。胸鰭圓扇形，基底 2 條水平黑紋，內緣具點紋。腹鰭呈吸盤狀。臀鰭與第二背鰭同形。尾鰭長圓形，具橫向點紋。

厚身間鰕虎

Hemigobius crassa

| 別名 | 狗甘仔 | 分布 | 臺灣東北部、北部、西部、西南部地區 | 棲息環境 | 潟湖、河口、河川下游 |

主要棲息於河口區、河川下游汽水域、潟湖或河口紅樹林區，底質為泥質底質，在河川下游的草叢區也有機會發現。廣鹽性底棲魚類，耐淡能力強，有進入純淡水域的紀錄。以小型蝦類、有機碎屑物、浮游生物為食。

雌魚

形態特徵

體延長，前部亞圓筒形，後部側扁，頭長約體長 1/4。成魚時頭緣與頰部為不規則蠕紋狀紋路。眼上側位，眼間距大於眼徑。吻鈍，雄魚口裂大，可延伸至眼前緣，吻部閉合時，上頜略較下頜突出。

體呈灰白色，體側主要有 6 條斜向斑塊紋，成體或雄魚時斜向斑塊紋會呈

分裂狀態。背鰭二枚，第一背鰭中央偏後具一藍黑色斑點，鰭緣雄性帶黃。第二背鰭具 2 條縱向黑色條紋，雄魚鰭膜黃色。胸鰭圓形。腹鰭癒合呈吸盤狀。臀鰭與第二背鰭同形，鰭緣帶白。尾鰭圓形，雄魚鰭膜黃色，幼體與雌魚則為透明。

周緣性淡水魚

鰕虎科

331

鰭絲竿鯊

Luciogobius grandis

別名	鰭絲竿鰕虎、鰭絲蚓鯊	分布	臺灣東部、北部、東北部	棲息環境	河口、河川下游

頭部特寫

主要棲息於岩礁性的海岸、河口以及河川下游處，通常處於半淡鹹水的水體，偶爾會進入純淡水域中。一般躲於小石礫灘、稍有水流的小瀨區或是淺水域。泳力不佳，具群居性，以藻類、有機碎屑物及底棲的小型無脊椎動物為食。

形態特徵

體延長，前部圓筒形，後部側扁，背緣與腹緣平直，背緣前部呈內凹。頭長為體長 1/5。眼上側位，眼間距內凹，眼徑小於眼間距。吻鈍，吻長大於眼徑，口前位，斜裂，下頜較上頜前突，上頜骨可延伸至眼中部下方。

體呈灰褐色、黃褐色，體背顏色較深，腹部為白色。體背與體側布滿黑點及白斑群。第一背鰭退化，第二背鰭亦有小黑點與白斑。胸鰭長圓形，具小黑點，上方有 6 根游離鰭條，下方則有 1 根游離鰭條。腹鰭呈吸盤狀。臀鰭與第二背鰭同形，具有小黑點與白斑。尾鰭圓形，亦有白斑與細小黑點。

周緣性淡水魚

鰕虎科

332

斑點竿鯊

Luciogobius guttatus

體長 可達9cm

| 別名 | 竿鰕虎、竿鯊 | 分布 | 臺灣北部、西部 | 棲息環境 | 河口、河川下游 |

野外生境

底棲性小型魚類，主要棲息於河口與河川下游的半淡鹹水域，以沙質底質有小礫石的環境為主，小水窪與退潮後的小潮池及稍有水流的小淺瀨灘都有機會出現。警覺性高，會隨環境擬態改變體色，通常躲於小石礫底沙中，泳力不佳，具群居性。以藻類、有機碎屑物、浮游生物及無脊椎動物等為食。

形態特徵

體延長，呈長條狀，前部縱扁，中部圓筒形，後部側扁。背緣與腹緣平直，背緣前部到中部內凹。頭扁，頭長為體長 1/4。眼背側位，眼間距大於眼徑，眼後有黑斑，頰部有細黑點。吻鈍，口前位，斜裂，下頜略比上頜前突。

體色變化頗大，腹部白色。體表有許多小細點，亦有重疊白斑。具背鰭二枚，第一背鰭退化消失，第二背鰭鰭棘與鰭膜有細小斑點。胸鰭圓形，有許多小細點，上端有一根游離鰭條。腹鰭呈吸盤狀。臀鰭與第二背鰭同形，鰭棘有細小細點。尾鰭圓形，有小細點與小白斑。

周緣性淡水魚

鰕虎科

琉球竿鰕虎

Luciogobius ryukyuensis

別名	琉球竿鯊	分布	臺灣東北部	棲息環境	河口、河川下游

周緣性淡水魚

鰕虎科

底棲性小型魚類，主要棲息於河川下游淡水域，河口環境較無汙染，其底質以有小礫石稍有細沙的環境為主，淺水區為主要棲身之所，以稍有水流的瀨區較常見到。警覺性高，通常躲於小石礫底沙中，會擬態環境來變化體色。泳力並不佳，具群居性。以藻類、有機碎屑物、浮游生物及無脊椎動物等為食。

附註：Chen, Suzuki & Senou, 2008 年發表的物種，在臺灣為 2020 年新紀錄之魚類。

1. 琉球竿鯊第二背鰭鰭條數為 10
2. 琉球竿鯊臀鰭軟條數為 9～12 根

周緣性淡水魚

蝦虎科

形態特徵

體延長，呈長條狀，前部縱扁，中部為圓筒狀，後部側扁；背緣與腹緣平直，背緣前部到中部有內凹。頭頂部兩旁隆起，中央內凹，頭長為體長 1/4。眼小，背側位，眼間距內凹，間距大於眼徑，眼後有些許黑斑，頰部有許多小細黑點。口前位，斜裂，下頜略比上頜前突。

體呈褐色或黃色，腹部白色，體無鱗，體表有許多小黑點。背鰭二枚，第一背鰭退化消失，第二背鰭鰭基較頭部小，鰭棘與鰭膜有細小斑點。胸鰭為圓形，基底與鰭棘具小細點，鰭膜灰白，上端有一根不明顯游離鰭條。腹鰭癒合呈吸盤狀。臀鰭與第二背鰭同形，基底長與第二背鰭等長，鰭膜灰白，鰭棘具小黑點。尾鰭為圓形，具不明顯白斑。

335

尾緣竿鰕虎

Luciogobius sp.

| 別名 | 尾緣竿鯊 | 分布 | 臺灣東北部 | 棲息環境 | 河口、河川下游 |

底棲性小型魚類，主要棲息於河川下游淡水域，河口環境較無汙染，其底質以有小礫石稍有細沙的環境為主，淺水區為主要棲身之所，以稍有水流的淺瀨區較常見到。警覺性高，通常躲於小石礫底的沙中，會擬態環境來變化顏色。泳力並不佳，具群居性。以藻類、有機碎屑物、浮游生物及無脊椎動物等為食。

附註：為 2015 年發現的未描述物種，是否為新種則有待學術單位做進一步研究。

形態特徵

體延長，呈長條狀，前部縱扁，中部為圓筒狀，後部側扁，背緣與腹緣平直，背緣前部到中部有內凹。頭頂部兩旁隆起，並有許多白斑。頭長為體長 1/4。眼小，背側位，眼間距內凹，頰部具些許小黑點。口前位，斜裂，下頜略比上頜前突。

體呈黑褐色，腹部白色。體無鱗，體表有許多小黑點。背鰭二枚，第一背鰭退化消失，第二背鰭鰭膜有細小斑點，第一根鰭棘具白斑。胸鰭圓形，接近基底具小細點，上端有一根不明顯游離鰭條。腹鰭癒合呈吸盤狀。臀鰭與第二背鰭同形，基底長較第二背鰭稍長，接近基底具若干小黑點。尾鰭圓形，白斑明顯，鰭緣呈透明狀。

周緣性淡水魚

鰕虎科

五絲竿鯊
Luciogobius sp.

未描述種

| 別名 | 竿鯊、蚓鯊、娃娃魚 | 分布 | 臺灣東部 | 棲息環境 | 河口、河川下游 |

頭部特寫

底棲性魚類，體型小，通常躲於石礫堆或石縫中。一般常見於河口、河川下游之半鹹水域之中，有時亦會溯入淡水域中。生性膽怯，泳力不佳，棲息環境多為淺灘有水流處。體色有擬態作用，常躲藏於與體色相近的沙中。白天通常躲於石縫裡，晚上才會出來活動覓食。食物通常以小型無脊椎動物、有機碎屑物等為主，屬雜食性魚種。

形態特徵

體延長，呈長條狀，前部呈圓筒形，後側扁。背緣、腹緣平直。頭長為體長 1/6。口前位，由正面看嘴型上下頜呈一個馬蹄形，下頜較上頜突出。眼背側位，眼間距大，頭頂部由兩旁向中央內凹，吻長，約眼徑 3 倍。臉頰部有細小黑點，吻部為紫黑色。

體呈黃褐色或褐色。體側有許多大型白斑。全身無鱗，第一背鰭退化，第二背鰭與臀鰭同形相對。胸鰭扇形，上方有 5 根游離鰭條，胸鰭亦有若干與臉頰相同之黑色小細點。腹鰭呈吸盤。尾鰭圓形，具大型白斑點。

周緣性淡水魚

鰕虎科

銀韌鰕虎

Lentipes argenteus

別名	裂唇鯊	分布	臺灣東南部地區	棲息環境	兩側洄游（溯河型）、河流全段

兩側洄游型魚類，主要生長於河口未汙染的清澈小溪中，喜愛在上游岩壁地形下方處，也會棲息在頗有流速的河段，底質為小石礫灘。晚上或者驚嚇時會躲入小石穴中。雄魚會用嘴巴叼石築巢。吸盤發達，吸附能力強，故落差大的溪段均有上溯能力，甚至瀑布地形也難不倒此魚。為雜食性偏藻食性，以刮食藻類為主，亦以水生昆蟲為食。

附註：2014 年所發表的魚種。

形態特徵

體延長，前部圓筒形，後部側扁，背緣與腹緣平直。頭部縱扁，頭長為體長 1/3 ～ 1/4。眼上側位，眼間距小於眼徑。吻長大於眼徑，口斜裂，上頜較下頜突出，上頜有明顯缺刻，口裂可達眼中部。

體呈銀灰色，第二背鰭下方之體表有不明顯紅色橫向斑塊。背鰭二枚，第一背鰭透明無斑，第二背鰭則下部紅色，偏上處有不明顯黑紋。胸鰭長圓形，鰭膜透明。腹鰭呈吸盤狀。臀鰭與第二背鰭同形，起點略比第二背鰭起點為後。尾鰭長圓形，鰭膜透明。

周緣性淡水魚

鰕虎科

338

韌鰕虎

Lentipes armatus

| 別名 | 棘鱗裂唇鯊、裂唇鯊、藍肚鰕虎、狗甘仔 | 分布 | 臺灣東部、東北部、東南部 | 棲息環境 | 兩側洄游（溯河型）、河流全段 |

雌魚頂部較為平扁

生長於河口未汙染的清澈小溪中，幼魚通常於河川下游處，大型魚體則在上游處。棲息環境為水流頗為湍急之洄流處或有落差的小凹洞處，其底質為岩床或小石礫堆。泳力佳，吸盤發達，吸附能力強，故落差大的溪段均有上溯能力。雜食性偏藻食性，亦也以水生昆蟲為食。領域性頗強，大多為單獨行動，此魚受驚嚇時會躲入石縫中，亦有築穴行為，若驅趕侵略者會有翹尾變色的情形。

形態特徵

體延長，前部圓筒形，後部側扁，背緣與腹緣平直。頭部縱扁，頭長為體長 1/4。眼上側位，眼間距內凹，間距小於眼徑。吻部帶藍，口斜裂，上頜較下頜突出，有明顯缺刻，可延伸至眼前部下方。

雄魚體色變化大，體呈墨綠色或褐色，成熟雄魚腹部藍色，有 3 道黑紋。

項部有一斑塊，體側兩大斑，第二道斑塊較大，約第二背鰭鰭基 2/3；幼魚斑塊不明顯。背鰭二枚，第一背鰭褐色。第二背鰭下部褐色，上部有淡藍色縱帶，前部上方處有一黑斑。胸鰭圓扇形。腹鰭呈吸盤狀。臀鰭與第二背鰭同形。尾鰭微黑。雌魚體色樸素，體中央有一縱線，體背有褐色斑紋。

周緣性淡水魚

鰕虎科

339

新喀里多尼亞韌鰕虎

Lentipes kaaea

| 別名 | 鸚嘴韌鰕虎、凱氏韌鰕虎 | 分布 | 臺灣東部、東南部 | 棲息環境 | 兩側洄游（溯河型）、河流全段 |

周緣性淡水魚

鰕虎科

兩側洄游型魚類，仔稚魚具有漂浮期，成長至一定體型時則往河口未汙染的清澈小溪上溯，幼魚見於河川下游處，上游多見成熟之成魚。攀爬能力佳，可溯至落差頗大的溪流上游處。棲息環境大多為水流湍急的瀨區，常吸附於水流強勁的岩床上，溪段有落差，其底質有小石礫灘的地方也是此魚喜愛的環境。以水生昆蟲為食。

1. 一般體色的雄魚
2. 雌魚

形態特徵

　　體延長，前部圓筒形，後部側扁，背緣呈淺弧形，腹緣平直。頭長為體長1/4。眼上側位，眼間距小於眼徑。吻尖，鮮紅色，吻端具馬蹄紋。口下位，呈馬蹄形，上頜較下頜前突，上唇具明顯缺刻。

　　體呈青黑色略帶透明，體背前部有4個斑塊。體側上部有一縱向黑紋，發情時黑紋會消失。腹部白色，有4條橫向黑紋。雄魚發情期時在第二背鰭下方體側有一紅色寬帶。背鰭二枚，第一背鰭鰭膜青黑色。第二背鰭前部具2小眼斑，發情時中下部鮮紅色。胸鰭圓形，基部有一明顯水平線紋。腹鰭呈吸盤狀。臀鰭與第二背鰭同形，下部具一水平黑紋。尾鰭長圓形，鰭棘微黑。

周緣性淡水魚

鰕虎科

341

棉蘭老韌鰕虎

Lentipes mindanaoensis

別名	民答那兒韌鰕虎	分布	臺灣東南部	棲息環境	兩側洄游（溯河型）、河流全段

野外生境

兩側洄游型魚類，主要生長於河口未汙染的清澈小溪中。目前在臺灣所發現的地點其地形大多在有落差的岩壁處，岩壁底下有小石礫灘。這類魚攀爬能力頗強，發現地均在河川上游。底棲性魚種，以藻類與水生昆蟲為食。領域性強，一般築穴躲藏石穴中，受驚嚇時會潛入小石礫灘中。

形態特徵

體延長，前部圓筒形，後部側扁，背緣與腹緣平直。頭長為體長 1/5。眼上側位，眼間距與眼徑相等。吻長大於眼徑，口斜裂，上頜較下頜突出，口裂僅達眼睛前部。頰部有一道紅色斑塊。背鰭前緣、頭緣有三條橫向斑塊。

體呈銀灰色帶黑，腹部具 3 條黑紋，第二背鰭下方之體側為紅色斑塊，斑塊長約與第二背鰭等長。背鰭二枚，第一背鰭前部灰白，後部則為紅色。第二背鰭前部有一黑點，鰭膜紅色，鰭緣白色。胸鰭長圓形。腹鰭呈吸盤狀。臀鰭與第二背鰭同形，鰭膜紅色，鰭緣為黑。尾鰭長圓形，鰭膜透明。

多輻韌鰕虎

Lentipes multiradiatus

體長  可達 6～8cm

別名	櫻花韌鰕虎	分布	臺灣東南部	棲息環境	兩側洄游（溯河型）、河流全段

兩側洄游型魚類，此魚發現的地點在河口未汙染的小溪上游處，所處地形為一落差岩壁下方處，水流頗為湍急。泳力佳，吸盤發達，吸附能力強。此魚受驚嚇會躲入石縫中，亦有築穴行為，若驅趕侵略者會有翹尾變色的情形。主要以藻類與水生昆蟲為食。

形態特徵

體延長，前部圓筒形，後部側扁，背緣與腹緣平直。頭長約體長 1/4，頭背緣微黑。頰部為藍色。眼上側位，眼間距大於眼徑。口斜裂，上頜較下頜突出，上頜骨可至眼前緣，上頜中央具缺刻。

體呈灰白色，體側前部具棘鱗。第二背鰭下方體表具一紅褐色橫帶，橫帶為第二背鰭一半。背鰭二枚，第一背鰭前斜半部為黃色，後斜半部紅褐色。第二背鰭前部具一黑點，上部鰭膜黃色，下部則為紅褐色。胸鰭圓形，鰭緣輪廓呈鋸齒狀。腹鰭吸盤狀。臀鰭與第二背鰭同形，鰭條偏藍黑色。尾鰭長圓形，鰭膜藍黑色。

周緣性淡水魚

鰕虎科

343

紅腰雙帶韌鰕虎

Lentipes sp.1

別名	裂唇鯊、紅腰雙帶裂唇鯊	分布	臺灣東部、東南部、東北部地區	棲息環境	兩側洄游（溯河型）、河流全段

周緣性淡水魚

鰕虎科

兩側洄游型魚類，通常出現於河口未受汙染的清澈溪流中上游。喜好棲息於水流湍急處，如湍急的岩壁或者水流湍急洄流區之小石礫灘，屬底棲性魚類。泳力極佳，腹鰭吸盤吸力很強，用吸盤攀爬落差頗大的地形，常可溯至河川較上游的地區，具領域性。屬雜食性之魚類，以藻類、浮游生物、小型無脊椎動物及水生昆蟲為食。

1. 雌魚
2. 約 4 公分的雄魚
3. 野外照
4. 發情時的雄魚

形態特徵

　　體延長，前部圓筒形，後部側扁，背緣與腹緣平直。頭長為體長 1/3。眼上位，眼間距小於眼徑。吻尖，吻長約眼徑 2 倍，口下位，上頜較下頜前突，上唇具明顯缺刻，上頜骨可延伸至眼中部下方。

　　體呈灰褐色，腹部為白色，具 3 條黑色線紋，線紋後方之體表有二道橫向粉紅色橫帶，橫帶間隔相近，幾近相連。背鰭二枚，第一背鰭鰭緣黃色，中部鰭膜黑色，接近基底鰭膜紅色。第二背鰭前部鰭膜具 2 個眼斑，兩眼斑相連，上部鰭膜淡黃色，下部紅褐色帶黑。胸鰭圓形。腹鰭呈吸盤狀。臀鰭與第二背鰭同形，鰭膜微黃透明。尾鰭長圓形，微黑。

周緣性淡水魚

鰕虎科

345

紅鰭韌鰕虎

Lentipes sp.2

別名	紅鰭裂唇鯊	分布	臺灣東部、東北部、東南部	棲息環境	兩側洄游（溯河型）、河流全段

周緣性淡水魚

鰕虎科

　　兩側洄游魚類，活動於河口未受汙染的小溪中，在純淡水域的溪流全段均可見其蹤跡，但以小溪中上游為主。喜愛於水流較為湍急的環境，泳力頗佳，能上溯至小溪的源頭處。吸盤吸力很強，遇落差很大的溪段也能上溯。此魚會發情或驅趕入侵者，顏色會變化成金屬藍色，頰部與體側的紅褐色也會變化為藍紫色。領域性強。一般以藻類、浮游生物、水生昆蟲為食。

346

1. 發情的雄魚
2. 幼魚
3. 野外體色

周緣性淡水魚

鰕虎科

形態特徵

　　體延長，前部圓筒形，後部側扁，背緣與腹緣平直。頭部扁平，頭長約體長的 1/4。眼上側位，眼眶爲鮮紅色，眼間距較眼徑小。吻尖，吻端橘黃或紫紅色，口下位，上頷較下頷突出，上頷可延伸至眼中部下。頰部紫紅色。

　　體側灰褐色，驅趕入侵者時其顏色呈金屬藍色，後部有一道橫向褐色橫帶，腹部藍色。背鰭二枚，第一背鰭下方有一黑色斜紋，斜紋下鰭膜墨綠色。第二背鰭上部有一黑色水平線紋，下部鰭膜紅褐色。胸鰭圓形，灰白色。腹鰭呈吸盤狀。臀鰭與第二背鰭同形，基底長約略相等，鰭緣灰白，上部有一條水平紋，下部鰭膜紅褐色。尾鰭長圓形，灰白微藍。

347

紅腰韌鰕虎

Lentipes sp.3

別名	紅腰韌鰕虎、紅腰裂唇鯊	分布	臺灣東部、東北部、東南部	棲息環境	兩側洄游（溯河型）、河流全段

周緣性淡水魚

鰕虎科

兩側洄游型的底棲小型魚類，主要出現於河口未汙染的小溪中上游，下游處可見幼魚上溯的蹤跡。主要環境則為水流湍急的岩壁石縫，石礫底質稍有水流的瀨區。遇驚嚇時會鑽入石縫或小石礫灘中之沙石。泳力與吸附力極佳，攀爬能力強，能攀過落差極大的溪段。屬雜食性魚類，以水生昆蟲、藻類等為食。

體長　　可達 7cm　未描述種

1. 在第二背鰭下方的體側具一道紅色橫帶為此魚特色
2. 紅腰靭鰕虎在繁殖期時之體色（雄）

形態特徵

　　體延長，前部圓筒形，後部側扁，背緣與腹緣平直。頭部縱扁，頭長為體長 1/4。眼上側位，眼間距略小於眼徑，眼眶四周鮮紅色。吻尖，略紅，吻部亮藍色，口下位，上頜較下頜突出，上唇缺刻明顯，上頜骨可延伸至眼中部下方。項部內凹。頰部紅色。

　　體呈灰白色，體背有 4 個白色斑點。第二背鰭下方體表有一紅色斑塊。背鰭二枚，第一背鰭鰭膜橄欖綠色。第二背鰭前部有 2 小眼斑，下接近基底鰭膜紅色，上部鰭膜橄欖綠色。胸鰭圓形。腹鰭為吸盤狀。臀鰭與第二背鰭同形，下部鰭膜橄欖綠，上部灰白。尾鰭為長圓形，鰭棘黑色。

周緣性淡水魚

鰕虎科

349

鰓斑韌鰕虎

Lentipes sp.4

別名	裂唇鯊	分布	臺灣東部、東南部	棲息環境	兩側洄游（溯河型）、河流全段

兩側洄游型魚類，主要生長於河口未汙染的清澈小溪中，發現地點位居河川中上游，喜歡有落差的石磐環境，亦會在岩壁凹窟，底質一定需要有些小石礫躲藏。腹鰭吸盤強而有力，攀爬能力強。領域性頗強。以水生昆蟲與藻類為食。

附註：2012 年發現之末描述種，至於是否為新種則有待學術證實。

周緣性淡水魚

鰕虎科

形態特徵

體延長，前部圓筒形，後部側扁，背緣與腹緣平直。項部平扁。頭長大於體長 1/4，鰓蓋為鮮紅色。眼上側位，眼睛大於眼間距。吻尖，吻部橘紅色，口斜裂，上頜骨可延伸至眼中部，上頜中央具缺刻。

體呈灰綠色，腹部藍色，具 3 條黑色橫線。體側後部在第二背鰭下方有一紅色橫帶，橫帶約第二背鰭基底 1/2。背鰭二枚，第一背鰭偏綠色，第二背鰭紅色，上部有一黑色縱線。胸鰭長圓形。腹鰭呈吸盤狀。臀鰭與第二背鰭同形，下部鰭膜紅色。尾鰭長圓形，鰭膜偏藍。

黃鰭韌鰕虎

Lentipes sp.5

別名	裂唇鯊	分布	目前僅見於臺灣東南部	棲息環境	兩側洄游（溯河型）、河流全段

兩側洄游型魚類，主要生長於河口未汙染的清澈小溪中，發現地點位居河川中上游。喜歡有落差的石磐環境，亦會在岩壁凹窟，底質需有些小石礫供躲藏。腹鰭吸盤強而有力，攀爬能力強。領域性頗強。以水生昆蟲與藻類為食。

附註：2012 年發現之未描述種，至於是否為新種則有待學術證實。

形態特徵

體延長，前部圓筒形，後部側扁，背緣與腹緣平直。項部平扁。頭長大於體長 1/4，鰓蓋為鰓紅色。眼上側位，眼睛大於眼間距。吻部橘紅色，口下位，斜裂，上頜較下頜突出，上頜骨可延伸至眼中部，上頜中央處具一缺刻。

體呈藍綠色，腹部藍色，具 3 條黑色橫線，體側後部第二背鰭下方體表有一紅色橫帶，橫帶面積約第二背鰭基底 1/2，背鰭前部具不明顯斑塊。背鰭二枚，第一背鰭鰭膜偏綠色，第二背鰭為紅色，前部有一眼斑，上部具一黑色縱線，縱線以上至鰭緣鰭膜為黃色。胸鰭長圓形。腹鰭呈吸盤狀。臀鰭與第二背鰭同形，下部鰭膜紅色。尾鰭長圓形，鰭膜偏藍。

周緣性淡水魚

鰕虎科

351

阿部氏鯔鰕虎

Mugilogobius abei

| 別名 | 阿部鯔鰕虎 | 分布 | 臺灣西部、北部、東北部 | 棲息環境 | 潟湖、河口、河川下游 |

雌魚

棲息於河川下游、河口、紅樹林、潟湖及沿海魚塭之圳溝等的半淡鹹水域，以沙泥底為此棲息環境，喜愛躲至沙泥底之洞穴中。跳躍力強，故常可於沙泥質底的小潮池活動。此魚常發現於淺水區，為底棲性魚類，有領域性但具群居性。屬雜食性之魚類，通常以有機碎屑物及底棲小型的無脊椎動物為食。

形態特徵

體延長，前部圓筒形，後部側扁，背緣平直，腹緣淺弧形。頭長為體長 1/4。眼上側位，眼前緣有 2 條斜紋，眼下有一道斜紋，眼間距約眼徑 2 倍。吻鈍，頭背緣有網紋狀，口斜裂，前位，上頜比下頜突出，上頜骨可延伸至眼後緣下方，下頜具平行線紋。頰部有 U 形紋路，峽部則一倒 W 紋路。

體呈灰白色，體側前部 4 ～ 5 條橫斑，後部 2 條縱紋。背鰭二枚，第一背鰭 1 ～ 5 根鰭棘延長呈絲狀，中下部鰭膜具 2 條縱帶，鰭緣紅褐縱紋，上部鰭膜黃色。第二背鰭上部帶黃色，前部鰭緣帶紅。胸鰭長圓形。腹鰭呈吸盤狀，臀鰭與第二背鰭同形。尾鰭圓扇形，有數條黑色條紋，鰭緣帶紅。

諸氏鯔鰕虎

Mugilogobius chulae

體長　可達 5cm

別名	左拉鯔鰕虎、屈氏鯔鰕虎	分布	臺灣北部、東北部、南部	棲息環境	潟湖、河口、河川下游

雌魚

底棲性小型魚類，主要出現於河口、河川下游汽水域，也會出現於純淡水域，沿海魚塭旁的溝渠亦有此魚蹤跡。棲息環境為沙泥底質的小淺溝、退潮小潮池、魚塭兩旁、溝渠的淺水區，通常躲於小石礫中或蚵殼及泥中。具領域性，有群居性。以有機碎屑物、多毛類、小型無脊椎動物、小蝦為食。

形態特徵

體延長，前部圓筒形，後部側扁，頭背緣稍呈內凹，具不規則黑紋，背緣與腹緣淺弧形。頭長約體長 1/3。眼上側位，眼間距約與眼徑相等，眼下具一黑斑。吻部與眼間距有黑色圓斑。口斜裂，上頜較下頜突出，上頜骨可延伸至眼前部下方。項部有一斜線。

體呈淡棕色，腹部白色，第一背鰭下方體側有一斜線，之後則為く字紋路，其餘呈不規則小細紋，背緣有 7～8 塊褐色斑。背鰭二枚，第一背鰭第 2、3、4 條鰭棘延長呈絲狀，後部有一黑斑，上方淡黃色。第二背鰭具一條淡黃縱帶。胸鰭扇形。腹鰭呈吸盤狀。臀鰭與第二背鰭同形。尾鰭長圓形，中央具兩黑斑，基底上下鰭緣各具一黑斑。

周緣性淡水魚

鰕虎科

353

黃斑鯔鰕虎

Mugilogobius flavomaculatus

體長　　可達 8cm

別名	狗甘仔、龜紋鯔鰕虎	分布	臺灣東北部、東南部	棲息環境	河口、河川下游

雌魚

兩側洄游型的小型底棲魚類，主要出現於河川下游淡水域中，一般在水流平緩的溝渠、兩旁植被的根部及淺水區小礫灘中。此魚通常躲於水草、小石礫中，體型小，並不容易見到其蹤跡。適應力強，在半淡鹹水區也能生存，跳躍力強。具領域性。以水生昆蟲、有機碎屑物、底棲性小型甲殼類為食，亦會捕食小型魚類。

附註：2016 年發表的新種。

周緣性淡水魚

鰕虎科

形態特徵

　　體延長，前部亞圓筒形，後部側扁，背緣呈淺弧形，腹緣平直。頭長為體長1/3，頰部鼓起，具有如龜殼般的紋路，龜紋間帶黃色斑。眼上側位，眼間距小於眼徑。吻短鈍，口前位，斜裂，上頜與下頜略等長，上頜骨延伸至眼前部下方。

　　體呈淡黃色，體側有 7～8 條黑色橫斑。背鰭二枚，第一背鰭中央為圓弧狀斑塊，鰭膜黃色，鰭緣黑色，鰭緣下方有一條淡藍色弧形線。第二背鰭接近基底處有 3 條黑斑，上部接近鰭緣處有一水平的淡藍色縱線，鰭緣黑色。胸鰭圓形。腹鰭呈吸盤狀。臀鰭與第二背鰭同形，接近基底鰭膜略帶紅色，鰭緣淡藍色。尾鰭圓形，鰭膜微黃。

灰鯔鰕虎

Mugilogobius fusca

體長 可達 8cm

| 別名 | 狗甘仔、紫紋鯔鰕虎 | 分布 | 臺灣南部 | 棲息環境 | 潟湖、河口、河川下游 |

雌魚頭部較小

周緣性淡水魚類，主要出現於河口或河川下游汽水域，其環境多為泥沙底質，水流較為靜止。大多躲於石縫或泥穴中，底棲性魚類，跳躍力頗強，泳力不佳。通常以有機碎屑物、小魚、小蝦及小型無脊椎動物為食。

形態特徵

體延長，前部圓筒形，後部側扁，背緣與腹緣淺弧形。頭長約體長 1/3，頭頂部頗為寬平。眼上側位，具一 X 形線紋，眼間距小於眼徑，有一 U 形紋。吻圓鈍，口前位，上頜骨可延伸至眼中部下方。頰部具斑塊群，鰓蓋具不規則斑紋。

體呈紫紅色，體側具兩條紫黑色縱帶，縱帶間具不規則斑塊紋。背鰭二枚，第一背鰭中部為黑色，上部與鰭緣為黃色，基底有 2 個黑斑。第二背鰭基部具 3 黑斑，中部鰭膜褐色鰭條間顏色偏黑。胸鰭長圓形，基部具 T 形斑。腹鰭呈吸盤狀。臀鰭與第二背鰭同形，鰭膜紫黑色。尾鰭圓形，內緣具點紋，基部尾柄有 2 個紫黑色斑點。

周緣性淡水魚

鰕虎科

355

小鯔鰕虎

Mugilogobius cavifrons

別名	狗甘仔、苦甘仔、清尾鯔鰕虎	分布	臺灣南部、北部、東北部	棲息環境	潟湖、河口、河川下游

通常棲息於河口與紅樹林的溼地、河川下游汽水域、潟湖、沿海溝渠、廢棄魚塭一帶。喜歡在有泥底的淺水區，經常躲藏於小石礫當中以及退潮後的潮池。跳躍力佳，具領域性及群居習性。屬雜食性魚類，大多以有機碎屑物、小型甲殼類與小魚為食。

周緣性淡水魚

鰕虎科

形態特徵

體延長，前半部圓筒形，後半部側扁，背緣與腹緣平直。頭長約體長1/3。眼上位，眼間距大於眼徑，眼間距間有不規則網狀紋，眼下方有 2～3 道黑褐色斜紋，眼後一短紋，眼前緣具二道黑褐色縱紋。吻長與眼徑相等。口大，斜裂，上頜較下頜突出，上頜骨可延伸至眼前部下方，鰓蓋有一藍斑。

體呈淡棕色帶黃，體側為數道不規則橫斑，腹部透明。背鰭二枚，第一背鰭呈四方形，中部具一斑塊，上部有一道白色縱紋。第二背鰭鰭條間鰭膜中央有一滴形黑斑。胸鰭長圓形。腹鰭呈吸盤狀。臀鰭與第二背鰭同形，透明帶淡黃。尾鰭呈圓形，有數列黑色橫紋，鰭膜黃色。

梅氏緇鰕虎

Mugilogobius mertoni

別名	狗甘仔	分布	臺灣東北部、南部	棲息環境	河口、河川下游、潟湖

主要出現於河口、河川下游的汽水域，喜歡棲息於沙泥底質的潮池與潮溝、紅樹林、潟湖、魚塭及溝渠處，屬底棲性魚類。具有領域性，在自然環境下有一定的領域範圍，通常躲藏於泥底有小石或者有掩蔽物的地方。雜食性，以有機碎屑物、小型魚蝦及浮游生物為食。

雌魚

形態特徵

體延長，前部圓筒形，後部側扁，背緣與腹緣淺弧形。頭長約體長 1/3。眼上側位，眼間距小於眼徑，眼下緣有一條水平線紋，眼間距、頭背緣、吻部有褐色不規則斑。吻鈍，吻部有一圓弧紅紋，口裂略斜，上頜骨可延伸至眼前部下方，口裂後方有一線紋。鰓蓋有斑塊。峽部有紅褐色紋路。

體呈淡棕色，腹部白色，體側中央有 7 個斑塊，斑塊與背部些許斑紋相互連接。背鰭二枚，雄魚的第一背鰭之第一根鰭棘延長呈絲狀，上部具淡黃色縱帶，後部有黑斑。第二背鰭上部有水平縱帶，鰭緣灰白。胸鰭圓形。腹鰭呈吸盤狀。臀鰭與第二背鰭同形。尾鰭長圓形，鰭膜黑褐色。

周緣性淡水魚

鰕虎科

357

黏皮鯔鰕虎

Mugilogobius myxodermus

體長　可達 6cm

別名	狗甘仔	分布	臺灣北部、西部	棲息環境	河口、河川中下游

雌魚

文獻記載此魚為陸封型鰕虎魚類，一般出現於河川中、下游之純淡水域。在臺灣則出現於河川下游半淡鹹水區、平原型池塘、低海拔溪流中下游。棲息於水流和緩或靜止水域，以淺水區、溝渠淺水區為主，石礫灘與沙泥底質環境都有機會出現。通常躲於石縫中，有領域性，警覺性高。以水生昆蟲、浮游生物、有機碎屑物等為食。

形態特徵

體延長，前部圓筒形，後部側扁，背緣與腹緣淺弧形。頭長約體長 1/4。眼上側位，眼間距大於眼徑。口斜裂，前位，下頜略較上頜突出，上頜骨可延伸至眼前部下方。頰部有斑紋呈網目狀。鰓蓋具黑塊。

體呈灰褐色，腹部白色。體側上部有 2 列縱向不規則斑塊及斑紋。背鰭二枚，第一背鰭形狀有如方形，具 2 條縱帶，鰭膜淡黃。第二背鰭上部有一淡藍縱帶，中部鰭膜為褐色，鰭棘間帶黑斑，下部鰭膜淡黃色。胸鰭長圓形。腹鰭呈吸盤狀。臀鰭與第二背鰭同形，鰭緣藍色。尾鰭長圓形，基部有黑斑，內緣鰭棘具點紋，鰭膜灰白。

周緣性淡水魚

鰕虎科

358

八棘緇鰕虎

Mugilogobius sp.1

別名	狗甘仔	分布	臺灣北部	棲息環境	潟湖、河口、河川下游

第一背鰭具 8 條鰭棘

活動於河口感潮帶、紅樹林的潮池、沿海魚塭區及河川下游處，通常不會進入純淡水域。對於水質變化頗能適應，喜好半鹹淡水環境，尤其是具泥質底的地方。單獨行動，具領域性，屬底棲性魚類。雜食性，以小型脊椎動物、小蝦、有機碎屑物為食。

形態特徵

　　體延長，前部圓筒形，後部側扁，背緣與腹緣稍淺弧狀。頭長為體長 1/4 ～ 1/3。眼上側位，眼間距大於眼徑，眼後方各有一道放射性斜黑線。吻鈍，口斜裂，上頜與下頜等長，上頜骨延伸至眼前緣下方。

　　體呈淺綠帶黃，腹部潔白。背鰭二枚，第一背鰭後部有一黑斑，上部為一道黃色縱帶，最上緣為黑色縱帶，基部下方有閃電紋。第二背鰭上部有一道縱紋，基部下方之體側直至尾柄為閃電紋。胸鰭透明。腹鰭呈吸盤狀。臀鰭為淡黃色。尾鰭長圓形，基部具不規則小黑斑。

周緣性淡水魚

鰕虎科

359

三斑鯔鰕虎

Mugilogobius sp.2

| 別名 | 狗甘仔 | 分布 | 臺灣南部 | 棲息環境 | 潟湖、河口、河川下游 |

周緣性淡水魚

鰕虎科

底棲性的小型魚類，常見於河口、河川下游感潮帶、紅樹林及潟湖，有時亦會出現於魚塭及魚塭兩側溝渠一帶。棲息環境大多為泥底質，常躲藏於泥穴之中，領域性頗強。屬雜食性，以有機碎屑物、小魚、小蝦為食。

1. 通常躲於石礫堆
2. 頰部具 2 個山型斑塊
3. 第二背鰭基底具 3 個點斑

形態特徵

體延長，前部圓筒形，後部側扁，背緣呈淺弧形，腹緣平直。頭長爲體長 1/3。眼上側位，眼間距有小點紋，眼間距大於眼徑，眼前緣下方有二道紅褐色斜紋，眼後則有二道放射斜紋。吻長約與眼徑相等，口前位，斜裂，上下頷等長，上頷骨可延伸至眼中部下方。頰部有山型斑紋，頤部具一馬蹄形紋路。

體呈灰褐色，項部具一斜 U 字形黑斑，體側上部有不規則橫向斑紋，後半部有 2 條縱紋，腹部爲白色。背鰭二枚，第一背鰭基底有 2 黑斑，黑斑間鰭棘黃色，上部有一道白色水平縱帶，鰭緣爲黑色。第二背鰭接近基底具 3 個斑塊，上方具白色縱帶，鰭緣帶黃。胸鰭長圓形。腹鰭呈吸盤狀。臀鰭與第二背鰭同形。尾鰭圓形，具數道橫帶，鰭膜黃色。

周緣性淡水魚

鰕虎科

361

閃電鯔鰕虎

Mugilogobius sp.3

別名	狗甘仔	分布	臺灣南部、東北部	棲息環境	潟湖、河口、河川下游

閃電紋有時會消失

底棲性小型魚類，通常出現於港灣、潟湖、河口、河川下游處，所處環境多為半淡鹹水區，底質為泥底的淺水區如溝渠、紅樹林。經常躲藏於河川兩旁的淺水區石縫中，跳躍力頗強，遇驚嚇則會躲入泥穴或石縫中，領域力頗高。以有機碎屑物、小型無脊椎動物、小魚、小蝦等為食。

形態特徵

體延長，前部圓筒形，後部側扁，背緣與腹緣呈淺弧形。頭長為體長 1/3 ～ 1/4。眼上側位，眼間距小於眼徑，眼前上緣與後下緣各具一短斜紋，兩短斜紋平行。吻長約與眼徑相等，口前位，斜裂，上頜與下頜等長，上頜骨可延伸至眼中部下方。頤部具一馬蹄形黑色斑紋。頰部有一漩渦狀斑紋。

體呈褐色，體背具黑點，體側前上部有 5 ～ 6 條斜帶，後部有兩條黑色縱紋，縱紋間則有閃電紋或鋸齒紋。背鰭二枚，第一背鰭第 2 ～ 4 根鰭棘延長呈絲狀，有兩條淺弧斑帶。第二背鰭具兩條黑褐色縱帶。胸鰭圓扇形。腹鰭呈吸盤狀。臀鰭與第二背鰭同形，鰭膜黃色。尾鰭圓形，具橫向不規則斑。

周緣性淡水魚

鰕虎科

362

拉氏狼牙鰕虎

Odontamblyopus lacepedii

體長　最大可達 25cm

別名	鰻鰕虎	分布	臺灣北部、西部、西南部	棲息環境	潟湖、河口、河川下游

生活於熱帶地區之魚類，主要棲息於河口紅樹林區及河川下游汽水域。底質為泥質底，以泥穴為居。此魚會跟著潮水，隨潮線移動，大多在泥質的潮池中。難以見到的魚類，大部分時間躲於泥穴中。雜食性魚類，以有機碎屑物、小魚、小蝦為食。

形態特徵

體延長，呈鰻形狀。頭長為體長 1/8。眼極小，眼退化隱沒於皮下，眼上位。吻寬鈍。口上位，口裂稍呈水平狀。上下頜牙齒明顯露出。項部與頭上緣具黑色斑點。

體呈灰白色，稍微透紅。體中央有一排魚骨狀斑紋。背鰭一枚，長形，背鰭基底長約占體長的 70%，鰭棘黑色，鰭膜灰白色。胸鰭鰭棘為分散的游離鰭條。腹鰭呈吸盤狀。臀鰭與背鰭同形，與背鰭相對，約 2/3 背鰭，鰭膜灰白。尾鰭長圓形，鰭膜黑色。

周緣性淡水魚

鰕虎科

363

尖鰭寡鱗鰕虎

Oligolepis acutipennis

別名	斑點寡鱗鱗虎、斑點狹鯊、狗甘仔	分布	臺灣西部、南部、北部、東北部	棲息環境	河口、河川下游、潟湖

雌魚

通常出現於河川下游與河口處，棲息環境喜好泥底質的紅樹林、河口、河川下游、溝渠、魚塭、潟湖等地點，很少進入純淡水域，屬底棲性魚類，具領域性，通常躲藏於泥穴或一些泥地之掩蔽物或泥灘附近。小魚具群居性，以有機碎屑物、浮游生物、小魚、小型甲殼類、多毛類及無脊椎動物為食。

周緣性淡水魚

鰕虎科

形態特徵

體延長，側扁，背緣平直，腹緣淺弧形。頭長為體長 1/4。眼上側位，眼下方有一稍斜的黑紋，兩眼間距小於眼徑。吻鈍，吻長約眼徑 2 倍。上頷與下頷等長，口斜裂，上頷骨可延伸至眼後緣下方。眼頭部有若干小黑點。雄魚口裂較大。

體呈淡棕色，成魚體側前部中央有一亮藍帶黃綠色之色澤，中央有 5 個斑塊，體表則有些許細小黑點。背鰭二枚，雄魚第一背鰭鰭棘延伸成絲狀，具 6 ～ 7 條縱紋，鰭膜有紅褐色紋路。第二背鰭具 10 條以上斜紋。腹鰭呈吸盤狀。胸鰭扇形。臀鰭與第二背鰭同形，臀鰭灰白帶藍色。尾鰭矛形，具數道褐色點紋，基底中央有一黑斑。

大口寡鱗鰕虎

Oligolepis stomias

別名	大口鰕虎、狗甘仔	分布	臺灣南部、北部、東北部、東南部	棲息環境	河口、河川下游

暖水性的小型底棲魚類，主要生活於河口或河川下游的半淡鹹水域，偶爾進入淡水域。通常棲息於沙泥底質，所處地點均為緩和的淺水區。此魚不好游動，一般停留在底部，會躲入泥穴中。通常以有機碎屑物、小型甲殼類、小型無脊椎動物為食。

形態特徵

　　體延長，側扁，背緣淺弧形，腹緣較平直。頭長為體長 1/3 ～ 1/4。眼上側位，眼間距小於眼徑，眼上緣有紅紋，眼下有一倒 L 形斑紋。口前位，斜裂，上頜略下頜突出，口裂可延伸至眼後緣下方。

　　體呈灰白色，體背具小紅斑紋，體側上部具 5 個斑塊，腹部上方有藍色斑塊，腹部為白色。背鰭二枚，第一背鰭第 4、5 根鰭棘可延長呈絲狀，鰭棘具點紋，鰭緣帶紅。第二背鰭鰭棘有紅褐色點紋，鰭緣紅色。胸鰭圓扇形，基部上方有一黑斑。腹鰭呈吸盤狀。臀鰭與第二背鰭同形，鰭膜灰白略帶藍色。尾鰭矛形狀，鰭棘帶點紋，鰭膜灰白。

周緣性淡水魚

鰕虎科

365

尾紋寡鱗鰕虎
Oligolepis sp.

別名	闊嘴狗甘仔	分布	臺灣東北部	棲息環境	河口、河川下游、潟湖

第一背鰭特寫

底棲性小型魚類，一般出現於河口、河川下游汽水域，對於鹽度變化耐受力頗強，有時會進入純淡水域。主要棲息於紅樹林、退潮後的小水灘、沿海的溝渠與溝渠旁的魚塭，一些水流平緩的沙泥底質區都是牠會出現的地方，具有領域性。食性以小魚、有機碎屑物、小型甲殼類、底棲生物及浮游生物等為主，具有濾食性。

周緣性淡水魚

鰕虎科

形態特徵

體延長，側扁，背緣平直，腹緣淺弧狀。頭長為體長 1/4。眼上側位，眼間距小於眼徑，眼下有一道弧形線紋。口前位，斜裂，下頜突出上頜，上頜骨可延伸至眼後緣下方，口裂末端微黃。頰部乾淨。

體呈灰白色，腹部雪白色，上方中央呈亮藍色。體背有 10 多塊不規則小型斑塊，體側中央具 5 個大斑塊。背鰭二枚，第一背鰭鰭棘延長成絲狀，下部有 3 列褐色縱帶，中部乾淨無斑，上部具 4 道斑紋。第二背鰭有 4～5 道縱帶，鰭緣淡藍。胸鰭圓扇形，基部上方有一黑斑。臀鰭與第二背鰭同形。尾鰭呈矛形狀，上部有 2 條亮藍色縱紋，中央有 7～9 道橫帶，下部淡藍色。

角質溝鰕虎

Oxyurichthys cornutus

別名	眼角鴿鯊、狗甘仔	分布	臺灣西部、南部、北部、東北部	棲息環境	河口、河川下游、潟湖

亞成魚

底棲性小型魚類，一般出現於河口、河川下游汽水域、紅樹林、港灣、潟湖等地。棲息環境以沙泥底質為主，退潮潮池、潮溝也可見到其蹤跡。泳力不佳，會躲入泥灘或泥穴之中，有領域性，不具群居性。以小魚、小蝦、無脊椎動物及浮游生物等為食。

形態特徵

　　體延長，側扁，背緣與腹緣平直。頭長小於 1/3 體長。眼上側位，眼間距小於眼徑，眼下具一黑斑，兩眼上緣具一短絲。吻圓鈍，口上位，斜裂，上下頜等長，上頜骨可延伸至眼前部下方。

　　體呈灰白色，體背有 5 ～ 6 個紅褐色斑紋群，體側前半上部具許多小黑點，中央具 5 個黑斑點。背鰭二枚，第一背鰭前具一皮質隆脊，鰭棘延長呈絲狀，約有 4 ～ 5 條縱帶。第二背鰭具小黑點，鰭緣紅色。胸鰭圓扇形，基底有一斜紋，上方有一黑斑，布滿許多點紋。腹鰭呈吸盤狀。臀鰭與第二背鰭同形，鰭緣淡藍色。尾鰭矛形狀，上部具細點，鰭緣紅色。

周緣性淡水魚

鰕虎科

367

矛狀溝鰕虎

Oxyurichthys lonchotus

| 別名 | 南狗甘仔 | 分布 | 臺灣東北部、北部 | 棲息環境 | 潟湖、河口、河川下游 |

主要生活於河川下游、河口汽水域及内海港灣與潟湖區。棲息環境為沙泥底質的紅樹林、退潮淺水域或潮溝處,而有掩蔽物的沙泥底也有此魚蹤跡。泳力不佳,不好游動,通常躲於沙泥底中,較不具群居性,有些許領域性。一般以小型魚類及底棲性無脊椎動物為食。

周緣性淡水魚

鰕虎科

形態特徵

體延長,側扁,背緣與腹緣稍呈圓弧狀。頭長為體長 1/4。眼上側位,眼間距內凹,小於眼徑,眼下具淚斑。吻部具 2 條黑紋,吻長大於眼徑。口斜裂,上頜較下頜前突,上頜骨可延伸至眼前緣下方。頰部具 2 條斜紋。

體呈灰白色,腹部白色,體背與體側上部有褐色斑點。體側中央有 5 個黑色斑塊,下部有弧形黑灰色橫斑。背鰭二枚,第一背鰭鰭棘均延長呈絲狀,中部以上具數條水平褐色縱紋。第二背鰭具 3～5 條水平褐色線紋,鰭緣偏紅。胸鰭圓扇形,鰭基具一斑塊。腹鰭呈吸盤狀。臀鰭與第二背鰭同形,鰭條間鰭膜各具一黑色斑塊。尾鰭為矛形狀,鰭膜灰白。

眼瓣溝鰕虎

Oxyurichthys ophthalmonema

體長　可達 15cm

別名	狗甘仔、眼絲鴿鯊	分布	臺灣東北部、北部、西部地區	棲息環境	潟湖、河口、河川下游

底棲性小型鰕虎科魚類，喜愛活動於河口、河川下游汽水域、紅樹林區，港灣、潟湖也可發現，棲息環境大多為沙泥質底。不好游動，通常都在洞口徘迴，穴居，均單獨行動，領域性頗強。以小魚、小蝦、無脊椎動物及浮游生物等為食。

形態特徵

　　體延長，側扁，背緣與腹緣平直，第一背鰭前具一皮質隆脊。頭長為體長1/4。眼上側位，眼間距小於眼徑，眼下具一黑斑，眼上緣各具一短絲。口上位，斜裂，上下頜等長，上頜骨可延伸至眼中部下方。

　　體呈灰白色，體背具 5 ～ 6 個褐色斑紋群。體側中央具 5 個黑斑點，尾柄斑塊較明顯。背鰭二枚，第一背鰭第 2 ～ 3 根鰭棘稍呈短絲狀，鰭棘具 2 ～ 3 道縱向點紋。第二背鰭具 3 ～ 4 道縱向點紋，鰭緣紅色。胸鰭圓扇形。腹鰭呈吸盤狀。臀鰭與第二背鰭同形，後部有些許色斑，接近鰭緣具一不明顯白色線紋。尾鰭呈矛形狀，上部具 5 條橫向點紋。

周緣性淡水魚

鰕虎科

369

暗斑溝鰕虎

Oxyurichthys sp.

別名	暗斑鴿鯊	分布	目前僅見於臺灣東北部	棲息環境	潟湖、河口、河川下游

此魚棲息沙底質港灣與河口、河川下游汽水域，並沒有進入純淡水域的紀錄，退潮時潮池、潮溝也可見到。泳力不佳，主要以穴居為主。領域性強，均單獨行動。以小魚、小蝦、無脊椎動物及浮游生物等為食。

幼魚

形態特徵

體延長，側扁，背緣與腹緣平直。第一背鰭前具一皮質隆脊。頭長為體長1/3～1/4，頭頂部具暗紅色斑紋。眼上側位，眼間距小於眼徑，兩眼上緣不具短絲，眼下有亮點。口上位，斜裂，上下頜等長，上頜骨可延伸至眼前部下方。

體呈黃色，體側上部有褐色斑塊，中央後部有2～3條橫向斑帶，腹部帶黃色。背鰭二枚，第一背鰭第2～3根鰭棘略呈絲狀。第二背鰭具紅褐色波浪紋，鰭緣帶紅。胸鰭長圓形。腹鰭呈吸盤狀。臀鰭與第二背鰭同形，基底鰭膜帶褐色斑。尾鰭矛形狀，幼魚尾鰭帶4～5道橫向點紋，較大體型點紋會消失，中央帶紅色，上半部鰭緣帶紅。

周緣性淡水魚

鰕虎科

370

銀身彈塗魚

Periophthalmus argentilineatus

體長
可達 15cm

別名	銀線彈塗魚	分布	臺灣西南部、北部	棲息環境	潟湖、河口、河川下游

主要棲息於河口、河川下游、港灣及潟湖處等，所處環境為半淡鹹水域或泥灘地及溝渠等，但在某些環境為沙泥混合區。胸鰭平展支撐，能於泥灘地爬行，跳躍力強，遇驚嚇會邊游邊跳躍的逃離危險環境，此種並不多見，一般混於彈塗魚中，穴居較不明顯。以藻類、浮游生物、有機碎屑物及無脊椎動物為食。

形態特徵

體延長，側扁，背緣與腹緣平直。頭部較呈四方形，頭長為體長 1/4。眼下與頰部有小細點。眼背側位，眼間距小於眼徑。吻部輪廓較斜，具鼻管，鼻管稍較吻端前突。口前位，平裂，上頜被吻部包覆，上頜骨延伸至眼前緣。

體側上部呈黃褐色，具斜向斑，下部灰白。背鰭二枚，第一背鰭方正，其上部有一大片黑色斑塊，下部具二道紅色點紋，鰭緣紅色。第二背鰭中部具縱向黑帶，上部為紅色縱帶，下方為紅色點紋，紅色縱帶上下各為一條縱向條紋。胸鰭長圓形。腹鰭呈吸盤狀。臀鰭與第二背鰭同形。尾鰭長圓形，具橫向點紋，中央偏下為一黑色縱帶。

周緣性淡水魚

鰕虎科

371

彈塗魚
Periophthalmus modestus

別名	花條、花跳	分布	臺灣各地均有	棲息環境	河口、河川下游、潟湖

主要棲息於河口、河川下游、港灣及潟湖處，喜好半淡鹹水域、泥灘地及溝渠環境。退潮時可看到許多彈塗魚集體在泥灘地的水窪及潮溝覓食，穴居明顯，具群居性，亦有領域性。胸鰭平展支撐，能於泥灘地爬行，跳躍力強，遇驚嚇會以邊游邊跳躍的方式逃離危險環境，有洞穴時則會躲入泥穴中。以藻類、浮游生物、有機碎屑物及無脊椎動物為食。

形態特徵

體延長，側扁，背緣平直，腹緣稍呈淺弧形。頭長約體長 1/4，頭側有許多白色斑點。眼背側位，眼間距小於眼徑。吻長約眼徑 2 倍以上，具鼻管，鼻管稍較吻端前突。口前位，平裂，上頜較下頜前突，上頜可至眼中部下方。

體呈灰褐色，體側上部有 5 塊黑褐色斜帶，下部接近腹緣為白色，具許多小黑點及白色小斑。背鰭二枚，第一背鰭接近基底的鰭膜上有小黑點，鰭膜黃褐色。第二背鰭下部具 2 列水平點紋，上部有一條褐色縱紋，鰭緣白色。胸鰭長圓形，向外平展，基底具小黑點，有時具白斑。腹鰭呈吸盤狀。臀鰭與第二背鰭同形，鰭膜黃褐色。尾鰭長圓形，具橫向點紋。

雙眼斑砂鰕虎

Psammogobius biocellatus

| 別名 | 雙斑斑點鰕虎、雙斑叉舌鯊、雙斑叉舌鰕虎 | 分布 | 臺灣北部、東北部、西部地區等 | 棲息環境 | 潟湖、河口、河川下游 |

暖 水性底棲小型魚類，主要出現於近岸的港灣、潟湖、河口區、紅樹林、河川下游等。棲息環境為水流較緩和處及淺水區，底質為泥底、沙底、沿海礁沙混合區等半淡鹹水處環境，較少出現於純淡水域。色彩多變，一般以灰棕、黑色、灰黑色作為變化，較靠外海的個體偏黑，泥底質顏色灰白偏向泥底顏色。通常躲於泥灘底部、枯木、雜物掩蔽物或小石縫中。以小魚、小蝦為食。

形態特徵

體延長，前部亞圓筒形，後部側扁，背緣與腹緣淺弧形。頭部內凹，頭長為體長 1/3。眼背側位，眼間距小於眼徑。吻尖，口前位，斜裂，下頜較上頜前突，上頜骨可延伸至眼中部下方。

體色多變，體呈灰棕色或深黑色，腹部白色具些許斑點。體背與體側為一大片黑色斑塊，項部與第二背鰭下方體表各有一白斑。背鰭二枚，第一背鰭鰭膜為一片大黑塊，具白斑。第二背鰭有 3～4 列水平白斑。胸鰭圓扇形，基部下方有一黑斑，具 3～4 列白色橫紋。腹鰭呈吸盤狀。臀鰭與第二背鰭同形，具 4 列縱斑。尾鰭長圓形，有若干白色斑，鰭膜黑色。

周緣性淡水魚

鰕虎科

腹斑擬鰕虎

Pseudogobius gastrospilus

體長　可達 5cm

別名	擬鯊、短身擬鰕虎	分布	臺灣西部、南部、西南部、北部、東北部	棲息環境	潟湖、河口、河川下游

雌魚

主要活動於河口、河川下游的半淡鹹水區，棲息環境為紅樹林、潟湖、溝渠等地方，其底質為沙泥底質，常見於退潮的淺水區、潮池與潮溝。泳力不佳，但跳躍力頗強，耐汙性佳。具群居性，亦會躲入河川兩岸的水生植物中。屬雜食性，以有機碎屑物、藻類、浮游生物及小型無脊椎動物為食。

附註：2013 年由中央研究院黃世彬博士所發表的臺灣新記錄魚種。

形態特徵

　　體延長，前部圓筒形，後部側扁，背緣與腹緣淺弧形。頭長為體長 1/3。眼上側位，眼部有一橫帶，眼下偏後處則有另一道斜紋，眼間距小於眼徑。吻鈍，吻部有些不明顯的褐色斑紋。口斜裂，可達眼前部下方。

　　體呈灰褐色帶黃色，體背有 4～5 個斑塊，體中央亦有 4～5 個斑塊，腹緣有 5 個暗斑。背鰭 2 枚，第一背鰭第 2～6 根鰭棘可延長成絲，具兩條黑色縱斑，鰭膜為黃色。第二背鰭下部與中部各有一縱紋。胸鰭圓扇形，鰭棘帶黃。腹鰭呈吸盤狀。臀鰭與第二背鰭同形，鰭膜紅色，鰭緣亮藍色。尾鰭圓形，具 5～7 條橫帶，尾柄與尾鰭基部具〈形紋。

周緣性淡水魚

鰕虎科

374

爪哇擬鰕虎

Pseudogobius javanicus

體長　可達 5cm

別名	爪哇擬鯊、狗甘仔	分布	臺灣西部、南部、北部、東北部	棲息環境	潟湖、河口、河川下游

　　棲息於河口紅樹林及河川下游泥灘地，通常停留於泥灘地，小潮池亦可發現，為半淡鹹水之魚類。水質要求不高，所需溶氧量也不用太高，可馴化為純淡水魚類，西部紅樹林的小泥灘頗為常見，常混棲於小擬鰕虎與鯔鰕虎屬之魚類。由於體色接近泥灘顏色且所棲息的水質混濁，所以顯少人注意。其實牠在河口泥灘地數量不少。屬雜食性魚種，一般以有機碎屑物、小型無脊椎動物、浮游動植物等為食。

形態特徵

　　體延長，前部圓筒形，後部側扁，背緣平直，腹緣淺弧形。頭長為體長 1/5。眼上側位，眼間距約小於眼徑，眼睛周圍有 4 條黑紋，眼前與眼後則各有一短紋。吻鈍，口裂小，上頜略突出於下頜。體呈青灰色帶透明，腹部為白色。體背有 6～8 塊黑斑，體側中央為一列大型的黑色斑塊，體表布滿黑色細點。背鰭二枚，第一背鰭後部有一藍黑斑。第二背鰭為 4～6 列小細點。胸鰭長圓形。臀鰭與第二背鰭同形，至尾柄有 4～5 塊黑色暗斑。尾柄有く字形黑紋。尾鰭長圓形，具 6～8 列點紋。

周緣性淡水魚

鰕虎科

375

小擬鰕虎

Pseudogobius masago

| 別名 | 小口擬鰕虎 | 分布 | 臺灣西部、南部 | 棲息環境 | 潟湖、河口、河川下游 |

棲息於河川下游汽水域及河口區，棲息環境為紅樹林的泥灘小水窪、沿海的溝渠、廢棄的魚塭還有潟湖，底質大多為沙泥底質，所處之地皆為平緩淺水區。泳力不強，通常以跳躍式的游動方式，遇危險會躲入泥中。具群居性，有些許領域性。雜食性魚類，以藻類、有機碎屑物、浮游生物及小型無脊椎動物為食。

周緣性淡水魚

鰕虎科

形態特徵

體延長，前部圓筒形，後部側扁，背緣與腹緣平直。頭長為體長 1/4。眼上側位，眼徑大於眼間距，眼四周共 5 道細點結合成的斑紋，眼前方有 2 條，眼後 1 條，眼下則 2 條。吻圓鈍，口裂接近平行狀，上頜較下頜突出。

體呈灰白色，腹部雪白。體側有一縱列，縱列為較大黑色斑塊，體表具許多不規則大小的褐色或黑色小斑點。接近腹部有道細長條斑塊，有時會消失。背鰭二枚，第一背鰭灰白，第二背鰭有細小點紋。胸鰭長圓形。腹鰭為吸盤狀。臀鰭與第二背鰭同形。尾鰭圓形，具橫紋狀細小斑點。尾柄處有 4 ～ 5 點小黑點。

臺江擬鰕虎

Pseudogobius taijiangensis

別名	狗甘仔、縱紋擬鰕虎	分布	臺灣北部、西部、西南部、東北部	棲息環境	潟湖、河口、河川下游

雌魚

暖 水底棲性小型魚類，一般出現於港灣、河口、河川下游等地區。棲息環境為半淡鹹水區，底質大多為泥底，在紅樹林、沿海溝渠及退潮的潮池與潮溝之淺水區都可見到。不好游動，大多躲藏於小石縫、泥穴及兩旁水生植物中。此魚為雜食性，以有機碎屑物、藻類、小魚、小蝦等為食。附註：2013 年發表的新種。

形態特徵

體延長，前部圓筒形，後部側扁，背緣、腹緣為淺弧形。頭長為體長 1/4 左右。眼上側位，眼徑大於眼間距。吻鈍，口小，斜裂，上頜略突出於下頜，上頜骨延伸至眼前緣下方。頰部有兩條黑色縱紋。

體呈灰白色，腹部白色，體側中央為 5 個成對黑色斑塊，背緣至尾柄有 6～8 個不規則黑色斑點，臀鰭至尾柄間約有 5 個隱沒於體內的黑色斑點。尾柄基部有一斜走的橢圓形斑，下側具一小黑斑。背鰭二枚，第一背鰭後部有一黑斑塊。第二背鰭則有 4～5 列小細點。胸鰭基部有黑灰色橫紋。腹鰭呈吸盤狀。臀鰭與第二背鰭同形，鰭膜灰白透明。尾鰭長圓形，具 8～10 列點紋。

周緣性淡水魚

鰕虎科

377

拜庫雷鰕虎

Redigobius bikolanus

別名	巴庫寡棘鰕虎	分布	臺灣東部、北部、東北部、東南部	棲息環境	河口、河川下游

周緣性淡水魚

鰕虎科

主要棲息於河口未汙染的清澈河流中，位於河川下游純淡水域，均居於水流平緩淺水區的小石礫及沙石混合環境，兩岸的水草茂密區是牠常躲藏的環境，在枯木與落葉等掩蔽物處也是牠活動的地方。泳力不佳，游動時為一游一動的方式，屬中下層魚類。雜食性，以有機碎屑物、小型無脊椎動物及水生昆蟲為食。

1. 雌魚
2. 野外雄魚

形態特徵

體延長，前部圓筒形，後部側扁，背緣與腹緣淺弧狀。雄魚頭長爲體長 1/4 ～ 1/3，雌魚頭長爲體長 1/4。眼上側位，眼間距小於眼徑，眼前方有二道斜紋。吻鈍，口斜裂，雄魚口裂較雌魚大，下頜略比上頜突出，雄魚的口裂可延伸至前鰓蓋下方，雌魚則延伸至眼中部下方。頰部具不規則黑褐色斑。

體呈淡棕色或灰色，體側中央有一列黑色斑塊群，具 5 條橫帶，橫帶與橫帶間有一條斜帶相連，與中央列之斑塊群重疊，尾柄有一〈字形黑斑。背鰭二枚，第一背鰭具二道黑色平行黑紋，後方有一大塊黑斑，第一根鰭棘有些雄魚的會延長。第二背鰭爲 3 ～ 4 道水平排列黑斑。腹鰭呈吸盤狀，臀鰭與第二背鰭同形。尾鰭長圓形，具 5 ～ 6 條點紋。

周緣性淡水魚

鰕虎科

379

金色雷鰕虎

Redigobius chrysosoma

別名	金色寡棘鰕虎	分布	臺灣東部、東南部	棲息環境	河口、河川中下游

周緣性淡水魚

鰕虎科

為熱帶地區的魚種，在臺灣是新紀錄魚種，目前發現於獨立水系的小溪流中下游，主要出現於純淡水域，喜愛於水流稍緩的淺水區。此魚不好游動，有築穴習慣，通常躲於小石縫及具有掩蔽物的溪段，如枯葉堆或兩旁水草根部中。以小型水生昆蟲、底棲小型甲殼類及無脊動物為食。

附註：原產於澳洲、新幾內亞、菲律賓等地區。在臺灣為新紀錄魚種。

1. 第一背鰭的紅黃黑為特色
2. 做出威嚇狀
3. 常躲於石縫中
4. 正在叼石築穴

形態特徵

體延長，側扁，背緣平直，腹緣呈淺弧形。頭長約體長 1/3。眼上側位，眼前方有兩條細小斜紋，眼後緣下方有一條黑色斜紋，眼徑大於眼間距。吻圓鈍，口稍斜裂，上下頜等長，上頜骨可延伸至眼前緣下方。

體呈灰白色，腹部白色，體背具 6 個褐色斑塊，體側中央具 7 對小黑斑，亦有 3～4 條金色縱紋，上部體表會顯現淡藍色斑點。背鰭二枚，第一背鰭鰭形呈圓形，後部具有一黑斑，上部有一紅色紋路，鰭膜黃色。第二背鰭下部具 3～4 列縱向褐色縱帶，鰭膜為黃色。胸鰭長圓形。腹鰭呈吸盤。臀鰭與第二背鰭同形，後部有一黑斑，鰭條紅色。尾鰭長圓形，基底有黑斑，鰭膜灰白帶紅。

周緣性淡水魚

鰕虎科

381

奧氏雷鰕虎

Redigobius oyensi

| 別名 | 奧氏寡棘鰕虎 | 分布 | 臺灣東部、東南部、蘭嶼 | 棲息環境 | 河口、河川中下游 |

周緣性淡水魚

鰕虎科

為熱帶地區的魚種，在臺灣是新記錄魚種，目前發現於獨立水系的小溪流中下游，主要出現於純淡水域，喜愛於水流稍緩的淺水區。此魚不好游動，有築穴的習慣，通常躲於小石縫及具有掩蔽物的溪段，如枯葉堆或者兩旁水草根部中。以小型水生昆蟲或底棲小型甲殼類及無脊椎動物為食。

1. 雌魚
2. 第一背鰭方形

形態特徵

體延長，側扁，背緣平直，腹緣呈淺弧狀。頭長約體長 1/3。眼上側位，眼前下方有 1 條細小斜紋，眼徑大於眼間距。口斜裂，上下頜等長，雄魚口裂較大，上頜骨可延伸至眼前緣下方。頰部有藍白色亮點。

體呈灰白色，腹部白色，體背具 6 個褐色斑塊，體側中央有 7 對小黑斑，亦有許多不規則紅褐色縱向紋，上部體表會顯現淡藍色斑點。背鰭二枚，第一背鰭形狀呈方形，第四根鰭條會延長成絲狀，雌魚較短，後部有一大黑斑，上部爲黃色帶有一抹紅色，鰭緣白色。第二背鰭具 4～6 列褐色波浪形縱紋，上部鰭膜有一條縱紋。胸鰭長圓形。腹鰭呈吸盤。臀鰭與第二背鰭同形，後部有一大黑斑，外緣帶黃，鰭條帶紅。尾鰭長圓形，鰭膜灰白略帶紅色。

周緣性淡水魚

鰕虎科

明潭吻鰕虎

Rhinogobius candidianus

體長 可達 9cm

特有種

別名	狗甘仔	分布	臺灣西部、北部、東北部，東部為人為放流	棲息環境	河川中上游

體側具斑塊

棲息於河川中上游魚類，底棲性，主要出現於河川的瀨區、潭區之中，不好游動，在支流或小山溝也會出現。具有領域性，通常躲藏於石縫中等待獵物主動上門，繁殖期會在小石礫堆中築穴產卵。屬肉食性魚類，以水生昆蟲、小魚、小蝦等為食。

形態特徵

　　體延長，前部圓筒形，後部側扁，背緣與腹緣淺弧形。頭長為體長 1/3。眼上側位，眼前緣與眼下皆有一紅色線紋。吻長大於眼徑，口斜裂，上頷較下頷突出，上頷骨可延伸至眼前緣下方。頰部乾淨，有些流域的頰部有許多斑點。項部有數條紅褐色紋路。

　　體呈黃褐色或深褐色，體中央有時呈藍色，腹部白色。體表具許多橘紅色斑點，有些個體族群有黑色斑塊。背鰭二枚，第一背鰭第 1～2 根鰭棘上部帶黃色。第二背鰭鰭緣黃色。胸鰭長圓形，基底有兩條橫紋。腹鰭呈吸盤狀。臀鰭與第二背鰭同形，鰭緣及上部為淡藍色。尾鰭圓形，下部與上部間鰭膜紅褐色。

初級性淡水魚

鰕虎科

384

細斑吻鰕虎

Rhinogobius delicatus

體長 最大 8cm　特有種

別名	狗甘仔	分布	臺灣東部	棲息環境	河川中上游

生長於河川中上游的底棲性魚類，通常出現於水流平緩的平瀨、淺瀨、潭區等地方。喜愛底質有石礫與砂質混合環境，大多躲藏於石縫中，雖有領域性但也具群居性。此魚有築穴產卵的行為，屬於肉食性，以水生昆蟲、小魚、小型甲殼類等為食。

雌魚

形態特徵

體延長，前部圓筒形，後部側扁，背緣與腹緣淺弧形。頭長約體長 1/3。眼上側位，眼間距小於眼徑，前緣有一紅紋，眼下有一斜紋。雄魚唇部較雌魚厚，口斜裂，前位，上頜較下頜前突，上頜骨可延伸至眼前部下方。頰部具許多細小紅色斑，雌魚紅斑較雄魚少。

體呈灰褐色，腹部白色，體中央一列鱗片上具點紋縱帶，鱗片基部大多為橘黃色斑或褐色斑。背鰭二枚，第一背鰭鰭膜藍黑色。第二背鰭 3～5 條水平褐色縱紋，鰭緣淡黃。胸鰭圓扇形，基部有一弧形紋。腹鰭呈吸盤狀。臀鰭與第二背鰭同形，鰭緣淡藍色。尾鰭長圓形，鰭緣為黃色，內緣具點紋。

初級性淡水魚

鰕虎科

臺灣吻鰕虎

Rhinogobius formosanus

別名	橫帶吻虎、狗甘仔	分布	臺灣北部、東北部	棲息環境	兩側洄游（溯河型）河口、河川中下游

雌魚

棲息於河口未汙染的河川中下游，平常躲於平緩河段的石縫中，夜間常出來活動，屬肉食性魚類。以小魚、小型甲殼類為食。有蠻強悍的領域性，繁殖期時常將卵排在有些許水流的石縫上方，雄魚有護卵行為，有時會用嘴巴將小石礫叼走而形成一小石穴，當其住所。

附註：臺灣目前有陸封型族群出現。

周緣性淡水魚

鰕虎科

形態特徵

體延長，前部圓筒形，後部側扁，背緣淺弧狀、腹緣平直。頭長約體長1/4，雄魚頭部較大。眼上側位，眼徑大於眼間距，眼間距具紅色線紋，眼前部具3條紅色線紋。吻長為眼徑2倍以上，口斜裂，上頜較下頜突出，上頜骨延伸至眼前緣下方。頰部有蠕紋狀花紋。

體呈黃褐色，腹部為藍色。體背具6～7個褐色橫斑，中央鱗片具藍色光澤，體表布滿橘紅色斑點。背鰭二枚，第一背鰭具些許線紋，鰭緣帶藍。第二背鰭有4～5條水平線紋，鰭緣帶藍。胸鰭圓形，基部有3～4條線紋，鰭膜偏黃。腹鰭呈吸盤狀。臀鰭與第二背鰭同形。尾鰭長圓形，有7～9條線紋。

大吻鰕虎

Rhinogobius gigas

| 別名 | 狗甘仔、大口吻鰕虎 | 分布 | 臺灣東部、北部、東北部、東南部 | 棲息環境 | 兩側洄游（溯河型）河口、河川中下游 |

雌魚

兩側洄游型魚類，一般活躍於河口未受汙染的河川中下游處。仔稚魚有漂浮期，魚兒孵化後漂流至河口處生長，待生長至一定程度則會上溯至溪中生活。常見於平瀨、潭區、淺瀨等地形，具領域性，遇驚嚇或夜間時會躲入細沙中。肉食性魚類，以小魚、小蝦、水生昆蟲為食。

形態特徵

體延長，前部圓筒形，後部側扁，背緣與腹緣淺弧形。頭長約體長 1/3。眼上側位，眼前與眼下方各有一紅色線紋，頭頂部有數條縱紋及不規則紅褐色斑塊。眼後鰓蓋處有四條橘紅縱紋，頰部有許多紅褐色斑點。吻長約眼徑 2 倍，口大唇厚，上頜略突出下頜。口斜裂，上頜骨可延伸至眼前緣下方。

體呈黃褐色，體側有 6 ～ 7 道黑色橫帶，5 ～ 7 列褐色斑點。第一背鰭呈褐色，鰭緣偏黃。第二背鰭鰭緣淡黃色，具 5 ～ 7 列褐色斑點。胸鰭基部 2 ～ 3 列橫紋有一較粗斑塊。腹鰭呈吸盤狀。臀鰭黃綠色。尾柄有一黑色斑塊。尾鰭具不明顯點紋，鰭緣為黃色。

周緣性淡水魚

鰕虎科

387

恆春吻鰕虎

Rhinogobius henchuenensis

別名	狗甘仔	分布	臺灣恆春半島	棲息環境	河川中上游

初級性淡水魚

鰕虎科

棲息於河川中上游的底棲性魚類,活動於溪流的潭區、較為平緩的瀨區與淺瀨區,有築穴產卵習性,領域性強,受驚嚇時會躲入小石縫中。肉食性魚類,以小魚、小型甲殼類及水生昆蟲為食。泳力尚可,以伏擊方式突擊獵物,若第一次失敗此魚就會繼續追趕,直至獵捕到為止,不過也是會有落空的時候。

1. 雌魚
2. 野外生境

形態特徵

體延長，前部圓筒形，後部側扁。背緣淺弧形，腹緣平直。頭長為體長1/3，頭背緣無斑。眼上側位，眼間距小於眼徑，具些許紅紋，眼前緣有一紅紋，眼下緣有一斜紋。吻圓鈍，吻長約眼徑 1.5 倍。上頜較下頜前突，口斜裂，口裂延伸至眼前部下方。頰部乾淨或稍有斑點。項部有少數斑紋。

體呈乳黃色與黃棕色，體側布滿橘紅色斑點。背鰭二枚，第一背鰭接近基底鰭條為紅褐色，中央部分鰭膜帶藍，鰭緣黃色。第二背鰭具 3～4 列點紋，鰭緣為藍白色。胸鰭長圓形，基底有 2 條紅色紋。腹鰭呈吸盤狀。臀鰭與第二背鰭同形。尾鰭長圓形，具 4～8 列橫紋。

蘭嶼吻鰕虎

Rhinogobius lanyuensis

別名	狗甘仔	分布	臺灣東部離島蘭嶼，東南部恆春半島有 3 尾發現紀錄	棲息環境	兩側洄游（溯河型）河口、河川下游

周緣性淡水魚

鰕虎科

兩側洄游型魚類，仔稚魚漂浮期頗長，成長至一定大小時會上溯於溪流中，故河流全段都有可能出沒。主要活動於河口未受汙染的溪流中，喜愛棲息於稍有流水的瀨區，常躲於石縫當中。具領域性，性情頗兇。偏肉食性，以水生昆蟲、小型甲殼類、小魚等為食。

附註：2012 年天秤颱風重創蘭嶼，使蘭嶼溪流爆發山洪與土石流，因為此島大興土木，各野溪整治水泥化，目前僅剩 2～3 條溪流有少量蘭嶼吻鰕虎族群。2017 年臺灣淡水魚類紅皮書列入國家極危（NCR）類別的淡水魚類。2019 年筆者前往蘭嶼調查，評估族群可能不超過 200 尾，若再繼續三面光的水泥化，族群生存堪慮。

1. 雌魚
2. 野外雄魚
3. 野外雌魚

周緣性淡水魚

鰕虎科

形態特徵

　　體延長，前部圓筒形，後部側扁，背緣淺弧形，腹緣平直。頭長為體長1/3，雄魚頭部比雌魚大，頰部具紅褐紋或紅色斑點。眼背側位，眼前緣有一紅紋，眼下有一紅色斜紋，眼間距小於眼徑，後方有 V 字紅紋。項部具 4 條縱向紅紋。口前位，斜裂，上頜與下頜略為等長，雄魚上頜骨可延伸至眼前部下方。

　　體呈黃褐色或淡黃色。雄魚腹部為白色，雌魚為藍色。體側具 8 條黑褐色橫帶，並布滿細小紅褐色斑點。背鰭二枚，第一背鰭第 1、2 根鰭棘為黃色，其餘為紅褐色，有些個體第一背鰭有藍斑。第二背鰭具 6～8 條水平褐色點紋。胸鰭圓扇形，下部有 3 條弧形紋。腹鰭呈吸盤狀。臀鰭與第二背鰭同形。尾鰭具橫向點紋。

斑帶吻鰕虎

Rhinogobius maculafasciatus

別名	狗甘仔	分布	臺灣西部、南部、北部、東北部	棲息環境	河川中下游

雌魚

兩側洄游性魚類，仔稚魚具頗長的浮游期，底棲性魚類，泳力頗佳。一般活動於河川中下游處，主要棲所在水流稍急的瀨區、急瀨及潭頭、潭尾處。具領域性，若遇魚隻經過其領域時則會攻擊此魚。一般躲在小石礫灘旁石縫中，有築穴的習性，通常產卵時為 2～3 隻雌魚爭取一隻雄魚。肉食性，以水生昆蟲、小型甲殼類與小型魚類為主食。目前可能有些族群已成陸封型之族群。

形態特徵

體延長，前部圓筒形，後部側扁，背緣淺弧形，腹緣平直。頭長為體長 1/3。眼上側位，眼前部與眼下各具有一紅紋。吻圓鈍，吻長大於眼徑。口斜裂，前位，上頜略較下頜前突，上頜骨可延伸至眼前部下方。項部具斑紋。頰部有橘紅斑點。

體呈米黃色，腹部白色，體側有 6～7 條橫帶，體表布滿橘紅色斑點。背鰭二枚，鰭緣黃色。第一背鰭有些個體具藍斑。第二背鰭具 5～7 列橘紅色點紋。胸鰭圓扇形，基部具橘紅斑。腹鰭呈吸盤狀。臀鰭與第二背鰭同形，鰭緣淡藍。尾鰭長圓形，具 7～8 條橫紋，鰭緣黃色。

周緣性淡水魚

鰕虎科

南臺吻鰕虎

Rhinogobius nantaiensis

別名	狗甘仔	分布	臺灣高屏溪、東港溪流域	棲息環境	河川中上游

雌魚

棲息於河川中上游的底棲性小型魚類，在河川下游的純淡水域也可見到，但以河川中游的支流較常見，海拔過高的溪流不易見到，棲息之海拔不超過 500m，棲息環境為水流較平緩的地區。浮游期較短，故可能為陸封型的鰕虎魚類。肉食性魚類，以小魚、小蝦、水生昆蟲為食。具領域性，平常躲於小石穴中，會在小石礫砂灘中的石頭下方築穴產卵。

形態特徵

體延長，前部圓筒形，後部側扁，背緣淺弧形，腹緣平直。頭長為體長 1/3。眼上側位，眼前緣具一斜紋，眼下亦有一斜紋，眼間距有些許短紅紋。上頜較下頜前突，口斜裂，上頜骨延伸至眼前緣下方。項部具縱向褐色斑紋。頰部具小斑點。

體呈黃褐色，體側中央有 5～7 塊黑色斑塊，體表有橘紅色斑點，腹部白色。背鰭二枚，第一背鰭前部有些個體具藍斑。第二背鰭鰭緣黃色。胸鰭圓扇形，基部具 2～3 條紅紋。腹鰭呈吸盤狀。臀鰭與第二背鰭同形。尾鰭長圓形，鰭基呈一長形斑塊。內緣鰭膜藍色，外緣鰭膜紅褐色，鰭緣黃色。

初級性淡水魚

鰕虎科

393

短吻紅斑吻鰕虎

Rhinogobius rubromaculatus

體長 可達 8cm
特有種

別名	赤斑吻鰕虎、紅斑吻鰕虎、狗甘仔、短吻褐斑吻鰕虎	分布	臺灣北部、中部、南部	棲息環境	溪流中下游、溝渠

海源性陸封型淡水魚類，主要活動於低海拔河川上游小支流或小山溝中，通常喜愛於稍有水流的淺瀨區或潭區旁的淺水區，為底棲性魚類，具強烈的領域性。肉食性，以水生昆蟲為食。

附註：各地短吻紅斑吻鰕虎有分化狀況，故型態頗多。

雌魚

形態特徵

體延長，前部亞圓筒形，後部側扁，背緣與腹緣平直。頭長為體長 1/3，雄魚頭部較大。眼上側位，眼間距小於眼徑，眼下與吻部各具一紅紋，吻長大於眼徑。口斜裂，上下頜等長，上頜骨可延伸至眼前部下方。頰部具紅斑。

體呈褐色或黃棕色，體側布滿細小圓斑。背鰭二枚，第一背鰭前部具藍斑，上緣微黃，後部具細小圓斑。第二背鰭鰭緣為藍色或黃色，下部具紅斑點。胸鰭圓扇形，具紅斑。腹鰭吸盤狀。臀鰭與第二背鰭同形，鰭緣藍色，中部橘紅，下部橘黃帶藍。尾鰭圓形，內緣具 3 ～ 4 條橫紋，外緣為橘紅色，鰭緣藍色。

1. 烏溪產
2. 東港溪產
3. 高屏溪產
4. 新店溪產
5. 龍潭產

極樂吻鰕虎

Rhinogobius similis

別名	子陵吻鰕虎	分布	臺灣各地均有	棲息環境	兩側洄游（溯河型）河口、河川中下游、池沼野塘、溝渠水田

周緣性淡水魚

鰕虎科

河海洄游型魚類，亦有陸封之族群。若離河口較遠者的溪流型極樂吻鰕虎則可能為陸封型，若離河口較近者則有可能為河海洄游型，通常在低海拔河川的中下游處較容易見到，然而水庫、池沼、野塘溝渠等地區也可發現。棲息環境大多為泥底且稍有些石礫的環境較常見，水流平緩處才是此魚喜愛的地點，一般以潭區或兩旁淺水區為主要停留區。以小魚、小型甲殼類、水生昆蟲、浮游生物等為食。

1. 雌魚
2. 豔麗的陸封型雄魚

形態特徵

體延長，前部圓筒形，後部側扁，背緣淺弧形。頭頂部至吻部具褐色斑，頭長約體長 1/3。眼上側位，眼徑大於眼間距。吻長大於眼徑，口前位，斜裂，上下頜等長，上頜骨可延伸至眼前緣下方。頰部 4～5 條斜紋。

體呈黃褐色或灰褐色，腹部白色，體背 5 個斑塊，體側有 5～8 個圓斑，具橘黃斑。背鰭二枚，第一背鰭與第二背鰭上部鰭緣均具一水平紅色縱帶，下部基底鰭膜與鰭棘有紅褐色斑點群。胸鰭長圓形，基部上方有一斑點。腹鰭呈吸盤狀。臀鰭與第二背鰭同形，鰭棘帶紅。尾鰭長圓形，具數列橫向點紋，外緣紅色。

周緣性淡水魚

鰕虎科

397

北中南短吻紅斑吻鰕虎比較表

	北部（淡水河系）	中部（烏溪水系）	南部（高屏溪水系）
頭長	為體長的1/3左右	為體長的1/4左右	為體長的1/3左右
頰部	具橘紅色斑點，斑點較少於中部，斑點略成列。	具紅褐色斑點，斑點多於北部，斑點不成列。	斑點呈黃褐色，斑點不成列，斑點稀疏，少於北部與中部。
體色	偏黃色，體側上部具斑塊，體側布滿橘紅斑點，斑點較為粗大。	灰黑色，體側上部具斑塊，體側布滿紅褐色斑點，斑點較細。	淺灰帶黃，體側上部具斑塊，體側布滿黃褐色斑點，斑點成列。
第一背鰭	藍黑斑約占1～3根鰭條，第二背鰭具斑點，斑點成列。	藍黑斑約占1～3根鰭條，第二背鰭斑點較多，而且細小。	藍黑斑約占1～4根鰭條，第二背鰭斑點最少，斑點小於北部。
胸鰭	呈透明，基部具一白色半月弧形紋，基部具斑點，斑點成列。	鰭膜灰黑色，基部具一白色半月弧形紋，弧形紋大於北部，具斑點。	呈透明，基部具白色弧形紋，基部斑點稀疏，明顯少於中北部。
臀鰭	上部藍黑色，中下部鰭膜橘紅色。	中下部鰭膜偏藍色。	上部為黑色，中下部鰭膜黃褐帶些黑色。
尾鰭	斑點較為相連，有時相連成橫紋。	斑點細小，斑點不會相連。	斑點細小，斑點稀疏明顯少於中、北部，斑點也最為細小。
圖示			

張大口驅趕進入其領域範圍的短吻紅斑吻鰕虎。

青彈塗魚
Scartelaos histophorus

體長　可達 15cm

別名	花條、花跳	分布	臺灣西部	棲息環境	河口汽水域

棲息於沿岸的小型魚類，通常活動於沙泥底質的河口、河川下游汽水域、潟湖以及紅樹林。性喜跳躍，常在退潮後的泥底潮池區出現，一般以跳躍或爬行方式在泥沼區活動。警覺心很高，受驚擾時會躲入泥穴之中。具有領域性，通常單獨行動，以藻類、有機碎屑物及無脊椎動物為食。

形態特徵

體延長，呈長條狀，前部亞圓筒形，後部側扁，尾柄短而窄。頭長為體長 1/3。眼上側位，眼間距極窄。吻長為眼徑 2 倍，吻鈍。前鼻孔為三角形短管，短管較上頜前突。上頜略突出下頜，口稍斜裂，口裂可延伸至眼後緣下方。頰部鼓起，眼下頰部有小黑點，頭頂部與項部亦有小黑點。

體呈灰褐色，體背顏色較深，腹部為藍色，體背具小黑點，體側下部約有 5～8 條橫帶。背鰭二枚，第一背鰭鰭棘延長呈絲狀。第二背鰭基底長度約 1/2 體長，具若干黑點。胸鰭圓形。腹鰭呈吸盤狀。臀鰭與第二背鰭同形。尾鰭矛形狀，具 3 條橫紋，鰭膜白色，鰭緣黑色。

周緣性淡水魚

鰕虎科

399

大青彈塗魚

Scartelaos gigas

體長 可達 18cm

| 別名 | 花條、花跳 | 分布 | 臺灣西部地區 | 棲息環境 | 河口汽水域 |

與招潮蟹共同生活

棲息於沿岸的小型魚類，一般在沙泥底質的河口區、河川下游汽水域、潟湖及紅樹林區。性喜跳躍，常在退潮後的泥底潮池區活躍。一般以跳躍或爬行方式在泥沼區活動。警覺心很高，受驚擾會躲入泥穴之中。具有領域性，通常單獨行動，以藻類、有機碎屑物及無脊椎動物為食。習性與青彈塗魚相同。

形態特徵

體延長，有如長條狀，前部亞圓筒形，後部側扁，背緣與腹緣平直。頭長占體長 1/3。眼小，上側位，眼間距極窄。吻長為眼徑 2 倍，前鼻孔為三角形短管，短管較上頜前突。上頜略突出下頜，口稍斜裂，口裂可延伸至眼後緣下方。頰部鼓起，有兩個長條白斑，頭頂部與項部具小黑點。

體呈灰褐色，體背與體側具許多小黑點。背鰭二枚，第一背鰭鰭棘延長呈絲狀，中央鰭膜呈白色，偏上處有一黃斑，外部為一大片黑緣。第二背鰭基底很長，約體長的 1/2，鰭膜灰褐色。胸鰭圓形，基底具白斑。腹鰭呈吸盤狀。臀鰭與第二背鰭同形。尾鰭矛形狀，具許多小黑點。

周緣性淡水魚

鰕虎科

400

寬帶裂身鰕虎

Schismatogobius ampluvinculus

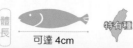

體長 可達 4cm

特有種

別名	熊貓鰕虎、狗甘仔、寬帶裸身鰕虎	分布	臺灣東部、南部、北部、東北部、東南部	棲息環境	兩側洄游（溯河型）、河川下游

雌魚

通常出現於河口未受汙染的清澈小溪中，或是獨立小溪下游純淡水域中，喜愛棲息於稍有水流的淺水區，底質為小石礫灘底混有小砂的環境。不好游動，主要以跳躍游動的方式移動，遇驚嚇或晚上時會用胸鰭撥開砂石而將自己的身體埋入其中，體色會隨環境改變，然多呈現砂石之顏色。肉食性，以小型甲殼類及水生昆蟲為食。

附註：臺灣地區與琉球列島的特有種。

形態特徵

體延長，前部圓筒形，後部側扁，背緣與腹緣呈淺弧形。尾柄高約體高 1/2。頭長為體長 1/4 ～ 1/3，頭前部具斜走黑色斑塊，頰部鼓起。眼上側位。吻鈍，吻長小於眼徑。口前位，斜裂，雄魚口裂較大，下頜略較上頜前突，口裂可達眼後緣下方。口內呈橙紅色。

體呈乳黃色，體側具二道寬橫帶。

背鰭二枚，第一背鰭前部有黑斑。第二背鰭具 2 ～ 3 列水平點紋。胸鰭長圓形，基部白色，具一黑斑，黑斑約占胸鰭 1/2，並具點紋。腹鰭呈吸盤狀。臀鰭與第二背鰭同形，具點紋。尾鰭圓扇形，中部上下各具一白斑，基部具一大型斑塊。

周緣性淡水魚

鰕虎科

401

白大巴裂身鰕虎

Schismatogobius baitabag

別名	狗甘仔、熊貓鰕虎	分布	臺灣東部、南部、東北部、東南部	棲息環境	兩側洄游（溯河型）、河川下游

周緣性淡水魚

鰕虎科

小型底棲性魚類，生長於河口未汙染的清澈小溪下游處，喜愛棲息於水流緩和的淺瀨及淺水區，底質為稍含有小細砂的小石礫中。泳力不佳，遇驚嚇時會用胸鰭將砂撥開以把自己的身軀埋入其中，擬態能力頗佳，體色會隨環境變化，以水生昆蟲為食。附註：2017 年發表之新種。

1. 雌魚 2. 體上部網紋明顯 3. 眼後 3 條眼紋有時會消失 4. 雄魚眼後具黑紋 5. 頰部具細小斑點

形態特徵

體延長，前部亞圓筒形，後部側扁，背緣與腹緣略為平直，尾柄寬大於體高 1/2。頭長為體長 1/4。眼上側位，眼間距略為內凹，眼徑大於眼間距，眼下具 3 條斜紋。吻長小於眼徑，口前位，下頜略較上頜突出，雄魚口裂較雌魚大，可延伸至眼後緣下方。頰部具小黑點。

體呈乳黃色，腹部為白色。體側上部有 3 條橫斑外，亦有網狀紋，網紋間為白斑，項部與背緣具網狀紋，網紋間有白斑；下部有 6 塊不明顯斑塊，具細小斑點。背鰭二枚，第一背鰭基底有一大黑斑，鰭緣黑色。第二背鰭具點紋。胸鰭長圓形，具 3 ～ 5 列線紋。腹鰭呈吸盤狀。臀鰭與第二背鰭同形。尾鰭圓形，具 3 列橫帶。

周緣性淡水魚

鰕虎科

403

斑紋裂身鰕虎

Schismatogobius marmoratus

體長　可達7cm

別名	裸身鰕虎	分布	臺灣東部、南部、東南部	棲息環境	兩側洄游（溯河型）、河川下游

雌魚

兩側洄游型魚類，活動於未受汙染的小溪流中，一般生活於河川中下游淡水域，喜愛棲息於水流稍和緩有小石礫之淺瀨中。泳力不佳，通常以跳躍活動方式游動。身上斑紋有擬態作用，會隨石礫顏色變化身體斑紋，遇危險或受驚嚇時會用胸鰭攪動細砂將自己埋藏在裡面。以小型無脊椎動物、小型水生昆蟲或小型蝦類為食。

形態特徵

體延長，前部圓筒形，後部側扁，體態如棒球棍狀。頭背緣具小白點，背緣與腹緣平直，尾柄高約體高 1/2，頭長為體長 1/4。眼上側位，眼徑大於眼間距，眼前緣有一斜紋。口前位，斜裂，下頜較上頜前突，口裂可至眼後緣下方，雄魚口裂為雌魚 2 倍，口內黃。

體呈乳黃色，腹部白色。體側上部具 4 條橫斑塊，橫斑間有黃網紋，網紋間為白斑，下方為不規則黑色橫斑。背鰭二枚，第一背鰭接近基底具淡黑斑，鰭棘具點紋。第二背鰭具 3～4 列點紋。胸鰭圓形，具 3～5 列黑色線紋。腹鰭呈吸盤狀。臀鰭與第二背鰭同形。尾鰭圓形，具 2 個橢圓形斑，3～4 列橫帶。

忍者裂身鰕虎

Schismatogobius ninja

體長　可達 5～6cm

別名	熊貓鰕虎、狗甘仔、雙帶裸身鰕虎	分布	僅見於臺灣東南部	棲息環境	兩側洄游（溯河型）、河川下游

雌魚

形態特徵

暖水性之小型底棲性魚類，主要出現於河口未汙染的清澈小溪下游。所處環境為純淡水域，底質為小石礫灘處，大多在水流稍有流動的淺瀨與平瀨中。花紋顏色變化頗大，一般會擬態所處環境的顏色。泳力不佳，游動時會以跳躍方式。此魚警覺性高，生性較為膽小，遇驚嚇或夜晚時則會躲入砂中或小石礫中。一般以水生昆蟲以及小蝦為食。附註：2017 年發表之新種。

　　體延長，前部圓筒形，後部側扁，背緣與腹緣平直。頭部平扁，頭長為體長 1/3。眼上側位，眼後緣具 3 條黑紋，眼間距小於眼徑。口前位，斜裂，下頜較上頜突出，上頜骨可延伸至眼後緣下方，鰓蓋具黑點。

　　體呈乳黃色，腹部白色，項部具一黑斑。體側上部有 2 條黑色橫斑，橫斑與網紋間具白斑，體下部有 5 個方形斑塊，有小白斑。背鰭二枚，第一背鰭中部有一道弧形黑帶，基底有點紋，鰭緣之鰭棘亦有點紋。第二背鰭具 3～4 列點紋。胸鰭圓扇形，有 4～5 列點紋。腹鰭呈吸盤狀。臀鰭與第二背鰭同形，鰭膜黃色。尾鰭圓形，基底上下各具一白斑，基部有一圓弧斑紋，具點紋。

周緣性淡水魚

鰕虎科

薩波立裂身鰕虎

Schismatogobius sapoliensis

體長  可達 4cm

別名	薩波立裸身鰕虎、熊貓鰕虎	分布	臺灣東部、東北部、東南部	棲息環境	兩側洄游（溯河型）、河川中下游

雌魚

兩側洄游的小型鰕虎科魚類，一般棲息於河川中下游的純淡水域。體型小，為了躲避天敵，故躲藏於稍具有水流的淺瀨區。擬態能力強，遇驚嚇就立刻躲入小石礫砂中。發現地點常在水深 20～30 公分的水流區，常與其他裸身鰕虎混棲，顏色隨環境而改變，大多呈砂石之顏色。肉食性，以小型甲殼類及水生昆蟲為食。附註：2018 年發表之新種。

形態特徵

體延長，前部圓筒形，後部側扁，背緣與腹緣平直。頭長為全長 1/4。眼上側位，眼間距有一橫紋，眼後下方有兩條黑色斜紋。口斜裂，雄魚口裂較大，可達眼睛後部。口端位，下頜突出上頜，口腔黃色。

體色多變，體側具兩大斑塊，第一道為倒 Y 字斑塊，空下部分為不規則黑斑。第二道為 2 正 Y 相連斑紋，相連有 3 個空區，具不規則斑紋。背鰭二枚，均有點紋。胸鰭長圓形，具一黑斑占胸鰭面積 1/2 以下，黑斑以下具點紋。腹鰭呈吸盤狀，吸盤處有小黑點。臀鰭與第二背鰭同形。尾鰭長圓形，前部呈黑色斑塊，斑塊後方之中部為 2 白點。

周緣性淡水魚

鰕虎科

406

薩氏裂身鰕虎

Schismatogobius saurii

體長　可達 5cm

| 別名 | 薩氏裸身鰕虎 | 分布 | 臺灣東南部 | 棲息環境 | 兩側洄游（溯河型）、河川下游 |

小型底棲性魚類，發現於河口未汙染的清澈小溪中游。喜愛棲息於水流緩和的淺瀨及淺水區，底質稍含有小細砂的小石礫區中。泳力不佳，遇驚嚇時會用胸鰭撥砂以將自己的身軀埋入砂中。體色隨環境變化，擬態能力頗佳。以水生昆蟲為食。附註：2017 年發表之新種。

形態特徵

體延長，前部亞圓筒形，後部側扁，背緣與腹緣平直。項部頗寬。頭長約體長 1/3 ～ 1/4。鰓蓋與頭緣、項部具褐色網狀斑，項部有一斑塊，頰部具若干小斑亦呈網紋狀。眼上側位，眼徑大於兩眼間距，眼眶為放射點紋。口前位，下頜略較上頜突出，口裂大，接近前鰓蓋處。上下頜具網紋，口腔黃色。

體呈灰白色，腹部白色。體側上部有 3 道橫斑，橫斑中央為網紋狀斑，體側下部具 5 個分裂狀斑塊。背鰭二枚，具二道縱向點紋。第二背鰭鰭棘具 3 ～ 4 道點紋。胸鰭圓形，具 3 ～ 5 列點紋。腹鰭呈吸盤狀。臀鰭與第二背鰭同形，鰭膜黃色。尾鰭長圓形，具 4 道橫紋。

周緣性淡水魚

鰕虎科

407

長身裂身鰕虎

Schismatogobius sp.1

體長 可達 5cm　未描述種

別名	迷彩熊貓鰕虎	分布	臺灣東部、南部、東南部	棲息環境	兩側洄游（溯河型）、河川下游

雌魚

底棲性的小型魚類，通常出現於清澈未受汙染的小型溪流下游之純淡水域，喜愛棲息在水流稍緩的淺瀨或平瀨區，底質為細小的石礫區，泳力差，不好游動。擬態能力強，遇驚嚇時會躲入小石礫灘中，且體色會隨周遭環境改變。一般以水生昆蟲為食，具領域性，夜間通常躲於小石礫灘中。

形態特徵

體延長，前部圓筒形，後部側扁，背緣與腹緣平直。體細長，尾柄為體高 2/3，頭長約體長 1/4 ～ 1/3。眼上側位，眼間距小於眼徑。頰部具 4 條黑色斑紋。口前位，斜裂，下頜較上頜突出，口裂可延伸至眼後部下方。

體呈乳黃色，腹部白色。體側上部具 3 道橫斑，尾柄基部中央有一黑斑，體側下方有許多不規則縱斑。橫斑間體表呈褐色網紋。背鰭二枚，第一背鰭具點紋，鰭膜透明。第二背鰭具 3 列縱向點紋。胸鰭圓扇形，下部白色，具 5 ～ 6 列點紋，鰭膜灰白。腹鰭呈吸盤狀。臀鰭透明無斑與第二背鰭同形。尾鰭圓形，基部中央有一黑斑，上下各有一橢圓白斑，後部具 2 ～ 3 道點紋。

寬顎裂身鰕虎

Schismatogobius sp.2

體長 可達 5～6cm　未描述種

別名	闊嘴熊貓鰕虎	分布	臺灣東南部	棲息環境	兩側洄游（溯河型）、河川下游

兩側洄游型魚類，主要棲息於河口未汙染的小溪中。發現此魚的環境在一條溪流的中下游流域，底質為小石礫灘。此魚住在小石穴，遇驚嚇時會躲入小石礫灘中。泳力差，不好游動。擬態能力強，通常在稍有流速的淺瀨中，以水生昆蟲為食。

張大口狀

形態特徵

　　體延長，前部呈圓筒形，後部側扁，背緣與腹緣平直。頭部頗大，乳白色，頭長為體長 1/3。背鰭前緣有一大黑斑塊。眼上側位，眼間距小於眼徑，眼後有 3 條放射紋。吻長小於眼徑，口前位，斜裂。上下頜具黑色斑點，口裂長可達前鰓蓋。頰部具小細點。

　　體呈白色，體側上部有三大斑塊，體側下方為 6 個不規則小斑塊。背鰭二枚，第一背鰭有 3 ～ 4 道點紋，第二背鰭具 4 ～ 5 道點紋。胸鰭長圓形，具 5 ～ 6 道點紋，具白斑，基底白色。腹鰭呈吸盤狀。臀鰭與第二背鰭同形，鰭膜透明。尾鰭圓形，具數列黑色點紋。尾柄有一斑塊。

周緣性淡水魚

鰕虎科

蛙吻裂身鰕虎

Schismatogobius sp.3

別名	蛙吻裸身鰕虎	分布	臺灣東南部	棲息環境	兩側洄游（溯河型）

周緣性淡水魚

鰕虎科

喜愛出現於河口未汙染的極為清澈小溪中，通常出現於小溪下游純淡水域。棲息環境為稍有水流的淺水區，底質為小石礫灘底混有小砂的環境。不好游動，主要移動方式為跳躍游動，遇驚嚇或晚上時會用胸鰭撥開砂石而將自己身體埋入砂石中。顏色隨環境而改變，大多變化為砂石的顏色。肉食性，以小型甲殼類及水生昆蟲為食。

1. 第一背鰭具一道縱向黑色細帶與一列縱向點紋
2. 體色多變

形態特徵

體延長，前部圓筒形，後部側扁，背緣與腹緣淺弧形，尾柄頗長。頭長為體長 1/3。頭背緣有 3～4 個不明顯斑點。頭前部具斜走黑褐色斑塊，體色變化時會占滿整個頭部。眼上側位，眼睛前側有兩小點。口前位，斜裂，口裂約頭長 1/2，正面看有如角蛙的嘴巴。

體呈灰白色，體側上部有 4 個斑塊，第二與第四個斑塊與體側下部 2 個斑塊相連，上部斑塊間有不明顯蠕紋斑，下部具小黑點。背鰭二枚，第一背鰭具一黑帶與一列點紋。第二背鰭具 3～4 道黑色點紋。胸鰭長圓形，具一黑斑占胸鰭 1/2 以下。腹鰭呈吸盤狀，前部帶黑。臀鰭與第二背鰭同形，具 2 列點紋。尾鰭圓扇形，基底為一大斑塊，中央上下處各有一白斑，鰭條帶黑色點紋。

周緣性淡水魚

鰕虎科

411

短體裂身鰕虎

Schismatogobius sp.4

別名	短體裸身鰕虎	分布	臺灣東南部	棲息環境	兩側洄游（溯河型）、河川下游

雌魚

兩側洄游型魚類，主要棲息於河口未汙染的小型溪流中。它的棲息環境通常在底部為小細砂與小石礫的混合區，水深通常不深，喜愛稍有流速的淺瀨區。泳力不佳，游動時通常都以跳躍方式游動。此魚遇警戒時，會拍動胸鰭隨時準備躲入砂中或遊走避難。顏色隨環境而改變，大多變化為砂石之顏色。肉食性，以小型甲殼類及水生昆蟲為食。

形態特徵

體延長，前部圓筒形，後部側扁，背緣與腹緣平直。頭長為體長 1/3，頭背緣與第一背鰭前部具白斑。眼上側位，吻長小於眼徑，眼眶有褐色放射斑。口前位，斜裂，下頜比上頜前突，雄魚口裂約眼睛 2 倍，口內呈橙紅色。

體呈紅褐色，體側上部有二道橄欖綠斑塊，斑塊中具 3 個白斑，斑塊邊緣為白色，斑塊後方約有 4 ～ 5 道不規則線紋。體側上部具褐色蠕紋，體側下部為不規則紋路與小細點。背鰭二枚，第一背鰭有一道點紋與細小縱帶。第二背鰭則有 3 ～ 4 道點紋。胸鰭長圓形，基底具小圓點，有 3 ～ 4 道點紋。腹鰭呈吸盤狀。臀鰭與第二背鰭同形。尾鰭長圓形，具 4 ～ 5 個大白斑。

巴卡羅裂身鰕虎

Schismatogobius sp.5

體長 可達 5cm

未描述種

別名	巴卡羅裸身鰕虎	分布	臺灣東南部	棲息環境	兩側洄游（溯河型）、河川下游

雌魚

兩側洄游型小型鰕虎科魚類，喜愛棲息於河口未汙染的小溪，底質環境以小石礫底為主要棲地。泳力不佳再加上體型小，所以都躲於流速平緩的淺瀨，深度不會超過50公分的環境。體色多變，但主要以石頭或砂礫顏色作為擬態變化。主要以小型無脊椎動物或小型水生昆蟲及蝦類為食。

形態特徵

體延長，前部圓筒形，後部側扁，背緣與腹緣平直，項部有一不明顯方形斑。頭長為體長 1/4。眼上側位，眼眶有 3 個放射性紋路。吻鈍，吻長小於眼徑，口前位，斜裂，口裂占 1/2 頭長。口內橘黃。頰部具不規則紋路。

體呈黃褐色，體側上部具 3 個橫向斑塊，斑塊中有白色斑點。斑塊間有不規則紋路相連，紋路中為白斑填補，下方為 4 ～ 5 個橫斑。胸鰭圓扇形，基底白色帶黃，具 3 道點紋。背鰭二枚，第一背鰭一深一淺黑色縱帶。第二背鰭具 3 ～ 4 道點紋。腹鰭呈吸盤狀。臀鰭與第二背鰭同形。尾鰭長圓形，基底鰭膜黑色具 2 個白斑，後部也有 2 個白斑。

周緣性淡水魚

鰕虎科

413

日本瓢鰭鰕虎

Sicyopterus japonicus

別名	烏老、紅頭烏老、和尚魚、日本禿頭鯊	分布	臺灣東部、南部、北部、東北部、東南部	棲息環境	兩側洄游（溯河型）、河流全段

兩側洄游型魚類，主要棲息於河口未受汙染的溪流當中。仔稚魚具有很長的漂浮期，其成長至一定體型則會開始上溯至適當的棲息環境。溯河性極強，腹鰭具強大的吸盤，可以在水流湍急的地方活動。白天警覺性頗高，遇驚嚇有鑽沙的本能。通常躲藏於深潭的石穴，或吸附於水流湍急的瀨區石頭上。主要以藻類為食。

周緣性淡水魚

鰕虎科

1. 雌魚
2. 幼魚
3. 剛進入溪中的稚魚
4. 野外剛入溪流的日本瓢鰭鰕虎

形態特徵

體延長，前部圓筒形，後部側扁，背緣圓弧狀，腹緣平直，頭背緣與吻部有黑褐色不規則斑紋。頭部爲體長 1/4。眼上側位，間距大於眼距 2～3 倍，眼下有一褐色斜紋，大型成魚此斜紋不明。吻鈍，吻長大於眼間距，口下位，呈馬蹄狀。

體呈黑褐色或綠褐色，體背有 10 條左右的橫紋。具背鰭二枚，第一背鰭的第 3、4 根鰭棘爲延長狀，雄魚的延長較明顯。幼體 10 條橫紋明顯，第一背鰭帶橘紅有黑斑。第二背鰭在成魚有 4～5 條縱紋，鰭緣有一條黑紋，幼魚則具點紋，鰭膜帶紅。胸鰭圓形。腹鰭呈吸盤狀。臀鰭與第二背鰭同形，帶灰色與淡藍色，鰭緣有黑色線紋，幼魚線紋明顯。尾鰭圓形，呈黃褐色或灰褐色。

周緣性淡水魚

鰕虎科

415

兔首瓢鰭鰕虎

Sicyopterus lagocephalus

別名	大鱗禿頭鯊、和尚魚、紅頭烏老、兔首禿頭鯊	分布	臺灣東部、南部、北部、東北部、東南部、蘭嶼等地區

周緣性淡水魚

鰕虎科

出現於河川中下游的兩側洄游型魚類，上游也有蹤跡，但其環境必須要河口未汙染的溪流，所處地點大多為水流較為湍急、底質為石礫與細砂的混合區，白天較活躍，可見成群在溪流刮食藻類，夜間或驚嚇時則躲於石縫或砂石緩和區。腹鰭的吸盤吸力佳，攀爬能力強。仔稚魚的漂浮期長，在河口或海中長至可溯河的能力即往溪流上溯。以藻類為主食，亦會攝食浮游生物及水生昆蟲等。

1. 雌魚
2. 幼魚
3. 野外豔麗的雄魚

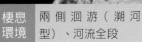

棲息環境	兩側洄游（溯河型）、河流全段

周緣性淡水魚

鰕虎科

形態特徵

體延長，前部圓筒形，後部側扁，背緣淺弧形，腹緣平直。頭部渾圓，頭長約體長 1/4。眼上側位，眼間距大於眼徑，眼後方有 2 條黑紋，眼下具眼斑。吻端包覆上頜，口下位，呈馬蹄形，上頜較下頜前突，具缺刻，上頜骨可延伸至眼前緣下方。

體呈褐色，雄成魚或發情時會顯現出金屬亮藍黑色光澤。中央具黑色縱帶，其縱帶亦具有一列斑塊與中央縱帶重疊，體背有 7 ～ 9 個斑塊。背鰭二枚，第一背鰭第 3、4 根鰭棘呈絲狀。第二背鰭下部有 2 ～ 4 條水平黑色縱紋。胸鰭長圓形。腹鰭呈吸盤狀。臀鰭與第二背鰭同形。尾鰭圓形呈紅色，中央有一縱線，外緣有馬蹄形黑紋，並具亮藍色外框。

417

長絲瓢鰭鰕虎

Sicyopterus longifilis

別名	和尚魚	分布	臺灣東部、東北部	棲息環境	兩側洄游（溯河型）、河川中下游

周緣性淡水魚

鰕虎科

兩側洄游型魚類，喜愛棲息於河口未汙染的小溪中，大多出現於水流湍急的急瀨、淺瀨。具有強力吸盤，能上溯至落差很大的溪流，不過此魚大多活動於河川中下游水域。通常於白天活動，夜晚躲於河川兩側。底棲性魚類，具群居性。一般以藻類、水生昆蟲及小型米蝦為食物來源。

418

1. 雌魚
2. 幼魚
3. 野外照

形態特徵

　　體延長，前部圓筒形，後部側扁，背鰭與腹鰭平直。頭呈彈頭形，頭長約體長 1/4，頭頂部平坦。眼上側位，眼徑小於眼間距，眼下具黑色斑紋。吻圓鈍，吻端稍比上頜前突，口下位，呈馬蹄形，上頜可延伸至眼前部下方。

　　體側上部呈橄欖綠色，下部偏淺藍色，腹部白色，體背約有 6 ～ 7 塊雲斑。背鰭二枚，第一背鰭的第 2 ～ 4 根鰭棘最長可延長呈絲狀，上部具藍斑，後下部具蠕蟲狀斑紋。第二背鰭中下部具 3 列縱向點。胸鰭圓扇形。腹鰭呈吸盤狀。臀鰭與第二背鰭同形，下部為天藍色，上部為黃色。尾鰭長圓形，鰭膜橘黃，上下各有一條藍紋，上下外緣為黃色。

砂棲瓢眼鰕虎

Sicyopus auxilimentus

別名	砂棲黃瓜鰕虎、宿霧黃瓜鰕虎	分布	臺灣東部、東南部、東北部	棲息環境	兩側洄游（溯河型）、河流全段

暖水性的小型魚類，屬兩側洄游型，主要活動於河口未受汙染，水質極為清澈的小型溪流，在溪流全段都有機會遇見，只不過大多棲息於中上游。棲息環境喜好稍有流速的淺瀨、平瀨，在潭區亦有出沒紀錄，其底質大多為小石礫底，遇驚嚇會躲入小石縫中，有鑽沙習慣。泳力佳，由於具強力吸盤，所以溯游與攀爬力很強，落差頗大的溪段也能輕易通過。領域性強，以水生昆蟲、浮游生物及藻類為食。

1. 雌魚 2. 抱卵雌魚 3. 求偶 4. 野外照（雄魚）5. 野外照（雌魚）

形態特徵

體延長，前部亞圓筒形，後部側扁，背緣與腹緣平直。頭部平扁，項部內凹，頭長約體長 1/4。眼上側位，眼間距與眼徑相等。吻長大於眼徑，口下位，上頜較下頜前突，上頜骨可延伸至眼中部下方。

體呈黃棕色，體側具一群紫藍色鑲於鱗片上的斑點，斑點群約十多個～三十多個不等，後部橘紅色。雌魚色彩較素，呈灰褐色。背鰭二枚。第一背鰭第 4 根鰭棘延長呈絲狀，鰭膜橄欖綠色，鰭棘間鰭膜帶紅色條紋。第二背鰭下部鰭膜橄欖綠，中部鰭條間鰭膜爲紅色斑點。胸鰭長圓形。腹鰭呈吸盤狀。臀鰭與第二背鰭同形，中下部鰭膜以橄欖綠爲主，中部鰭棘間有紅斑，鰭緣亮藍。尾鰭長圓形，鰭膜橄欖綠，鰭棘微黑。雌魚各鰭顏色均呈透明狀。

周緣性淡水魚

鰕虎科

421

環帶瓢眼鰕虎

Sicyopus zosterophorus

別名	環帶黃瓜鰕虎、環帶禿頭鯊、紅熊貓鰕虎	分布	臺灣東部、東北部、東南部

周緣性淡水魚

鰕虎科

兩側洄游型之小型底棲魚類，棲息於河口未汙染的獨立溪流中，常見於溪流的瀨區，以瀨區石礫縫為住所，能於急瀨中穿梭自如的便是牠那強而有力的腹鰭吸盤。攀爬力強，在那些短而落差高的小溪中也能見到牠的蹤影，在東南部落差數十米的小溪還有牠的分布。領域性強，只要有魚靠近牠的範圍便會受到此魚攻擊，繁殖期雄魚此現象更明顯。大型雄魚顏色豔麗有變化，有些大型雄魚第二背鰭基部下方體背會有螢光綠之金屬色澤，有些尾鰭帶金屬綠，有的背鰭鰭緣帶天藍色，也有三種皆有的大型雄魚，體態肥厚又極為亮麗，給人高貴威武的帝王般氣息。屬暖水性魚類，故以東南部數量較多，但不多見。偏肉食性，以小型無脊椎動物、水生昆蟲、小型甲殼類等為食。

1. 體側有 4 ～ 5 道黑褐色的橫帶
2. 雌魚乳黃帶透明
3. 豔麗的雄魚
4. 雄魚領域性強

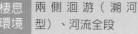
棲息環境　兩側洄游（溯河型）、河流全段

周緣性淡水魚

鰕虎科

形態特徵

體延長，前部圓筒形，後部側扁，背緣淺弧狀，腹緣平直。頭長約體長 1/4，頭背緣內凹。眼上側位，眼下具黑帶。吻圓鈍，吻端具有一圓弧黑紋。口下位，口裂接近水平狀，口呈馬蹄形，上頜較下頜突出，上頜骨可延伸至眼後緣下方。頰部鼓起。

雄魚前部體色深褐色，後部橘紅色。體背後部呈藍色或亮綠，體側有五道橫帶，由背側環繞至腹面，體表鱗片有圓弧黑紋。背鰭二枚，第一背鰭下部褐色，上部黃色，鰭緣黑色。第二背鰭下部褐色，上部為黃色或橘紅色，鰭緣黑色。胸鰭長圓形。腹鰭呈吸盤狀。臀鰭與第二背鰭同形。尾鰭長圓形。雌魚乳黃色，體側透明，有些個體有環帶，第二背鰭鰭緣橘紅色，各鰭均為透明。

423

糙體銳齒鰕虎

Smilosicyopus leprurus

別名	尾鱗微笑黃瓜鰕虎、微笑黃瓜鰕虎、青蛙鰕虎、糙體黃瓜鰕虎	分布	臺灣東部、東北部、東南部

兩側迴游型小型底棲魚類，主要生長於河口未汙染，水質極為清澈的小溪中上游。喜好棲息於岩壁地形，底質為大型岩床，水流稍微湍急的深瀨區、潭頭，稍有落差的環境、底質有小石礫與砂質交會的地方都可發現此魚蹤跡。具有極強的領域性，遇其他魚隻有極烈的驅趕動作，有在小石縫中築巢的行為，無明顯的群居性。食性以水生昆蟲與浮游生物為主，亦會找尋小型甲殼類為食。

1. 雌魚
2. 幼魚
3. 野外照

棲息環境	兩側洄游（溯河型）、河流全段

形態特徵

　　體延長，前部圓筒形，後部側扁，背緣、腹緣淺弧形。頭型有如彈頭，頭長為體長 1/5。眼上側位，眼間距較眼徑大。吻圓鈍，其吻端有一線紋，可拉至眼前緣下方。口前位，稍斜裂，上頜與下頜等長，上頜骨可延伸至吻端線紋末端下方。

　　體呈黃褐色或黃色，體背由頭部到尾部有 5 ～ 7 個斑塊。體側上部有一黑色縱紋，中央有 5 ～ 7 個圓斑，有時會消失，雌魚腹部橘紅色。背鰭二枚，第一與第二背鰭呈方形，第一背鰭上部鰭膜黃色，鰭膜下部具小黑點，呈黃褐色。第二背鰭上部黃色，中下部具小黑點。胸鰭長圓形。腹鰭呈吸盤狀。臀鰭與第二背鰭同形，鰭緣亮藍色，上部有一水平黑色縱紋，中部紅褐色，下部為黃色。尾鰭長圓形，鰭膜帶黃。

周緣性淡水魚

鰕虎科

條紋狹鰕虎

Stenogobius genivittatus

別名	條紋細鰕虎、細鰕虎、頰斑細鰕虎、種子鯊	分布	臺灣東部、北部、東北部、東南部

周緣性淡水魚

鰕虎科

一般出現於河川中下游，河口未汙染環境。由河口的半淡鹹水區至中下游的純淡水域都是此魚喜愛的地點，所處環境水質清澈，水流較為平緩，大多為沙底質，而泥底質的區域少見。不好游動，大部分時間都趴在沙質底處，遇驚嚇躲於沙中露出兩眼。具領域性，常單獨行動。此魚為雜食性，並具有濾食性，以水生昆蟲、有機碎屑物、小型蝦類等為食。

| 棲息環境 | 兩側洄游（溯河型）、河川中下游 |

1. 雌魚
2. 生境

形態特徵

體延長，側扁，背緣與腹緣淺弧形。頭長為體長 1/3。眼上側位，眼間距小於眼徑，眼下有一水滴形黑斑。吻鈍，有褐斑，口下位，口型呈馬蹄狀，斜裂，上頜與下頜等長，上頜骨可延長至眼中部下方。

體呈米黃色，體背有褐斑。腹部白色，體側中上部具黑色細點，下部黑點呈縱列，體側有 5 ～ 12 條黑色橫紋，有時會消失。背鰭二枚。第一背鰭與第二背鰭中下部各具兩條水平點紋，成魚分散為網紋，上部有淡藍色水平縱紋，鰭緣紅色。胸鰭長圓形，基部上方具一藍斑。腹鰭呈吸盤狀。臀鰭與第二背鰭同形，上部具一紅色縱紋，鰭緣淡藍色。尾鰭長圓形。

周緣性淡水魚

鰕虎科

427

眼帶狹鰕虎

Stenogobius ophthalmoporus

別名	高身種子鯊	分布	臺灣東部、南部、東北部、東南部	棲息環境	兩側洄游（溯河型）、河川下游

周緣性淡水魚

鰕虎科

屬於底棲性小型魚種，為主要出現於河口與河川中下游的魚種，可稍耐輕微汙染的河口，然而汙染太嚴重或者受化學汙染之河川則難以生存。喜歡棲息於下游的溝渠、河川兩旁的植被下方，或者泥底的石縫及稍有水流的石礫灘等環境。遇驚嚇時會鑽入沙中隱匿，有搬石築穴的習慣。具領域性，為雜食性，以水生昆蟲、小型甲殼類及有機碎屑物為食。

1. 雌魚
2. 13 公分的體型
3. 野外生境

形態特徵

　　體延長，前部亞圓筒形，後部側扁，背緣與腹緣淺弧形。頭長為體長 1/4 ～ 1/3。眼上側位，眼間距小於眼徑，眼下具一眼帶。吻圓鈍，吻部略比上頜前突。口小，前位，上頜與下頜等長，上頜骨可延伸至眼中部下方。

　　體呈黃褐色，體背顏色較深，具斑塊，體側中央有不規則斑塊，腹部白色。背鰭二枚，第一背鰭鰭棘均會延長呈絲狀，下部有 2 條縱紋，縱紋間橘色或灰白色，鰭棘具 2 ～ 3 列點紋。第二背鰭有 4 ～ 5 條橫紋。胸鰭圓形，基部上方有一黑斑，鰭膜灰白帶微黃。腹鰭為吸盤狀。臀鰭與第二背鰭同形。尾鰭長圓形，末端略尖，前部有不明顯點紋，後部鰭緣略帶紅色。

周緣性淡水魚

鰕虎科

429

皇枝牙鰕虎

Stiphodon alcedo

別名	翠鳥枝牙鰕虎	分布	臺灣東南部	棲息環境	兩側洄游（溯河型）、河川中下游

周緣性淡水魚

鰕虎科

大多出現於河口未汙染的極為清澈小溪中，一般在稍有水流的瀨區，也會出現在稍深的潭頭處，而底部多為小石礫灘帶有些細沙的環境，白天天氣晴朗時會與其他枝牙鰕虎在水流平緩的區域混棲。食性以藻類為主，也會以水生昆蟲、浮游生物及小型底棲無脊椎動物為食，屬雜食性小型魚類。附註：2012 年在臺灣首度記錄。

1. 雌魚
2. 另一變化
3. 體色變化大

形態特徵

體延長，前部亞圓筒形，後部側扁，背緣與腹緣平直，背前鱗過鰓蓋，項部內凹。頭長為體長 1/4。眼上側位，眼間距較眼徑大。吻部具亮藍色，上頜有一條黑紋。吻端包覆上頜，口下位，上頜較下頜前突，口呈馬蹄型。

體呈灰色，雄魚體側上部偏橘黃帶紅，下部具八字縱帶，縱帶寬約三道鱗列數。發情時雄魚體側較為透紅，雌魚體側較為樸素，體呈乳白色，有兩條黑色縱紋，第一道線紋呈鋸齒狀，第二條縱紋後部有幾個大斑。背鰭二枚，雄魚第一背鰭鰭棘具點紋。第二背鰭鰭膜紅色。雌魚兩背鰭透明。胸鰭長圓形，基底有一黑斑。腹鰭呈吸盤狀。臀鰭與第二背鰭同形，鰭膜紅色，鰭緣帶藍。雌魚臀鰭透明。尾鰭長圓形，具點紋，雌魚尾鰭透明。

周緣性淡水魚

鰕虎科

431

黑紫枝牙鰕虎

Stiphodon atropurpureus

別名	電光鰕虎、雙帶禿頭鯊、紫身枝牙鰕虎	分布	臺灣東部、南部、北部、東北部、東南部	棲息環境	兩側洄游（溯河型）、河川中下游

周緣性淡水魚

鰕虎科

大多出現於河口未受汙染的清澈小溪中，喜愛棲息於水流稍平緩的瀨區及潭區，亦會出現於淺水區，而底部多為小石礫灘帶有些細沙的環境。白天天氣晴朗時會與黑鰭枝牙鰕虎在水流平緩的區域混棲，具群居性，夜間或天氣陰暗時則躲於小石礫灘中。屬於雜食性魚類，以藻類為食，亦會以水生昆蟲、浮游生物及小型底棲無脊椎動物為食。

1. 雌魚
2. 野外生境

形態特徵

體延長，前部為亞圓筒形，後部側扁，背緣與腹緣平直。頭長為體長1/5。眼上側位，眼間距約與眼徑相等。吻圓鈍，吻端包腹上頜，口下位，上頜較下頜前突，口型為馬蹄型。

體呈青黑色，腹部白色，體側上部有一亮藍色金屬光澤縱帶，中央有黑色橫斑，橫斑會消失。背鰭二枚，第一背鰭鰭棘、第二背鰭鰭棘具點紋，鰭膜深黑色，鰭緣紅色。胸鰭長圓形，基部有一方形斑塊。腹鰭呈吸盤狀。臀鰭與第二背鰭同形，鰭膜黑色，鰭緣淡藍色。尾鰭長圓形，具橫帶，上部有一黑斑，此斑會消失，鰭緣藍色。雌魚體側有兩條黑色縱帶，尾柄有一黑點。背鰭、尾鰭具點紋。

周緣性淡水魚

鰕虎科

433

明仁枝牙鰕虎

Stiphodon imperiorientis

別名	東方帝王、帝王枝牙鰕虎	分布	臺灣東部、東北部、東南部	棲息環境	兩側洄游（溯河型）、河川中下游

屬於兩側洄游魚類，通常出現於清澈的小溪流中，但以中下游較為常見。在溪流的瀨區、潭頭、潭尾處較易見到其蹤跡，一般均處於稍有水流的地方，底質通常需為小石礫帶些細砂底的環境。具領域性，為底棲性魚類，不好游動。食性以藻食性為主，亦以浮游性生物或小型的水生昆蟲為食。原為日本固有種，2009 年在臺灣首度發現。

體長 可達 7cm

1. 雌魚 2. 另一型態雄魚 3. 幼魚 4. 野外雌魚 5. 黑紫枝牙鰕虎與明仁枝牙鰕虎比較

形態特徵

體延長，前部亞圓筒形，後部側扁，背緣與腹緣淺弧狀。頭長約體長 1/4。眼上側位，眼間距大於眼徑。吻圓鈍，吻端有一亮藍色半月帶，口下位，口部呈馬蹄狀，上頜包覆下頜，可延伸至眼前部下方。頰部墨綠色。

體表上部亮藍色，體呈青黑色，體側具 7～9 道不明顯橫斑，腹部白色，體背有 5～7 個亮藍色點斑。背鰭二枚，第一背鰭具 2～3 道縱向點紋，鰭緣亮藍色。第二背鰭亦具 2～3 道點紋，鰭膜有一亮藍色縱紋。胸鰭長圓形，基底具亮藍色弧形紋及密集點紋。腹鰭呈吸盤狀。臀鰭與第二背鰭同形，鰭膜青黑色。尾鰭圓形，具 5 道橫向斑紋，接近鰭緣的鰭膜為青黑色，鰭緣亮藍色，尾鰭基底有黑斑。

周緣性淡水魚

鰕虎科

背點枝牙鰕虎

Stiphodon maculidorsalis

別名	橘帆枝牙鰕虎	分布	臺灣東部、東南部	棲息環境	河川中下游

周緣性淡水魚

鰕虎科

兩側洄游型魚類，主要棲息於河口未汙染的清澈溪中，以溪流中下游較為常見，棲息環境為水流緩和的瀨區、深潭、潭頭與潭尾處，底質以小石礫灘與小沙質混合處。底棲性，有群居性，遇驚嚇與夜間會躲入沙中。以藻類為食，也會攝食水生昆蟲及浮游生物。

附註：原產印尼、菲律賓等地區，2020 年在臺灣新紀錄魚種，目前有 2 尾的紀錄。

體長 可達 7cm

1. 國外產雌魚
2. 國外產雄魚
3. 頭部上方具許多小斑塊

形態特徵

　　體延長，前部亞圓筒形，後部側扁，背緣與腹緣平直。頭長約體長 1/5。眼上側位，眼間距大於眼徑。吻圓鈍，前端較上頜前突，口下位，呈弧形狀，上頜包覆下頜。頰部有暗斑，此暗斑會消失。

　　體呈灰色，雌魚則為乳白色。體背具許多小斑點，體側具 8～9 個斑塊，雌魚具 2 條縱帶，尾柄處有一黑斑。背鰭二枚，第一背鰭與第二背鰭具點紋，第一背鰭鰭緣微紅，雄魚第二背鰭上部具黑色縱帶。腹鰭呈吸盤狀。胸鰭長圓形，具點紋，基部具斑塊。臀鰭與第二背鰭同形，上部具黑色縱帶。尾鰭長圓形，具數列橫向點紋。

周緣性淡水魚

鰕虎科

437

飾妝枝牙鰕虎

Stiphodon ornatus

別名	藍面鰕虎、黃金鰕虎	分布	目前僅發現於臺灣東南部	棲息環境	兩側洄游（溯河型）、河川中下游

兩側洄游型魚類，一般出現於河口未汙染的小溪，發現地點在小型溪流下游處，底部多為小石礫灘帶有些細沙的環境，此魚夜間或受驚嚇時會躲入小石礫中。雜食性魚類，以藻類、水生昆蟲、浮游生物及小型底棲無脊椎動物為食。

附註：2018 年新紀錄魚種。

形態特徵

體延長，前部亞圓筒形，後部側扁，背緣與腹緣平直。頭長約體長 1/4。背前鱗超過鰓蓋，眼上側位，吻長大於眼徑，吻端包腹上頜，口下位，上頜較下頜前突，口型馬蹄形。眼下有一道縱紋。頰部青綠色。

體呈偏黃色，鱗片大。體側中後段約有 10 道褐色橫帶，體背具 7 個不明顯斑塊。背鰭二枚，第一背鰭的第 4 根鰭棘最長，第一根鰭棘有點紋。第二背鰭鰭棘具 4～5 道縱向點紋，上部為一道紅色縱帶。胸鰭長圓形，具 5～7 道點紋，基部有一黑斑。腹鰭呈吸盤狀。臀鰭與第二背鰭同形，鰭膜紅色。尾鰭長圓形，具橫向點紋，鰭基有一黑斑，上緣輪廓具白紋。

帛琉枝牙鰕虎

Stiphodon pelewensis

體長 可達 7cm

別名	青面枝牙鰕虎、大洋洲枝牙鰕虎	分布	臺灣東南部	棲息環境	兩側洄游（溯河型）、河川中下游

屬兩側洄游型魚類。主要棲息未汙染的清澈小溪中，通常見於小溪流的中、下游純淡水域。其底質大多為小石礫灘，在陰天與晚上均躲於小石礫中。白天天氣晴朗時會群體出現於水流稍急的瀨區或潭頭、潭尾處。生性靈敏膽小，受驚嚇時則會立刻躲入小石礫中。群居性之底棲魚類，藻類、浮游生物、水生昆蟲及小型米蝦均為此魚的食物來源。

形態特徵

體延長，前部亞圓筒形，後部側扁，背緣與腹緣平直。頭長約體長 1/4。眼上側位，眼間距與眼徑相等。吻鈍，前端較上頜前突，口下位，呈弧形狀，上頜包覆下頜，上頜可延伸至眼前部下方。吻部與頰部具明亮青綠色。

體呈青黑色，體背具 6 ～ 7 個青綠色斑。背鰭二枚，第一背鰭與第二背鰭鰭膜紅褐色，第二鰭鰭緣白色。胸鰭圓扇形，基部具黑斑，黑斑外有一弧形青綠色紋具 5 道點紋，點紋間具青綠色點斑。腹鰭呈吸盤狀。臀鰭與第二背鰭同形，鰭膜黑色，鰭緣帶藍。尾鰭圓形，中央具不明顯的紅褐色點紋，鰭膜褐色，上部有一斑紋，鰭緣橘黃色。

周緣性淡水魚

鰕虎科

439

黑鰭枝牙鰕虎

Stiphodon percnopterygionus

別名	七彩琉璃鰕虎、雙帶禿頭鯊	分布	臺灣東部、南部、北部、東北部、東南部與離島蘭嶼

兩側迴游型底棲魚類，主要見於河口未受汙染的清澈小溪中，喜愛棲息於底質有小石礫與沙質混合的地方，通常在水流平緩的平瀨區、深潭及潭頭、潭尾處可見其蹤跡。具群居性，有築穴與鑽沙的習性。夜間通常躲於沙中，白天才是此魚活動的高峰期，在陰天時期也會躲於小石礫灘的石縫中。通常以刮食藻類為食，亦會食用水生昆蟲、小型無脊椎動物及浮游生物等。

附註：原為臺灣地區與琉球的特有種魚類，近年來在印尼巴拉望島與菲律賓也有發現紀錄。

| 棲息環境 | 兩側洄游（溯河型）、河川中下游 |

1. 雌魚 2. 小型雄魚 3. 另一型態雄魚 4. 金屬色的雄魚 5. 喜愛躲於石礫堆中

形態特徵

　　體延長，前部亞圓筒形，後部側扁，背緣淺弧形，腹緣平直。頭長約體長 1/4。眼上側位，眼下具一黑色橫帶。吻部具皮褶，口下位，上頜被吻部之皮褶包覆，上頜較下頜突出，口型呈馬蹄形。

　　雄魚體色變化大，體側上部鱗片呈金屬反光，體背具 7 ～ 9 個黃色亮斑。背鰭二枚，第一背鰭鰭棘可延伸呈絲狀。第二背鰭鰭棘具 3 ～ 5 列點紋。胸鰭圓形，鰭棘具許多小點紋。腹鰭呈吸盤狀。臀鰭與第二背鰭同形。尾鰭長圓形，具橫帶，有些個體上部有一黑塊。雌魚體呈乳白色，體背具 7 ～ 9 個黃色亮斑。體側有 2 條縱線，各鰭透明狀，尾鰭基部具一黑色圓斑。

周緣性淡水魚

鰕虎科

441

淺紅枝牙鰕虎

Stiphodon rutilaureus

體長 可達 4cm

| 別名 | 紅寶石枝牙鰕虎 | 分布 | 臺灣東南部 | 棲息環境 | 兩側洄游（溯河型）、河川中下游 |

　　兩側洄游型的小型魚類，發現此魚的地點為河口未汙染小溪中，是一種很小型的鰕虎魚類，通常棲息於底質為小石礫的淺瀨中。與一般枝牙鰕虎一樣，夜晚或受驚嚇時會躲入小石礫中。主要以藻類為食，偶爾以水生昆蟲、浮游生物及小型底棲無脊椎動物為食。附註：2017 年新紀錄魚種。

形態特徵

　　體延長，前部亞圓筒形，後部側扁，背緣與腹緣平直，兩眼後方之頭背緣各有一條褐色縱向細紋。頭長約 1/4 ～ 1/5 體長。眼上側位，眼後為一條紅色縱帶，眼下有淚斑。吻尖，吻端淺橘，包覆上頜，口下位，上頜較下頜前突，口型為馬蹄形。吻端與頰部具亮藍色。

　　體呈寶石般的橘紅色，體側有 10 道橘紅橫帶。背鰭二枚，第一鰭棘具點紋，第四根鰭棘可延長呈短絲。第二背鰭有二道亮藍點紋，基底具黑斑，上部有一黑色縱帶，鰭緣亮藍色。胸鰭長圓形，基底之前部橘紅色。腹鰭呈吸盤狀。臀鰭與第二背鰭同形。尾鰭圓形，具 3 道藍白色紋，接近基底為紅色。

周緣性淡水魚

鰕虎科

桔紅枝牙鰕虎

Stiphodon surrufus

體長 最大可達 2.5cm

| 別名 | 紅枝牙鰕虎 | 分布 | 臺灣東部、東南部 | 棲息環境 | 兩側洄游（溯河型）、河川中下游 |

有時顏色較為樸素

兩側洄游型的小型魚類，主要出現於河口未受汙染的清澈小溪中。喜愛棲息於小溪的下游純淡水處，泳力不佳，故以下游的緩流小淺灘為主要棲息地。性情膽小，常躲入小細沙中。數量零星不多見，通常以藻類為主要食物。

附註：臺灣新記錄魚種。於 2010 年 12 月首度在臺灣發現。

形態特徵

體延長，呈長條狀，前部亞圓筒形，後部側扁，背緣與腹緣平直。頭長約體長 1/5。眼上側位，眼間距與眼徑相等，眼後有一藍紋。吻尖，吻端有一圓弧的藍紋，且較上頜前突。口下位，上頜僅延伸至眼前緣下方，口型馬蹄形。頰部紅色。

體背為灰色，體表呈橘紅色，前部無鱗，後部具鱗片，有黑斑。背鰭二枚，第一背鰭鰭基較短，具 3 列水平點紋。第二背鰭具 3～4 列點紋。胸鰭長圓形。腹鰭呈吸盤狀。臀鰭與第二背鰭同形，鰭膜透明。尾鰭長圓形，內緣鰭膜橘紅色，外緣鰭膜灰白色帶透明。

周緣性淡水魚

鰕虎科

443

紅線枝牙鰕虎

Stiphodon sp.1

| 別名 | 電光鰕虎 | 分布 | 臺灣東部、東北部、東南部 | 棲息環境 | 兩側洄游（溯河型）、河川中下游 |

周緣性淡水魚

鰕虎科

　　兩側洄游型魚類，通常棲息於河口未受汙染的清澈溪流中，大多見於溪流的中下游純淡水域，喜歡在稍有水流、底質為小石礫灘的瀨區中。性情極為膽小，稍有干擾即馬上躲入小石礫中的石縫，屬底棲性魚類。為日行性魚類，在天氣晴朗時才能看見其蹤跡，夜間則躲入石礫堆中休息。具領域性，一般以藻類、水生昆蟲、浮游生物及小型無脊椎動物為食。

1. 尾柄末端具 2 個黑點
2. 吻端劃過眼部具一紅橘色線紋

周緣性淡水魚

鰕虎科

形態特徵

　　體延長，前部亞圓筒形，後部側扁，背緣與腹緣平直。頭長約體長 1/4。眼上側位，眼間距小於眼徑，吻圓鈍，吻長略大於眼徑。口下位，呈馬蹄形，上頜延伸可至眼前部下方，吻端較上頜前突。頰部亮藍色。

　　體背為黑褐色，腹部白色。體側具兩條紅褐色縱紋，縱紋間為亮藍色。具背鰭二枚，兩背鰭透明，第一背鰭第 5

與第 6 根鰭棘具有少量點紋。第二背鰭下部之鰭棘帶黑色，下部帶些許點紋。胸鰭長圓形，鰭膜灰白略帶黑色。腹鰭為吸盤狀。臀鰭與第二背鰭同形，鰭膜黑色，鰭緣淡藍色。尾鰭長圓形，內緣具黑斑，外部鰭膜灰白，鰭緣亮藍色。尾柄末端有 2 個小黑斑。

445

青蜂枝牙鰕虎

Stiphodon sp.2

別名	紅點枝牙鰕虎	分布	臺灣北部	棲息環境	兩側洄游（溯河型）、河川下游

周緣性淡水魚

鰕虎科

兩側洄游型魚類，目前發現的溪流為較大型獨立水系，水流量大，在枯水期時無斷流且保持一定水量，而底質通常為石礫灘，旁邊具有大石，喜愛有些深度的流區或潭區，混於其他枝牙鰕虎群中。以水生昆蟲、藻類、浮游生物為食。

附註：2012 年由好友孫文謙先生所發現的枝牙鰕虎屬未描述魚種，但是否為新種則有待學術單位來證實。

446

1. 有時會變成金色
2. 較大型個體

形態特徵

體延長，前部亞圓筒形，後部側扁，背緣與腹緣平直，背前鱗不過鰓蓋。頭長為體長 1/4。頰部藍色有時會變黑。眼上側位，眼間距等於眼徑。吻短，吻端亮藍色，包覆上頜，口下位，上頜較下頜前突，口呈馬蹄形。

體偏青綠色，亦會變成金黃色，體背、體側有 7 個斑塊。背鰭二枚，第一背鰭鰭膜黑色，可變成紅褐色，鰭棘有 3 ～ 5 道點紋。第二背鰭鰭膜紅褐色，具 3 ～ 4 道點紋，鰭緣白色。胸鰭圓形，具 6 ～ 7 道點紋。臀鰭與第二背鰭同形，具點紋。尾鰭圓形，中央具點紋，鰭膜黑色，上部鰭緣有一紅斑。

周緣性淡水魚

鰕虎科

447

灰盲條魚

Taenioides cirratus

| 別名 | 鬚鰻鰕虎、鰻鰕虎、鬚擬鰕虎、長身狗甘仔 | 分布 | 臺灣西部、北部、東北部 | 棲息環境 | 潟湖、河口、河川下游 |

小型魚體

主要生長於港灣、河口或河川下游的紅樹林溼地及潟湖中，喜好沙泥底質環境，水體大多為半淡鹹水區，較少進入純淡水域中。頗能忍受汙染嚴重的水域，通常會隨潮水而移動，穴居，大部分時間都躲於洞穴之中，泳力不佳，故不好游動。雜食性魚類，以有機碎屑物、小魚、小蝦為食。

周緣性淡水魚

鰕虎科

形態特徵

體延長，如鰻形，前部圓筒形，後部漸呈側扁，背緣與腹緣平直。頭長為體長 1/11。眼退化。吻部寬鈍，口上位，下頜較下頜突出，正面看嘴型如馬蹄狀，上頜之牙齒露出明顯。吻部、眼下及鰓蓋處可明顯看到各有一條乳突線，頭部腹側前直兩側各有 3 根短鬚。

體呈金屬黃色或鉛紅色，體背顏色較深，腹部白色，體側有 26～28 個黏液孔。背鰭基底頗長，占體長 4/5，鰭膜為淡黃帶些紅色。胸鰭短小，呈圓形。腹鰭呈吸盤狀。臀鰭與背鰭同形，基底較背鰭基底短，以肛門為起點，延伸至尾柄處，鰭膜紅色帶點白色。尾鰭呈矛形狀，鰭膜紅褐色。

雙帶縞鰕虎

Tridentiger bifasciatus

體長　最大 12cm

| 別名 | 雙帶縞鯊、狗甘仔 | 分布 | 臺灣北部、西部 | 棲息環境 | 潟湖、河口、河川下游 |

橫向斑塊有時顯現

近岸底棲性之小型魚類，主要棲息於河口、港灣、潟湖、河川下游之半淡鹹水域中，很少進入淡水域。棲息環境以沙泥底質區、近岸沿海的淺水區與潮池為主，通常躲於石縫中，主要攝食以小魚、小型甲殼類、橈足類及底棲無脊椎動物為主。

形態特徵

體延長，前部圓筒形，後部側扁，背緣與腹緣呈淺弧形。頭長為體長1/3。眼上側位，眼間距小於眼徑。吻短，吻長小於眼徑。口前位，稍斜裂，上下頜約等長，上頜骨可延伸至眼前部下方。頰部具白色斑點，斑點會消失，亦具褐色橫紋。

體呈鵝黃色，腹部白色。體側具 2 條黑色縱帶，7～8 個橫向斑塊，體背具 7～9 斑塊，體背與體側斑塊有時消失。背鰭二枚，第一背鰭具 3～4 條紅色點紋。第二背鰭具 4～5 條紅色點紋。胸鰭圓形，最上方具兩根分支鰭棘。腹鰭呈吸盤狀。臀鰭與第二背鰭同形，鰭膜微黃。尾鰭圓形，基底上下具一黑點，具 4～5 紅色橫紋。

周緣性淡水魚

鰕虎科

449

裸頸縞鰕虎

Tridentiger nudicervicus

| 別名 | 裸頸縞鯊、狗甘仔 | 分布 | 臺灣西部、南部 | 棲息環境 | 潟湖、河口、河川下游 |

雌魚

主要出現於內海港灣、潟湖、河口與河川下游的半淡鹹水處，亦有進入至純淡水域的記錄，可見其對鹽度變化大的環境適應力頗強。棲息環境為沙泥底質，像是紅樹林區、潮池、潮溝及溝渠的淺水區皆可見其蹤跡。大多躲於小石礫或蚵殼及泥穴中。以水生昆蟲、小魚、橈足類、小型甲殼類等為食。3～5月為此魚的產卵期，會至沿岸淺水區產卵。

形態特徵

體延長，前部圓筒形，後部側扁，背緣與腹緣淺弧形。頭長約體長 1/3。眼上側位，眼間距小於眼徑，眼下部具一水平縱帶。頰部具一水平縱帶。吻鈍，口前位，稍斜裂，上下頜等長，上頜骨延伸至眼前緣下方。

體色大多為淺棕色，常隨環境變化。腹部白色。體背有 7～8 個方形斑塊，體側中央有一條具些許分段的縱紋，上部有黑色細斑。背鰭二枚，第一背鰭具 3 條水平點紋。第二背鰭亦有 3～5 條點紋。胸鰭圓扇形，基部上方有一黑點。腹鰭呈吸盤狀。臀鰭與第二背鰭同形，鰭膜灰白。尾鰭圓形，具 3 條橫向點紋。尾柄上下各一小黑斑。

中間孔眼鰕虎

Trypauchenopsis intermedia

體長 可達 15cm

別名	紅鰻鰕虎	分布	臺灣目前僅見於東北部地區	棲息環境	河口、河川下游

頭部特寫

此魚發現於河川下游汽水域及河口區。底質為泥質底，此魚跟著潮水潮線移動。通常躲於泥穴當中，故不易見到。常與 *Taenioides cirratus*（鬚鰻鰕虎）及 *Caragobius urolepis*（尾鱗頭鰕虎）混棲。屬雜食性，喜好以有機質碎屑物、小型魚蝦等為食物來源。

形態特徵

體延長，側扁，呈鰻形狀。頭長為體長 1/7。頭緣、吻部、頰部及鰓蓋有許多突起的小皮褶。眼小，上側位，眼退化，隱於皮下。吻短，吻端黃色，口前位，下頜較上頜突出。上下頜有不明顯小齒。

體呈紅色，體側可看到橫向白紋。背鰭相連，長形。背鰭基底長占體長 5/7，鰭膜鮮黃。胸鰭短圓形，不超過腹鰭。腹鰭呈吸盤狀。臀鰭與背鰭同形，基底約背鰭 1/2，鰭膜帶黃。尾鰭呈矛形偏圓，中央部鰭膜偏黑，上下帶黃。背鰭、臀鰭與尾鰭相連。

周緣性淡水魚

鰕虎科

451

多鱗伍氏鰕虎

Wuhanlinigobius polylepis

體長

可達 5cm

| 別名 | 紅唇克利米鰕虎、紅口鰕虎、胭脂葦棲鰕虎 | 分布 | 臺灣北部、西部地區 | 棲息環境 | 潟湖、河口、河川下游 |

雌魚

暖水性的小型底棲魚類，見於河口、河川下游、潟湖、紅樹林及沿海之溝渠。棲息環境為泥底淺水區、退潮後之泥灘小潮池。跳躍力強，遇有一小積水，即能以小積水活動至另一潮池中。通常以螃蟹之洞穴居住，受驚嚇則立刻躲入泥穴。一般以藻類、有機碎屑物、多毛類、浮游生物與小型底棲動物為食。

形態特徵

體延長，前部亞圓筒形，後部側扁，背緣與腹緣平直。頭長為體長 1/4。眼上側位，眼間距大於眼徑，眼下後緣具斜帶，眼前緣則有一短斜紋。吻短，口前位，稍斜裂，上下頜等長，上頜骨可延伸至眼中部下方，下唇紅色。頰部有一條水平線紋，頤部有一線紋。

體呈黃棕色或灰棕色，腹部白色，

體背有不規則小碎斑，體側有 2 條縱向小碎斑群。背鰭二枚，第一背鰭第 1、2 根鰭棘較長，鰭膜微黃，鰭緣帶藍色。第二背鰭鰭膜微黃，鰭緣帶藍。胸鰭長圓形。腹鰭呈吸盤狀。臀鰭與第二背鰭同形，鰭緣藍色。尾鰭長圓形，鰭緣有一馬蹄型紋，基部上方有一藍點，雌魚尾鰭有明顯褐色斑點。

周緣性淡水魚

鰕虎科

452

雲斑裸頰鰕虎

Yongeichthys nebulosus

體長 | 可達 18cm

別名	雲紋裸頰鰕虎、雲紋楊氏鰕虎、雲紋細棘鰕虎、三斑鰕虎	分布	臺灣西部、南部、北部、東北部	棲息環境	潟湖、河口、河川下游

棲息於河口、沿海內灣處，河川下游、潟湖等地也可見到其蹤跡。喜好棲息於沙泥底質，通常躲藏於平靜的水域當中，或是在沙泥底質旁的小石堆中躲藏，屬底棲性魚類。此魚有劇毒，若誤食則有致人於死的可能。群居性，但稍有領域性。以無脊椎動物、有機碎屑物及小型魚蝦為食。

形態特徵

體延長，側扁，背緣平直，腹緣淺弧形。頭長約體長 1/3。眼背側位，眼徑大於眼間距，眼前緣與下緣具 2 條斜帶。吻鈍，項部有一斜斑，頭背緣則有一群小雲斑結合斑塊。

體呈淡褐色或灰褐色，體背具 3～4 個斑塊，體中央具 3 黑斑，體表布滿小型不規則褐斑。背鰭二枚，第一背鰭具有 2 條水平縱斑。第二背鰭具 2～4 列縱斑。胸鰭圓扇形，鰭基具 2 暗斑。腹鰭呈吸盤狀。臀鰭與第二背鰭同形，基底長略短於第二背鰭。尾鰭長圓形，內緣有若干褐色斑，外緣鰭膜黑色。

周緣性淡水魚

鰕虎科

453

尾斑舌塘鱧

Parioglossus dotui

別名	直昇機	分布	臺灣東北部、南部、東部、東南部	棲息環境	潟湖、河口

主要出現於珊瑚礁區、沿岸較深之潮池、河口紅樹林及潟湖的半淡鹹水區。屬於上層魚類，通常進入河口時是隨潮水進入河口區域。此魚頗具群居性，通常成群出沒，以小型浮游生物為食。

周緣性淡水魚

鰕塘鱧科

形態特徵

體延長，側扁，背緣淺弧狀。頭長為體長 1/5。眼側位，眼上緣為藍色，眼間距與眼徑相等。吻短，口前上位，下頜較上頜突出，口裂小，僅延伸至眼前緣下方。

體呈淡棕色帶透明，腹部白色。體側有一黑色縱帶，縱帶上有一條黃色縱線，若發情時在頰部與鰓蓋處有亮藍色斑。背緣有一縱線，背鰭分離，具 2 枚。第一背鰭以第 5 根鰭棘最長。第二背鰭基底約體長 1/3 ～ 1/2。胸鰭透明，上方具游離鰭條，分叉，胸位。臀鰭與第二背鰭同形，第二背鰭略大於臀鰭。尾鰭稍內凹，基部有一黑斑，黑斑上方帶黃。

華美舌塘鱧

Parioglossus formosus

體長  可達 6cm

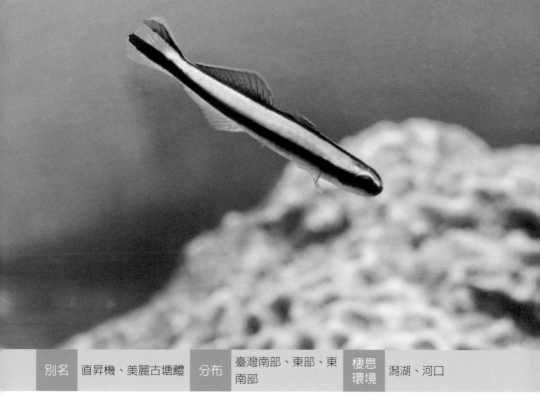

別名	直昇機、美麗古塘鱧	分布	臺灣南部、東部、東南部	棲息環境	潟湖、河口

暖水性的小型魚類，常見於潮池或近海珊瑚礁區，偶爾在河口及潟湖或紅樹林之沼澤區可發現。具群居性，警覺性高，較易受到驚嚇，受驚嚇時會躲入岩礁石縫中或躲入較深的區域中。以浮游生物為食。

周緣性淡水魚

鰭塘鱧科

形態特徵

體延長，側扁，背緣為淺弧狀，具一低長項冠，腹緣平直，腹部白色。頭長約體長 1/5。眼側位，眼間距小於眼徑，上緣帶藍色。口前上位，下頷較上頷突出。

體背為青灰色，有一條黑色細縱線，接近尾鰭上方帶藍。體側亦有一條黑色縱帶，此縱帶較粗，在尾鰭下方帶藍，兩縱帶間的尾鰭帶黃，體側較粗的縱帶上有一金黃色線條。背鰭 2 枚，第一背鰭與第二背鰭具許多細小黑點。胸鰭基部具黑點。腹鰭與臀鰭為灰白透明狀。雄魚尾鰭稍有分叉，雌魚則為截形。

圓眼燕魚

Platax orbicularis

體長　可達 50cm

別名	紅蝙蝠、燕仔鯧、富貴魚、黑巴鯧	分布	臺灣東部、南部、北部、東北部	棲息環境	潟湖、河口

較大幼魚

幼魚主要出現於河口、河川下游的半淡鹹水域，成魚則出現於清澈珊瑚礁海域較深處。成魚大多為群游，幼魚泳力較差，通常在近岸港灣、潟湖、河口及河川下游可見其蹤跡。幼魚通常躲於漂浮性的掩蔽物，如枯葉般隨波逐流，因此在外海浪大或颱風過後沿海出現大量枯木、枯枝及海藻時，會出現其幼魚。雜食性魚類，一般以藻類、浮游生物、無脊椎動物及小魚、小蝦為食。

形態特徵

體呈菱形狀，體側極為側扁。體高極高，大約等於體長。成魚頭背緣及背緣前部隆起較明顯，幼魚則無隆起狀，頭部呈三角形狀，眼側位。吻短而鈍，口下位，稍斜裂，上頜與下頜略為等長。

成魚體呈褐色，幼魚為紅褐色如枯葉狀，頭部至體側具 3 條橫帶，幼魚體側橫帶較不明顯，體側中央有小白斑，

大型魚體則無，幼魚尾鰭基部有一橫向黑紋。背鰭鰭高，如三角狀，鰭膜上部黑色。胸鰭窄小，鰭膜透明。腹鰭呈長三角狀，幼魚有小黑斑，成魚黑褐色，幼魚鰭緣微黑。臀鰭三角形狀，與背鰭同形，幼魚鰭膜紅褐色帶些黑色小斑。成魚臀鰭鰭膜黑褐色。尾鰭為截形或雙凹形，鰭膜灰白透明，大型魚體鰭膜黑褐色。

尖翅燕魚

Platax teira

別名	蝙蝠魚、鯧仔、黑巴鯧、燕魚、富貴魚	分布	臺灣各地均有機會見到	棲息環境	潟湖、河口

幼魚時期，常可以在近岸、漁港、河口、潟湖等區域見到。常與漂流物為舞，在浪大時期可看到大量幼魚，大型魚則常在珊瑚礁區群體活動。以浮游生物及藻類為食，亦會捕食小魚及小型甲殼類。

形態特徵

　　體呈菱形狀，側扁。體高極高，略小於體長。幼魚時期頭部有一弧形橫紋。眼小，稍前側位。口小，亞端位，上下頜等長，口稍斜裂，可達眼前緣。

　　幼魚體色呈紅褐色，體側背鰭基部為一大黑塊。尾柄處有一大黑塊，此黑塊會消失。背鰭如三角狀，末端顏色較深。胸鰭窄小。臀鰭三角形狀，與背鰭同形，末端顏色較深。腹鰭喉位，呈長形，如緞帶狀。幼魚尾鰭透明，呈圓形。成魚尾鰭為雙凹形。成魚背鰭與臀鰭呈圓形狀。成魚體色灰白，體側有 3 道黑色橫斑。

周緣性淡水魚

白鯧科

457

金錢魚

Scatophagus argus

別名	黑星銀魕、變身苦、金鼓	分布	臺灣各地均有	棲息環境	潟湖、河口、河川下游

周緣性淡水魚

金錢魚科

通常出沒於沿海內灣蚵棚處、潟湖、河口、河川下游的汽水域中，在河口還蠻容易見到其蹤跡，甚至港灣的堤防也很常見。在河口的汽水域常可見到數量成群的幼魚，或是在港區、內灣岩石區有青苔的地方也可看到此魚刮食藻類的情形。雜食性但偏藻食性，以藻類、小魚、小型甲殼類、多毛類等為食，有時也會攝食貝類。

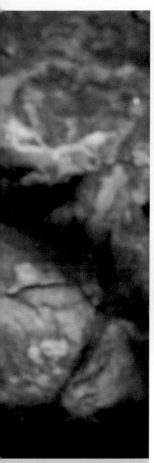

1.2.3. 幼魚期變化

形態特徵

　　體側扁，呈卵圓形。頭小，稍呈菱形狀。眼上側位。口小，前位，上下頜短狀，口器無法伸縮。幼魚頭部有二道橫帶，成魚則無橫帶。

　　體呈黑褐色，幼魚背部帶些紅色斑點，此斑點隨體型成長而漸消失。幼魚時體側爲橫帶，隨體型成長，其橫帶會分列爲若干黑色橢圓形斑點狀，體側下半部至成魚時帶紫色，體側線完全。背

鰭連續，硬棘部與軟條部具深刻，尾鰭偏向截形。背鰭、臀鰭、尾鰭基底具若干斑點，隨體型大小有些不同，幼魚則是一片黑色斑塊，在幼魚時尾鰭、臀鰭及背鰭軟條部鰭緣爲白色，腹鰭鰭膜帶黑，胸鰭透明但基底具黑斑。

周緣性淡水魚

金錢魚科

459

褐臭肚魚

Siganus fuscescens

體長 可達 30cm

別名	臭肚、象魚仔、羊耶仔	分布	臺灣西部、北部、東北部、西南部	棲息環境	潟湖、河口、河川下游

近海沿岸常見的魚類，通常會活動於珊瑚礁海岸、河口、河川下游、潟湖蚵棚處、內灣、港灣等地區，一般棲息在河口與河川下游之半淡鹹水區，純淡水區則無法見到。具群居性，常在河口與港灣區啃食藻類，屬雜食性偏藻食性，亦會食用一些無脊椎動物及甲殼類。

形態特徵

體呈卵圓形，側扁。頭背部呈淺弧狀，頭頗小。眼上側位。吻短有內凹，口小，上頜較下頜突出，上唇較下唇厚。

體呈灰褐色，體側有白色斑點，參雜些許褐色細點。體表會出現 5 道橫斑，橫斑有時會消失。尾柄極細。背鰭有硬棘與軟條，硬棘部大於軟條部，背鰭連續。胸鰭透明無色。腹鰭胸位，具硬棘，臀鰭約背鰭基底 1/2 之長度，亦有硬棘部與軟條部，其軟條部之鰭條較硬棘部多。背鰭、臀鰭與腹鰭有黑色斑駁。硬棘皆有毒腺。尾鰭呈內凹形，鰭膜透明。

星斑臭肚魚

Siganus guttatus

別名	金點臭肚、星點臭肚、臭肚、象魚	分布	臺灣主要出現北部、東北部、西部、南部等地區	棲息環境	潟湖、河口、河川下游

棲息於近海岩礁區覓食藻類或浮游生物之魚類。此魚常出現於潟湖、河口及河川下游汽水域，一般為群居性，此魚出現時大多為十幾尾成群覓食。一般以藻類、有機碎屑物為食，較呈素食主義者。習性偏夜行性。

受驚嚇時會出現黑色斑紋

形態特徵

　　體呈橢圓形，側扁，背緣與腹緣淺弧形。頭長為體長的 1/5 ～ 1/4。頰部有 4 ～ 5 條藍色線紋。眼上側位，眼間距小於眼徑。吻長大於眼徑，口小，上頜較下頜突出。

　　體呈白色，體側有許多金色圓斑。尾柄前部有一個較大的金色斑點，此斑點驚嚇時會變黑。背鰭一枚，硬棘與軟條之間無明顯缺刻，硬棘部偏黃，軟條部鰭膜透明。胸鰭側位。腹鰭胸位，鰭膜偏黃。臀鰭與背鰭同形，具有硬棘部與軟條部且深刻明顯，硬棘部偏黃，軟條部具金黃色斑。尾鰭較呈截形狀，鰭膜透明微藍，鰭緣黑色，基部受驚嚇時會有黑色斑紋出現。

周緣性淡水魚

臭肚魚科

461

刺臭肚魚

Siganus spinus

別名	臭肚、象魚、疏網、西網、羊矮仔	分布	臺灣各地均有機會見到	棲息環境	潟湖、河口、河川下游

　　棲息於近海岩礁區覓食藻類或浮游生物之魚類，在臺灣常混於褐臭肚魚一起覓食。此魚在潟湖及河口甚至河川下游都可能見到，但只能到汽水域，無法到純淡水域生存。一般以藻類為食，亦會食用一些無脊椎動物及甲殼類。

周緣性淡水魚

臭肚魚科

形態特徵

　　體呈橢圓形，側扁，背緣呈淺弧形，腹緣呈弧型狀。頭長為體長 1/4 左右。眼上側位，眼間距約眼徑 1/2。吻短有內凹，口小，上頜較下頜突出。

　　體側上部呈黃褐色，為蠕紋狀斑紋，腹部白色。背鰭一枚，深刻明顯，具硬棘部與軟條部，硬棘鰭條具 2～3 道斑紋，鰭膜黃色，軟條部鰭膜透明略帶黑。胸鰭側位，鰭膜透明。腹鰭胸位，具少許黑斑。臀鰭與背鰭同形，具硬棘部與軟條部且深刻明顯。軟條部與背鰭軟條部基底相對。臀鰭硬棘白色，具 3～4 道點紋。尾鰭具數條暗色橫帶。較呈截形狀。

藍帶臭肚魚

Siganus virgatus

體長

可達 30cm

別名	臭肚、象魚、羊矮仔、假狐狸	分布	目前僅在南部地區發現、離島澎湖也有紀錄	棲息環境	潟湖、河口

棲息近海的岩礁區、潮池、潟湖或河口區。一般均成群活動，在臺灣並不多見，屬於中下層魚類。成魚較不會進入河口區，成魚僅在岩礁區活動。主要以藻類為食。

形態特徵

　　體延長，側扁，呈橢圓狀。頭長為體長 1/3 ～ 1/4，頭前上部有一深褐色斜塊劃過眼緣，背鰭前緣與吻部有藍色紋路。眼偏上側位，眼珠深藍色，眼眶深褐色。吻長大於眼徑，口前下位，上頜略較下頜突出。

　　體側上半部偏黃，下部白色。體側前部偏上有一斜帶及藍色紋路。背鰭一枚，無明顯缺刻，背鰭硬棘部超過背緣 1/2，硬棘部鰭膜黃色帶深褐色，軟條部黃色。胸鰭側位，透明。腹鰭腹位，呈白色略帶藍。臀鰭具硬棘與軟條，鰭基約背鰭鰭基 2/3 左右，深褐色帶藍。尾鰭微內凹，鰭膜黃色。

周緣性淡水魚

臭肚魚科

463

黃鰭刺尾鯛

Acanthurus xanthopterus

體長 可達 70cm

別名	倒吊、吊仔、粗皮仔	分布	臺灣東部、南部、北部、東北部	棲息環境	潟湖、河口

宜蘭溪流河口的刺尾鯛

近海岩礁區魚類，在岩礁港灣、潟湖、岩岸珊瑚礁一帶都有其蹤跡，幼魚偶爾會進入河口及河川下游感潮帶。常於淺水區活動，潮池也是其活動範圍。此魚較偏向海水區，河口區則是偶爾進入覓食。屬雜食性但較偏向於素食性，以有機碎屑物、藻類為食。具群居性。

形態特徵

體側扁，呈橢圓狀。頭長約體長1/4。眼上側位，眼眶帶黃。吻長稍內凹，吻頗尖，口小，端位。

體呈深褐色或橄欖綠色，體側線完全。體表皮膚粗糙，無任何斑紋。背鰭連續無深刻，前半部為硬棘，後半部鰭棘為軟條，其長度均較硬棘長，背鰭具3～5條黃色縱紋。胸鰭為黃色。臀鰭與背鰭稍成同形，但基底較背鰭短些，有3～5條縱紋。腹鰭居胸位，呈深褐色。尾柄兩側各具一根硬棘。尾鰭稍具彎月形，基部白色，其餘部分黑褐色。

布氏金梭魚

Sphyraena putnamae

別名	尖梭、金梭	分布	臺灣北部、西部、南部、東南部、東北部	棲息環境	潟湖、河口

沿海常見的魚類，港灣、潟湖、河口及紅樹林是此魚經常出沒的地點。幼魚對淡水忍受度頗高，故能棲息於半淡鹹水之汽水域，屬中上層魚類，泳力頗佳。為肉食性，通常掠食一些小魚、甲殼類等。

形態特徵

體延長，前部亞圓筒型，後部漸側扁。頭呈尖錐狀，頭長約體長 1/3。眼大，上側位，眼前有一黑色縱帶。口大具利齒，斜裂，前位。下頜較上頜突出，上頜骨可延伸至眼中部下方。

體背呈灰色，腹部白色。幼魚時體背有一列黑色斑塊，體側中央有一列斑塊群，此列斑塊至成魚時會形成ㄑ字型斑塊。側線完全。具背鰭二枚，第一背鰭起點位於腹鰭後方。第二背鰭起點稍前於臀鰭。胸鰭短小，末端位於腹鰭鰭緣末端。臀鰭基底較背鰭基底短。尾鰭深叉形。各鰭為灰白色。

周緣性淡水魚

金梭魚科

465

蓋斑鬥魚

Macropodus opercularis

體長 可達 10cm

別名	三斑菩薩魚、臺灣鬥魚、叉尾鬥魚	分布	臺灣北部、中部、東北部	棲息環境	溪流中下游、溝渠、池沼、野塘、水田

雌魚

低海拔平原性魚類，主要棲息於溪流下游、溝渠、池沼、野塘、水田等區域。通常躲藏於河川緩流區、溝渠、湖泊、池沼的水生植物區。可吞入空氣利用消化腔來呼吸，故能在低汙染低溶氧的地方生存。產卵期雄魚會在水體表面製造氣泡群供雌魚產卵用，小魚孵出後雄魚會保護仔魚。具領域性。以水棲昆蟲、浮游生物、小型甲殼類為食。

附註：曾為保育類魚種，目前已除名。

形態特徵

體延長，側扁，呈橢圓形。背緣淺弧狀。頭長約體長 1/3。眼上側位，眼間距小於眼徑，眼後方有三條藍色條紋。鰓蓋處有一藍斑。吻鈍，口上位，下頜較上頜突出，口裂小，延伸至鼻孔下方。

體呈灰綠色，體側有 10 條以上藍青色橫帶，橫帶間呈紅色。項部具若干不規則黑褐色斑紋。背鰭鰭條可延長呈絲狀，亦可看見數道藍黑色條紋。臀鰭與背鰭同形，臀鰭連續，鰭條亦會延長呈絲狀，基底為紅色，上部鰭緣藍色。腹鰭小，胸位。第一鰭條延長呈絲狀。胸鰭透明無色。尾鰭為叉形，上下葉外側鰭條延長呈絲狀，鰭膜為紅色，具點紋。

初級性淡水魚

絲足鱸科

466

七星鱧

Channa asiatica

別名	月鱧、姑呆	分布	臺灣西部、北部、東北部	棲息環境	溪流中下游、溝渠、池沼、野塘、水田

躲於水草中的七星鱧

初級性淡水魚類，主要棲息於河川上游的小支流，池沼、無汙染的溝渠、田梗及水草繁密湖泊皆可發現其蹤跡。通常躲藏於洞穴、枯枝、水草中，具呼吸器，為上鰓器，此器官可讓此魚在水面上直接呼吸，生命力強，可離水數小時還能存活。通常為一雄一雌生活，成魚具保護幼魚的行為，幼魚群居性，至一定體型後有相互殘食習性。肉食性，以小魚、蝦、水生昆蟲為食。

形態特徵

體延長，前部圓筒形，後部側扁，背緣與腹緣平直。頭如蛇頭，頭長為體長 1/3，頭頂具不規則斑塊。眼稍上側位，眼間距為眼徑 2 倍，眼後方具 2 條斜帶。吻部短，前鼻孔呈管狀。口斜裂，下頜較上頜略為突出，上頜中央具內凹，上頜骨可延長至眼後緣下方。鰓蓋具若干白色斑點。

體呈黃褐色或暗綠色，鰓蓋後方體側與尾柄處各有一個藍黑色圓斑。體側具 8～9 條く字形斑紋，亦具若干小白點，有些個體白斑較少或者無。背鰭一枚，占體長 2/3，具白色線紋。胸鰭扇形，基部具一黑斑。無腹鰭。臀鰭基底頗長，占體長 1/2。尾鰭圓形，具數道橫向線紋。

初級性淡水魚

鱧科

447

斑鱧

Channa maculata

體長 | 可達 60cm 以上

別名	鱧、南鱧、雷魚、臺灣雷魚	分布	臺灣西部、南部、北部、東北部	棲息環境	溪流中下游、溝渠、池沼、野塘、水田

幼魚

初級性淡水魚類，主要見於河川中下游、湖泊、池沼及水草頗為繁密的溝渠，屬於中上層魚類，具特殊的呼吸器，可直接在水面上呼吸氧氣。性情頗為兇猛，大多單獨行動，親魚具有護魚習性，幼魚有群居性，稍大體型的幼魚則會相互殘食。性情兇猛，具有池中霸王之稱呼。常躲於掩蔽物或水草叢中伏擊小動物，一般以小魚為主食，亦會攻擊其他水生動物。

形態特徵

體延長，前部圓筒形，後部側扁，背緣與腹緣平直。頭長為體長 1/3，頭頂部有一八八或一六八的黑色斑紋。眼前側位，眼徑小於眼間距，眼下具一黑紋，黑紋可延長至下頜，眼下具一斜紋，斜紋延伸至頰部。口斜裂，下頜較上頜突出，上頜骨可延長至眼後緣下方。

體呈灰黑色，腹部灰色，幼魚為褐色，腹部白色。體背具不規則黑色斑塊。體側具 2 列斑塊，幼魚時這兩列呈現為縱線，至較大魚體時則呈現為分列斑塊。背鰭頗長，占體長 2/3，基底具 8～11 個斑塊。胸鰭圓扇形。腹鰭腹位。臀鰭基底長，基底長約體長 1/2，鰭膜灰黑色。尾鰭圓形。

大齒斑鮃

Pseudorhombus arsius

別名	比目魚、扁魚、土鐵仔	分布	臺灣各地均有	棲息環境	河口、潟湖

頭部特寫

通常生長於沿海、河口汽水域及港灣、潟湖等區域，喜好棲息於沙底質，偏向泥底的地方較不易見其蹤跡，屬底棲性魚種。泳力不佳，潛伏於沙底，受驚嚇時亦潛入沙中。顏色多變，以潛伏擬態等待獵物經過，通常以多毛類、小型甲殼類、小魚及無脊椎動物為食。

形態特徵

體略呈橢圓平扁狀，尾柄略粗。頭部約全長 1/3。吻短鈍。眼中大，兩眼偏頭部左側，眼間距有一小刺。口前位，斜裂上頜可延伸至眼後緣下方。頭部均布滿有如眼斑之小藍黑斑。

體色多變，隨環境改變。背鰭頗長，起點位於眼睛前方延伸至尾柄。臀鰭與背鰭同形但稍短於背鰭，背鰭與臀鰭有若干小雜斑。體表有一側線，側線完全，起點位於鰓蓋至鰓蓋上方呈一圓弧而後延伸至尾柄。此圓弧末端後方有 1～2 個藍斑點，大型藍黑斑點位於體側 1/3 處。體中央以及尾鰭前方布滿藍色小眼斑。胸鰭無任何斑點。尾鰭呈菱形具 2～3 列黑色斑點。腹鰭稍長。各鰭均無硬棘。

卵鰨

Solea ovata

別名	比目魚、皇帝魚、半邊魚	分布	臺灣北部、西部、南部	棲息環境	河口、潟湖、河川下游

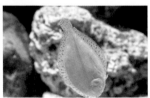

腹面

底棲性小型魚類，主要見於近岸港灣、河口及河川下游，喜好棲息於沙泥底質之淺水區，如退潮後潮溝、潮池處。不好游動，擬態能力強，常埋入沙中等待獵物上門，以小魚、小型甲殼類及小型無脊椎動物為食。

形態特徵

體呈縱扁狀，體形卵圓形。頭長為體長 1/4 ～ 1/3。兩眼均偏右，眼間距窄。口小，口裂呈圓弧形，偏左，長度可達眼前方。上頜略較下頜突出。頭部腹面背緣與腹緣有許多短鬚。

體色遇環境而改變，腹面白色。側線位居中央，完全平直。鱗片細小，各鱗有一小黑點。體表具較大型的黑斑與白斑。胸鰭短小，具一藍斑。具腹鰭，腹鰭小。背鰭與臀鰭同形，基底頗長，起點由吻端延背緣至尾柄處。臀鰭基底較背鰭短，基底約背鰭基底的 2/3。腹鰭與臀鰭幾近相連。尾鰭圓形。背鰭、臀鰭及尾鰭都有黑斑。

周緣性淡水魚

鰨科

470

雙線舌鰨

Cynoglossus bilineatus

別名	狗舌、牛舌、蔡沙、蔡西、番薯皮	分布	臺灣西部地區	棲息環境	潟湖、河口

花紋變化頗大

近 海沙質性的魚類，常出現於潟湖、沙泥底質海岸、河口，甚至河川下游的感潮帶都可以看到。屬夜行性魚類。夏秋夜晚在河口及河川下游感潮帶可看到大量族群，白天時則躲入沙中。擬態能力強，遇危險或覓食暗伏，都是以擬態的方式。肉食性，以底棲無脊椎動物為食。

形態特徵

　　體平扁，呈長舌狀。頭長約體長1/4。兩眼偏於左側，鼻孔一對。口下位，口裂呈圓弧狀，口角緣可達鰓蓋處。眼側無齒，盲側具細小絨毛狀齒，唇緣無鬚。眼間隔處具鱗片，兩側皆具二條側線，眼後方為一條橫向側線與兩條縱向側線。

　　體呈灰白，全身布滿黑色碎斑。體右側與中央處各有一側線。腹部白色。無胸鰭。背鰭與臀鰭具兩列白斑。腹鰭與臀鰭相連。尾鰭尖形。吻緣處有一條圓弧形側線與體右側側線相連。

周緣性淡水魚

舌鰨科

471

斑頭舌鰨

Cynoglossus puncticeps

別名	牛舌、龍舌、蔡沙、蔡西	分布	臺灣南部	棲息環境	潟湖、河口、河川下游

沙質性魚類。常出現於潟湖、沙泥底質海岸、河口，甚至河川下游的感潮帶都可看到。屬夜行性魚類。白天時則躲入沙中。擬態能力強，遇危險或覓食暗伏，都是以擬態方式。肉食性，以底棲的無脊椎動物為食。

周緣性淡水魚

舌鰨科

形態特徵

體平扁，呈長舌形。頭長為體長1/4～1/5。兩眼偏於左側，鼻孔一對。口小，下位，口裂呈圓弧狀，口角緣可達鰓蓋處。眼側無齒，唇緣無鬚，眼間隔處具鱗片；兩側皆具二條側線。兩眼間距小於眼徑。

體呈黃褐色，身體布滿若干雲狀斑，體右側與中央各有一側線，腹部白色。無胸鰭。背鰭與臀鰭鰭條具黑紋，鰭膜透明。腹鰭與臀鰭相連，尾鰭尖形。吻緣處有一條圓弧形側線與體右側側線相連。

雙棘三棘魨

Triacanthus biaculeatus

體長 可達30cm

別名	三刺魨、三腳釘	分布	西部、南部較為常見。東北角少量出現。澎湖也有捕獲紀錄	棲息環境	潟湖、河口

棲息於近海沙泥底質海域，一般出現在內灣、紅樹林區、河口區域，也會出現於沙泥底海域淺地及潟湖區、內海蚵棚區。一般以貝類及小型甲殼類為食。

形態特徵

體延長，側扁，體呈橢圓形，尾柄細長。頭呈三角形，頭長小於1/3體長。眼上側位，眼珠偏藍。鼻孔上方頭緣隆起。吻長大於眼徑，口小，端位。

體側上部微黑，中部以下呈白色，側線完全。背鰭二枚，第一背鰭第一根鰭棘粗大，鰭棘邊緣具鋸齒狀，鰭基處有一大黑塊。第二背鰭鰭膜透明。胸鰭短，與第一背鰭鰭基等長相對，鰭基黃色。腹鰭胸位，鰭棘粗大，與第一背鰭第一根鰭棘相同。臀鰭與第二背鰭同形，鰭膜透明。尾鰭深叉形，鰭膜黃色。

周緣性淡水魚

三棘魨科

中華單棘魨

Monacanthus chinensis

別名	中華角鈍、剝皮魚、黑達仔	分布	臺灣北部與西部均有	棲息環境	河口、潟湖

主要喜愛於岩礁區、潟湖、河口汽水域，最常出現在漁港內，在較深的港區經常釣獲。在潟湖區的蚵棚、岩礁與沙泥混合區的河口是牠們經常覓食的區域。此魚受驚嚇時會將其背棘那根大棘展開，可卡在石縫中躲避攻擊。牙齒堅硬，一般以貝類、小型甲殼類為食。此魚也常躲於海藻或漂浮物等具掩蔽的物體，有時也會吃藻類或躲於掩蔽物中的小魚。

形態特徵

體側扁，呈菱形。頭長約為體長1/3。吻尖。眼偏上側位，眼前有二道斜斑。口小，偏上位，鰓孔位於眼後下方。

體呈灰白帶黃色，體高為體長1/2。體側有若干小皮質突起，具許多細小黑點匯集為 3～4 道斜式雲斑。背鰭二枚，第一背鰭第一根鰭棘粗大，棘側各具四個向下彎曲小棘。第二背鰭透明帶黃，具不明顯縱紋。胸鰭小，鰭膜透明。腹鰭胸位，具一大型黑塊。臀鰭與第二背鰭同形，具 3～5 道點紋。尾鰭圓形，具 3 道橫向黑帶。

紋腹叉鼻魨

Arothron hispidus

別名	白點河魨、烏規、花規、綿規、規仔	分布	臺灣各地均有	棲息環境	潟湖、河口、河川下游

不到 2cm 幼魚

沿岸河口魚類，亦會出現於河川下游感潮帶。泳力不佳所以均棲息在和緩的區域，幼魚較常進入河川下游，通常在掩蔽物較多的地點出沒。此魚受驚嚇時會鼓起呈球狀來嚇阻掠食者。具有牙板能咬碎堅硬的東西，以甲殼類、螺貝類及小魚為食。肝臟及卵巢具劇毒，不可食用。

形態特徵

　　體呈圓筒形，前半部粗圓，而後漸窄。頭部頗大，約占體長 1/3。眼上側位，眼上緣突出兩眼間距，眼間距小於眼徑。頭部布滿白色小斑點。吻短而鈍，口小，前位，口橫裂。上下頜約等長，上下頜具牙板。

　　體呈黑褐色，體表布滿小白斑，峽部斑點較大。眼眶外有白色環紋。在鰓孔外為紅色環紋，腹側有數道白色平行線紋。胸鰭短為圓扇形。背鰭與臀鰭扇形。胸鰭、背鰭、臀鰭鰭膜為黃色。尾鰭為圓形，呈黑褐色。尾柄處亦布滿白色圓斑。

周緣性淡水魚

四齒魨科

475

無斑叉鼻魨

Arothron immaculatus

| 別名 | 鐵紋河魨、規仔 | 分布 | 臺灣北部、西部、南部地區 | 棲息環境 | 潟湖、河口、河川下游 |

棲息近海沿岸之魚類。主要出現於河口、潟湖、紅樹林區及河川下游汽水域，也會出現於珊瑚礁區。此魚受驚嚇時會呈球狀鼓起來嚇阻掠食者。具有牙板能咬碎堅硬的東西，故其食物有甲殼類、螺貝類及小魚。

形態特徵

體呈橢圓狀，前部較為渾圓，尾柄粗大側扁。頭部寬大，大於體長 1/3。眼上側位，眼藍外框為黑。無鼻孔，兩側各具一個叉狀鼻突起。鰓蓋與胸鰭基部為一大黑色圓斑。吻鈍，口端位，橫裂，上下頜等長。上下頜各有 2 個喙狀大牙板。唇緣白色。

體呈灰白色，全身布滿小棘。腹部白色。胸鰭圓形，背鰭位於背緣後部，呈圓扇形，基底具黑斑。無腹鰭。臀鰭與背鰭同形。胸鰭、背鰭、臀鰭鰭膜透明。尾鰭圓形，內緣鰭膜黃色，外緣帶黑。

周緣性淡水魚

四齒魨科

476

網紋叉鼻魨

Arothron reticularis

體長 最大可達 30cm

別名	網紋刺規	分布	臺灣東北部、屏東、恆春半島有紀錄	棲息環境	潟湖、河口、河川下游

腹部鼓起

出現於淺水的珊瑚礁區，幼魚可以進入河口汽水域或紅樹林區，甚至可入河川下游汽水域，但不會到純淡水域。成魚棲息在較深的珊瑚礁區水域，主要以軟體動物、貝類及潛沙無脊椎動物為食，而小魚與小型甲殼類亦為此魚的目標。肝臟與卵巢有劇毒，不可食用。

形態特徵

　　體呈圓形狀，尾柄側扁。頭部頗大，粗圓，頭長大於體長 1/3。眼上側位，眼珠藍色，眼眶外有一黑圈。吻小，口端位，上下頜等長，各有 2 個喙狀大牙板。無鼻孔，兩側各具一個叉狀鼻突起。

　　體背與腹部皆布滿小棘。體呈灰白色，背部與體側上部具不規則黑色條紋，條紋間白色。腹部為縱紋，眼睛與胸鰭周圍具同心圓紋。體側後部到尾柄處有白色斑點。胸鰭為圓形。背鰭位於背緣後部，呈圓扇形。無腹鰭。臀鰭與背鰭同形與背鰭相對。胸鰭、背鰭、臀鰭透明。尾鰭圓形，鰭膜帶黃，鰭緣黑色，布滿白色圓斑。

周緣性淡水魚

四齒魨科

477

菲律賓叉鼻魨

Arothron manilensis

別名	海豬仔、規仔、條紋河魨	分布	臺灣各地均有	棲息環境	潟湖、河口、河川下游

背部特寫

屬於沿海、河口魚類，通常在河口、潟湖、河川下游的感潮帶及大型河川河口的潮溝都有機會見到此魚，然而河口及河川感潮帶則較易見到其幼魚。泳力不佳，有掩蔽物的區域較易躲藏此魚，如枯枝、水邊植物、船隻停泊下方處都是此魚喜愛的地點。肉食性魚類，以甲殼類、小魚、螺貝類等為食。肝臟及卵巢具劇毒，不可食用。

形態特徵

體略呈圓筒形，前半部較粗圓，而後漸窄，尾柄短而寬。頭部大於體長1/3 以上，粗圓。眼上側位，眼上緣略突出兩眼間距，眼間距大於眼徑。吻短鈍，口前位，橫裂。上下頜等長，各有2 塊骨板。鰓裂圓弧狀，吻端黃色。鼻區有膜呈叉狀。

體背與體側上半部灰白帶黃色，腹部為黃色。體側具縱向線紋，左右兩邊體側各具 8～9 條黑色線紋。體側與背部具若干圈圈狀紋路。胸鰭短呈扇形。背鰭與臀鰭均短而相對同形。尾鰭為長圓形，前部為黃色，部鰭緣為黑色。無腹鰭。背鰭、胸鰭、臀鰭鰭膜皆為透明無色。

凹鼻魨

Chelonodon patoca

體長 可達 30cm

別名	規仔、沖繩河魨	分布	臺灣西部、北部、東北部地區	棲息環境	潟湖、河口、河川下游

不到 2cm 的小魚

沿海、河口的魚類,通常見於感潮帶的河口或河川下游。在河川的感潮帶與河口等,甚至潮溝處都可以見到此魚。泳力弱,故受驚嚇時魚體會脹大如球狀,而內臟與精巢都有河豚毒故能嚇阻掠食者。食性頗雜,一般為肉食性,以甲殼類、小魚、小型螺貝類為食。肝臟及卵巢具劇毒,不可食用。

形態特徵

體略呈圓筒形,前部粗圓,後部漸為狹小,至尾柄呈側扁,尾柄細小而短。頭部頗大,約為體長 1/3,眼上側位,頰部無斑,吻短圓鈍,口小,前位。上下頜癒合為齒板。

體背部為黃褐色,體側具若干白色斑點,亦有 3 道紅褐色橫帶。體側上部為褐色,亦有若干白色圓點。腹部具一道黃色區塊,區塊下腹部雪白色。胸鰭寬而短。背鰭位於後部,呈圓形。臀鰭起點稍比背鰭為後,臀鰭與背鰭同形。尾鰭圓形。

周緣性淡水魚

四齒魨科

479

黑點多紀魨

Takifugu niphobles

別名	規仔、星點多紀魨、沙規仔、金規仔	分布	臺灣西部	棲息環境	潟湖、河口、河川下游

吻部特寫

棲息於沿岸與河口及河川下游感潮區，繁殖期會大量聚集於淺灘區產卵。通常在沙質底之漁港及潟湖較為常見，河口與河川下游的感潮帶亦有機會見其蹤跡。泳力不佳，內臟亦有河豚毒，受驚嚇時會鼓起呈球狀嚇阻掠食者。具有堅韌之利齒，一般以甲殼類、小魚、螺貝類為食。肝臟及卵巢具劇毒，不可食用。

形態特徵

體延長，呈橢圓狀，尾柄頗長。頭長約體長 1/3，頭背部平扁。眼大，眼上部略突出眼間距，眼間距略小於眼徑。頭背部具許多白點，頰部無斑。

體背及體側上部為黑褐色並布滿許多白色斑點，體側下部為灰黃色，腹部為白色。體背部胸鰭後方有一大黑斑，背鰭基底亦有一塊大黑斑。胸鰭短呈圓弧狀。背鰭與臀鰭相對，臀鰭基底較背鰭基底略長。背鰭基底為黑色。臀鰭基底為白色。尾鰭長圓形，後部微黃。

周緣性淡水魚

四齒魨科

480

六斑二齒魨

Diodon holocanthus

別名	氣規、氣球魚、河魨、刺龜	分布	臺灣各地海域均有機會見到	棲息環境	河口、潟湖、河川下游汽水域

主要棲息於臺灣近海岩礁區，常見於臺灣各漁港。此魚常進入潟湖、河口區，有些更會進入河川下游的感潮帶。受驚嚇時會鼓起身上的硬棘。牙齒堅毅，以貝類、甲殼類為主要食物，偏群居性。

吻部特寫

形態特徵

體前部寬圓，後部稍側扁。頭部寬大。眼偏上側位，眼大而藍。頭緣各有一塊略呈長形的斑塊。眼下有一橫斑。項部為一大斑塊塊。鼻孔每側各有 2 個，鼻瓣突起。口前位，橫裂。上下頜各具 1 齒板，中間無縫。

體呈灰白帶些黃褐色，腹部白色，身體與頭部具堅硬大刺，尾柄則無。下頜下方有 3 根較軟小棘，眼下接近腹棘也較軟。體側後方接近背部具 3 大斑塊。全身布滿小黑點。背鰭一枚，位居後部。胸鰭呈扇形。臀鰭與背鰭同形。尾鰭圓形。各鰭顏色偏黃。

淡水蝦篇

什麼是淡水蝦

　　眾所皆知，地球上的水資源被區分爲海水與淡水兩大類，廣義的淡水，被賦予之廣義定義爲鹽度少於千分之三的水體或水域，而能夠在此區域棲息、覓食或繁殖的蝦類，視爲本書認定之「淡水蝦」。

蝦類與棲地的環境

　　在臺灣的淡水野地環境中，只要不被人爲過度開發或干擾的水域，又非極端生存條件下的開放性淡水環境，想要找到淡水蝦的蹤跡，其實並非難事。「水」對於蝦類的重要性，如同魚類一樣，是終其一生生長的重要介質；屬於甲殼類的蝦類，其特殊的外骨骼結構，使之能夠在暫離水面，於溼潤的環境下進行活動，加上其健壯的附肢賦予牠們極佳的攀爬能力，故方可在許多高低落差大或垂直構造物的上游環境中，發現有洄游行爲的淡水蝦蹤跡。蝦類與魚類一樣，只要有水就有機會觀察到牠們，但是不同種淡水蝦對於棲地與環境的選擇卻有所不同，例如：臺灣米蝦偏好水質清澈且流速較緩的上游山澗或小型支流，主流因流速較快、泥沙含量較高且掠食動物較多等因素，使得臺灣米蝦生存不易。在種種自然條件的篩選下，不同種蝦類仍舊會選擇其適合生存、覓食與繁殖的棲地環境，而臺灣多樣化的棲地條件，正是造就臺灣產多樣淡水蝦類的主要原因。

　　臺灣的各淡水水域環境大致可分爲大型溪流、湖泊水庫、野塘池沼與水田溝渠、小型獨立溪流及河口汽水域等五類，各環境與對應淡水蝦物種之介紹概略如下：

■ 大型溪流

　　臺灣西部溪流或是東部秀姑巒溪與卑南溪有較爲遼闊的集水區，能夠有較穩定的水量，故在非雨季時期不易出現斷流現象。大型溪流源自高山水源地，一路向下游流至出海口，途中行經各種千變萬化的環境地貌，也造就出許多不同的棲息環境。上游的高山源頭因海拔高度較高，溪流大多座落於山林之間，終年受陽光直射的時間較爲短暫，且溪水又經大地岩盤的過濾，

通常水溫較低且清澈見底，溪床上有不少巨石與倒木；溪水至中低海拔的中下游河段，此時因匯聚各處上游支流之溪水，流經丘陵、臺地與平原等坡度較緩且植被遮蔭相對較上游來的少，溪水受陽光照射的時間相對較長，溪床開始有卵石、礫石、砂石甚至是懸浮顆粒等組成，中游水溫相對上游較高些且水的清澈度比上游混濁些並帶有懸浮物。河川中下游所沖刷出來的平原區為適合人類開拓與耕種之環境，此段溪流範圍亦成為人為活動較為頻繁之區域，故臺灣有不少都會活動繁榮的大城市多緊鄰河川中下游河段，如流經臺北市與新北市的淡水河流域、新竹的頭前溪、臺中的大甲溪、嘉義的八掌溪、流經高雄與屏東的高屏溪、花蓮的花蓮溪等各縣市主要溪流。

　　棲息在大型溪流的淡水蝦類，依照上游、中游至下游會有些物種上的差異。如在上游支流段，以陸封型的淡水蝦成員為主，最著名的如沼蝦屬（*Macrobrachium*）成員中的粗糙沼蝦，或是以底部有機碎屑為食之米蝦屬（*Caridina*）中的臺灣米蝦與擬多齒米蝦，以及新米蝦屬（*Neocaridina*）的多齒新米蝦、凱達格蘭新米蝦、赤崁新米蝦；中游段的蝦類，以上溯、攀爬能力較強的洄游型蝦類為主，如沼蝦屬中廣為人知的貪食沼蝦、臺灣沼蝦、大和沼蝦、寬掌沼蝦，米蝦屬的多齒米蝦與大額米蝦；下游段的流域面積寬廣、流速緩，溪床以泥質或砂質組成居多，蝦類則以能適應水中雜質與含沙量較高的種類為主，如沼蝦屬的南海沼蝦、等齒沼蝦、日本沼蝦等為主。

↑ 大甲溪流域清澈的上游。（七家灣溪支流高山溪）

↑ 位在瑞芳的基隆河中游流域。

↑ 屏東的東港溪流域下游。

■ 湖泊水庫

　　湖泊與水庫屬於大型的靜水域環境，在臺灣有不少水庫之水源是來自河川上游廣闊的集水區蒐集攔截而成，經蓄留後以供眾人使用，為了不讓該流域的生物無水可用，在蓄水同時又於壩體釋出固定的基礎流量。湖泊與水庫因蓄水量大故其水溫變動較低，涵蓋面積寬廣且深度較深，能夠提供蝦類活動的區域除了臨水岸邊與茂密植被的交界處外，僅剩與上游支流匯流處的區域適合蝦類覓食與躲藏，因此在該水域能被發現的種類相對較少，常見的有沼蝦屬的日本沼蝦與少數的粗糙沼蝦，白蝦屬（*Exopalaemon*）中的淡水物種秀麗白蝦，米蝦屬的大額米蝦與少數的擬多齒米蝦。

↑ 位在嘉義的蘭潭水庫。

■ 野塘池沼與水田溝渠

　　相對於湖泊水庫而言，野塘池沼與水田溝渠的水體較小，然而在野塘池沼與水田溝渠之水環境穩定的狀況下，亦有許多陸封型米蝦棲息於此，常見的米蝦種類為米蝦屬的擬多齒米蝦，新米蝦屬的多齒新米蝦與凱達格蘭新米蝦；然而，少數水田溝渠因鄰近海邊，使得水體與河口接觸頻率較高，偶爾在這類水域也有機會可以發現洄游型的蝦類藏身其中，如沼蝦屬的貪食沼蝦，米蝦屬的真米蝦。

↑基隆的金龍湖是四周被在地民眾社區包圍的埤塘。

↑花蓮縣花蓮溪出海口旁的引水溝渠。

↑苗栗縣頭屋鄉田邊的灌溉溝渠。

■ 小型獨立溪流

　　小型獨立溪流全臺皆有，其中以東北部、花東海岸山脈以東與南部恆春等處較多。這類溪流的特色為溪流短且流域集水面積小，水量易受季節變化而有時出現斷流現象，由於大多數的小型獨立溪流之人為干擾與汙染狀況相對於大型溪流來的少，故成了許多洄游生物棲息、覓食與繁殖

↑宜蘭縣梗枋溪是獨立入海的小溪。

的天堂。在小型獨立溪流出現的淡水蝦類因棲地不同，種類的分布上也有些差異，常見的淡水蝦類有沼蝦屬的貪食沼蝦、熱帶沼蝦、細額沼蝦、臺灣沼蝦、南海沼蝦、大和沼蝦、闊指沼蝦、寬掌沼蝦等，其中以貪食沼蝦為最大宗，米蝦屬則是以長額米蝦、多齒米蝦、眞米蝦、衛氏米蝦以及菲氏米蝦較為常見。

■ 河口汽水域

　　位於河口的汽水域為河川的感潮帶，此區域環境受日夜潮汐漲退潮所影響，水中鹽度變化劇烈，因此，適應水文條件劇烈地變化以及生物體內滲透壓調節等能力，成為是否能在此生存的重要關鍵因素。感潮帶的範圍會因不同溪流或河川的大小、長短、坡度，以及溪流中橫向的人工構造物（如：攔沙壩）的位置有很明顯的差異；以大型溪流為例，出海口的坡度緩，感潮帶的範圍可延伸至中下游河段，從數公里至數十公里不等，底質大多為泥底或砂質底為主，岸邊植物則為感潮帶的常見植物——紅樹林；小型獨立溪流則因為坡度變化大，使得感潮帶範圍相對較短，從數公尺到數百公尺不等，底質則是以礫石或細沙為主，岸邊多為矮灌木叢或是裸露無植被居多。汽水域環境的淡水蝦類種類豐富，例如沼蝦屬的貪食沼蝦、熱帶沼蝦、細額沼蝦、臺灣沼蝦、南海沼蝦、大和沼蝦、闊指沼蝦、寬掌沼蝦、絨掌沼蝦等，擬匙指蝦屬（*Atyopsis*）的附刺擬匙指蝦與石紋擬匙指蝦，米蝦屬的短腕米蝦、細額米蝦、長額米蝦、多齒米蝦、點帶米蝦、齒額米蝦、眞米蝦、菲氏米蝦、衛氏米蝦，溪槍蝦屬（*Potamalpheops*）的紫紋袖珍蝦。

↑ 位在臺東市邊的獨立入海小溪之河口為砂質底。

↑ 宜蘭縣大溪川的出海口為礫石底。

↑新北市灰子瑤溪的出海口因退潮而裸露出不少礫石。

淡水蝦的生活史類型

談到淡水蝦的生活史，根據其生活史類型的不同，大致上分為陸封型淡水蝦與洄游型淡水蝦兩類。

▌陸封型淡水蝦

生活史可於純淡水環境中完成，且終其一生皆生活於純淡水環境中，卵徑大小（≧1 mm）相較於洄游型成員來得大，抱卵數量較少，稚蝦脫離母體後即與成熟個體特徵無異，直接行爬行生活；代表性蝦類為沼蝦屬的粗糙沼蝦，米蝦屬中的臺灣米蝦與擬多齒米蝦，新米蝦屬的多齒新米蝦、赤崁新米蝦與凱達格蘭新米蝦皆是陸封型淡水蝦。

▌洄游型淡水蝦

洄游型的淡水蝦，卵徑大小（≦1 mm）相較於陸封型成員小，抱卵數量較多，稚蝦脫離母體後須經過一段漂浮期，此階段會隨洋流或潮汐漂送，漂浮期結束後形態改變並沉降至底部，改行與成熟個體一樣的爬行生活；成熟個體於交配過後，抱卵的雌蝦會移動至溪流下游或河口區域，將受精卵釋放於水體中，任其後代隨洋流或潮汐漂送至其他棲地，部分抱卵雌蝦則是選擇在中游段釋放，後代隨溪水順流而下至大海中進入漂浮期。代表性蝦類為沼蝦屬的貪食沼蝦、臺灣沼蝦、南海沼蝦、大和沼蝦、細額沼蝦、寬掌沼蝦等，米蝦屬的菲氏米蝦與真米蝦等。

淡水蝦蝦體各器官名稱及對照圖

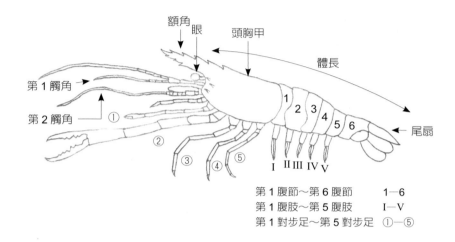

第1腹節～第6腹節　　1—6
第1腹肢～第5腹肢　　I—V
第1對步足～第5對步足　①—⑤

↑沼蝦蝦體各器官對照圖

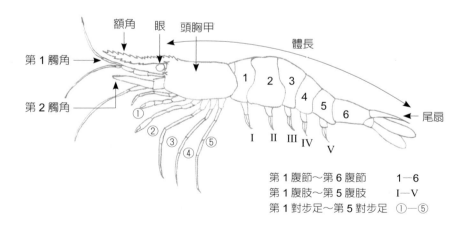

第1腹節～第6腹節　　1—6
第1腹肢～第5腹肢　　I—V
第1對步足～第5對步足　①—⑤

↑米蝦蝦體各器官對照圖

蝦類現況與展望

　　位處於亞熱帶的臺灣，受季節變化的影響，乾溼季分明，因季節變化而產生的環境變動也是影響臺灣淡水水域生物生存的關鍵因素之一。臺灣雨量的分布，中部以北整年度每個月分皆有機會降雨，故溪流河川的水量較穩定；然而中部以南整年度的降雨狀況容易有明顯的雨季與乾季之分，乾季時大型溪流的水量少水位低，雨季來臨時易有短時間內降下滂沱大雨，使得原本流速穩定且緩慢的河道，頓時成為滾滾洪水的情形屢見不鮮。

　　亞熱帶除了受季風影響造成的降雨差異現象之外，另一個廣為人知的特殊氣候現象就是颱風，颱風過後往往造成許多溪水暴漲，溪流中倒木枯枝與巨石奔騰等情形，上述自然現象自生物開始演化就一直存在著，因此大多數水生生物皆能適應其棲息地季節性的環境變動；但近年來氣候異常使得季節變化不穩定與降雨量失衡，再加上颱風發生頻率增高且威力逐年增強，使得許多水生生物的棲地變動甚劇，更因此壓縮了水生生物能夠喘息的空間與時間，導致各種淡水蝦類的生物族群快速變動。

↑宜蘭縣梗枋溪下游在平時溪水穩定的狀況。

↑宜蘭縣梗枋溪下游在雨季時溪水暴漲後而洪水滾滾。

　　任何物種的出現與消失，自古以來皆需要長時間的推移與演進，然而自十八世紀工業革命後，除了人類頻繁活動外，對地球資源的需求也日以遽增，大規模的開採與對環境的迫切利用，無形中迫使野生動物得為了適應快速變遷的環境而使物種演替速度加快。許多野生動物的棲息環境面臨各式各樣的問題，諸如樹林的砍伐、填湖造陸、溪流截彎取直等，使得原棲地消

失：已入侵外來物種之大量增生，進而壓迫其他原生物種的生存空間；農業的大規模栽植爲求作物品質穩定而投放藥物，使得許多原棲息於當地之生物中毒死亡、藥物亦汙染環境或是進入到生物體內累積；工業活動產生的重金屬廢棄物或是廢水，使得土質與水質產生劇烈改變的問題層出不窮。在淡水資源的利用上，爲了人類農業灌溉、工業活動與家庭用水等需求，於溪流環境中上游興建水壩、築起攔沙壩，又因防洪、排水等理由過度地將中下游河岸兩旁的植被移除，改以水泥構造物取代，甚至是將溪床、河床改以水泥化代替原有的底質，使得原本多樣化的棲地環境，變成像排水溝的水泥化三面工程。如此變調的淡水環境，如何再孕育原來豐富的多樣性生物？這或許是近年來最無解的議題。

↑ 苗栗縣景山溪後池堰的攔水堰體。

↑桃園市大園的河川整治工程與攔沙壩。

↑花蓮縣富源溪上游河道的三面工程讓環境單一化。

↑宜蘭縣大溪川在尚未進行河川整治之前溪水清澈,棲地多樣性較高。(2013年)

→宜蘭縣大溪川歷經河川整治後會有斷流的現象,且河道平緩,棲地多樣性降低。(2016年)

臺灣觀賞魚蝦產業蓬勃發展，除了進口國外的淡水魚類或是淡水蝦類來水族市場流通外，有不少水族愛好者亦把商業利益目標轉移到臺灣原生的淡水魚類或是淡水蝦類，不可否認的是，這些極具觀賞價值的原生淡水魚與淡水蝦類之繁殖技術門檻較高，不容易甚至是無法在人工的飼養環境下繁殖，導致牠們面臨被商業採集的壓力提高。在大量地捕捉與販賣的威脅下，有部分原生種淡水魚類或是淡水蝦類之野生族群量無法維持平衡，因此消逝在某些區域。

　　不論是因天災或人為活動對原生淡水魚類或是淡水蝦類所造成的威脅，都有可能是極為危險的存在；試著想像大雨過後，原棲地環境改變或是被沖刷至不同的河段，同時因水中泥沙含量增高，除了水中含氧量降低外，光線同樣不易照射至溪床，使得溪床藻類數量驟減，水中生產者的數量減少，連帶影響整個食物鏈結構，接著要面臨的是許多人為活動的影響，棲地單一化、攔沙壩阻擋洄游的路徑、工業與農業的汙水排放，甚至是商業行為過度地捕撈等問題，皆是近幾十年來造成物種快速消失的主要原因之一。

　　然而值得慶幸的是，人們逐漸意識到應適當地保護物種與棲地環境，因此政府單位與民間機構紛紛投入資金與人力，進行保種與棲地維護等工作。隨著環境生態保育意識的抬頭，許多瀕臨滅絕的物種得以存活下來並延續後代，目前保育效果最為顯著且廣為人知的水生生物便是我們的國寶魚——臺灣櫻花鉤吻鮭。但是，相對魚類而言，臺灣的甲殼類甚至是淡水蝦就沒有如此幸運了，在研究上非主流，相比魚類而言經濟價值也較低，因此淡水蝦成為較少被關注、研究以及保育的邊緣生物；但不容忽視的是，在整個水生的生態體系中，蝦類通常扮演清潔者的角色，身為整個食物鏈中重要的一員，期許未來我們能夠付出更多的關注在蝦類上，不僅是研究上的資源投注、棲地環境上的保護，甚至是物種保育與繁殖上的工作等，皆是我們人類身為地球上生態系的一員重要的任務之一，也希望能夠讓我們的後輩子孫，能夠一同看見與祖先過去所見相去不遠的繁榮生物景象。

粗糙沼蝦

Macrobrachium asperulum

| 別名 | 黑殼沼蝦、黑殼仔、溪蝦仔 | 分布 | 臺灣全島皆有分布 | 棲息環境 | 主要棲息在河川中上游，偶有機會於較小的獨立入海溪流下游採集到極零星個體 |

粗糙沼蝦終身於純淡水水域環境中生長，屬於陸封型淡水蝦。除了以河川底部的藻類、有機碎屑為食外，亦會取食水生動物之屍體或捕食水域中的小型底棲動物。

陸封型淡水蝦

長臂蝦科

形態特徵

　　成熟個體頭胸甲與腹節較無明顯紋路，各地之粗糙沼蝦因棲息環境之不同，成熟個體的體色由較深的墨色、藏青色、暗綠色至較淺的淺綠色、褐色、紅棕色皆有紀錄，體色相當多變；體長約 3 ～ 4 公分之幼年個體其頭胸甲與體側會有些許斑紋，體色大多為透明或是淺米白色。額角上緣與下緣皆為弧狀且外觀肥短，額角長並不會超過第 2 觸角鱗片。上額齒排列間距均勻，唯上額齒末端最後一齒與倒數第二齒之間距較大。兩第二步足長度與外觀並未有差異，成熟個體第二步足各節並未有斑紋且指節處之可動指與不可動指基部交界處會有明顯的橘紅色色斑。

南海沼蝦

Macrobrachium australe

體長 11cm

別名	澳洲沼蝦、溪蝦仔	分布	臺灣全島皆有分布	棲息環境	主要棲息在河川中游偏下游的河段

南海沼蝦為洄游型淡水蝦，對鹽度變化的耐受性高，在底質組成為礫石的河口感潮帶亦可發現其蹤跡。性喜流速較緩的水域環境，因此在中下游段靜止且寬闊水潭的岩石縫間，可以輕易地發現南海沼蝦之蹤跡。

形態特徵

成熟個體頭胸甲有 3 條明顯與身體接近垂直的暗褐色橫向紋路，體側於接近泳足處的腹節亦有暗褐色紋路，較幼年之個體其頭胸甲與腹節之紋路顏色較接近紅褐色，體色亦較為透明。額角上緣與下緣皆呈現弧狀上揚，外觀偏細長，額角長會超過第 2 觸角鱗片或是等長。上額齒排列從末端至前端間距逐漸變寬，上額齒尖端與第一齒之間距極短。兩第二步足長度與外觀並未有差異，成熟個體第二步足各節會有密生短絨毛之狀況，較年幼之個體細毛則較為稀疏；第二步足之掌節與腕節可發現紅褐色點狀或帶狀斑紋，且指節處之可動指與不可動指為黑色，指尖端為米黃色。

洄游型淡水蝦

長臂蝦科

495

等齒沼蝦

Macrobrachium equidens

| 別名 | 溪蝦仔 | 分布 | 臺灣全島皆有分布 | 棲息環境 | 棲息在河口具有鹽度之半淡鹹水域或是河口附近的海水域中 |

為迴游型淡水蝦，在無鹽度之純淡水域中較罕見其蹤跡，該蝦在流速較緩的水域環境，可於岩石縫間被發現，曾觀察到攝食水生動物之屍體，亦有取食岩石上附著藻類之習性，為雜食性物種。

形態特徵

成熟個體頭胸甲有明顯間距稍寬的暗褐色雲點狀斑，觀察腹節側面甲殼上其中間位置亦有暗褐色點狀斑紋縱貫腹節，較年幼之個體其頭胸甲與腹節之雲點狀斑紋路較為細緻且不明顯。額角上緣較為平直，下緣則略呈弧狀，額角前端略微平直上揚，外觀偏細長，額角長約與第 2 觸角鱗片等長或略長一些。額齒排列間距稍寬且間距約略相等。兩第二步足對稱且外觀並未有差異，成熟個體第二步足為灰綠色，較年幼之個體步足顏色為黃褐色；年幼個體之第二步足之指節、掌節與腕節之連結處可發現黃色斑點，掌節亦會有明顯黃色縱帶紋路，隨著個體老成，黃色斑點與黃色縱帶紋路會逐漸轉淡。成熟個體指節處之可動指與不可動指因會密生細短絨毛，故指節乍看下顏色會有點偏灰白色。

絨掌沼蝦

Macrobrachium esculentum

| 別名 | 天牛蝦 | 分布 | 臺灣東北部、東部、南部零星分布 | 棲息環境 | 主要棲息在河川下游與河口帶有鹽分之半淡鹹水域 |

為 迴游型淡水蝦，躲藏於下游或是河口的石礫間，晝間較不易發現該蝦。該蝦為雜食性，以河床底部之有機碎屑為食，亦會攝食水生動物之屍體。

迴游型淡水蝦

長臂蝦科

形態特徵

　　成熟個體觸角有米黃色與暗褐色交錯之斑紋，蝦體背面中線有一條從頭胸甲延伸至尾扇之黃橙色縱帶，頭胸甲至腹節底色主要以褐色為主，頭胸甲上部明顯有黃橙色縱紋 1～2 條，下部則有黃橙色點狀條紋。額角上緣較為平直，前端略微朝下，額角長略短於第 2 觸角鱗片或等長。額齒排列間距稍密集且約略相等。兩第二步足不對稱，雄性成熟個體其中一步足從腕節開始逐漸特化膨大為扁平狀，膨大的掌節處可發現叢生的長絨毛，另一步足較小亦呈扁平狀且密生長細毛；指節與掌節長度約 1：1，且會有暗褐色雲狀斑紋路。

臺灣沼蝦

Macrobrachium formosense

體長 11cm

別名	蓬萊蝦	分布	臺灣全島皆有分布	棲息環境	主要棲息在河川中游至下游

為洄游型淡水蝦，常棲息躲藏於河川的緩水域區內或是礫石之間的止水區，其河川中分布的界線恰與粗糙沼蝦分布相區隔，即粗糙沼蝦屬分布於河川中上游之沼蝦，臺灣沼蝦則接續粗糙沼蝦分布於河川中下游。該蝦為雜食性，以河床底部之有機碎屑為食，亦會攝食水生動物之屍體。

形態特徵

成熟個體其體色主要以青綠色為主，亦可發現灰褐色個體；頭胸甲明顯有深色的橫斑紋 2～3 條。額角與粗糙沼蝦類似，上緣與下緣皆為弧狀且外觀肥短，額角長並不會超過第 2 觸角鱗片。上額齒排列間距均勻，唯上額齒末端最後一齒與倒數第二齒之間距較大。兩第二步足對稱，雄性成熟個體的第二步足長度可長至身體全長的 2～3 倍長，第二步足呈細長管狀，會有一細長黃綠亮色縱帶由掌節延伸至腕節（偶爾縱帶於腕節處較不明顯），指節長度與掌節長度比例約 1：2。

洄游型淡水蝦

長臂蝦科

498

細額沼蝦

Macrobrachium gracilirostre

體長  14cm

別名	西瓜蝦、V字沼蝦、條紋沼蝦	分布	臺灣東北部、東部與南部	棲息環境	主要棲息在河川中游至下游

為洄游型淡水蝦，棲息環境性喜水流較為湍急之瀨區，且水質相對較為乾淨的河川中下游礫石間，較小的獨立入海溪流之河口偶爾可觀察到此種要上溯的幼蝦逆流而上。

形態特徵

此種沼蝦成熟個體相當豔麗，體側可發現紅棕色與藍綠色相間縱紋從頭胸甲經腹節延伸至尾扇，腹節第 3 節背面會有橙黃色的「一」字橫紋，腹節第 4 節～第 6 節背面會有橙黃色的「V」字型紋路。額角較細且長度約第 2 觸角鱗片長度的 2/3。上額齒排列間距均勻，唯上額齒前端的 2 ～ 3 齒間距較寬。兩第二步足對稱，呈長管狀，老成個體顏色為暗褐色或藏青色，年幼個體指節顏色會帶青綠色，指節長度與掌節長度比例約 1：1.5。

洄游型淡水蝦

長臂蝦科

499

郝氏沼蝦
Macrobrachium horstii

體長 8cm

別名	黑白截手蝦	分布	臺灣東北部、東部與南部零星地區	棲息環境	河川中游，於獨立入海小溪中較易被發現

為迴游型淡水蝦，棲息於水流較為湍急且水質相對需較為乾淨的河川中游礫石間，較小的獨立入海溪流較容易發現此物種。

洄游型淡水蝦

長臂蝦科

形態特徵

　　此種沼蝦成熟個體體色為半透明帶點墨綠色，體側由頭胸甲末段開始至腹節第 4 節可發現 4 ～ 5 條紅棕色橫帶斑紋，隨著個體越老成，紋路越不明顯。額角偏細且短，長度並不超過第 2 觸角鱗片。上額齒排列間距均勻，額齒末端倒數 3 齒間距稍微較寬些。兩第二步足並不對稱，其中一第二步足會略大於另一第二步足，呈長扁管狀，腕節與掌節連結處為黑色，掌節中段會有白色的環狀區塊，指節段為黑色，此亦是俗名「黑白截手蝦」的由來。指節長度與掌節長度比例約 1：2，指節長有剛毛。

大和沼蝦

Macrobrachium japonicum

別名	溪蝦仔	分布	臺灣全島皆有分布	棲息環境	河川中下游水域，偶在上游會有零星個體

為洄游型淡水蝦，於河川中的分布與臺灣沼蝦相類似，但棲位完全不同，此種蝦喜歡棲息與躲藏在水流較強之礫石區，而臺灣沼蝦則性喜緩流處，藉此可以區別開，食性亦屬雜食性。

形態特徵

此種沼蝦成熟個體體色為棕綠色至墨綠色，頭胸甲會有不規則斷斷續續的縱向暗綠色細紋。額角短，長度並不超過第 2 觸角鱗片長度的 1/2。上額齒排列間距均勻，眼窩後方的上額齒至少有4 齒。兩第二步足左右對稱，且扁平粗壯，第二步足顏色接近體色，大多為棕綠色至墨綠色，無明顯斑紋。成熟雄性個體掌節長度會大於腕節長度，指節長度與掌節長度比例約 1：2 左右。

毛指沼蝦

Macrobrachium jaroense

體長  8cm

別名	熱帶沼蝦、迷彩蝦	分布	臺灣東北部、東部與南部零星地區	棲息環境	河川中游,於獨立入海小溪中較易被發現

為 洄游型淡水蝦,棲息於水流稍湍急且水質相對需較為乾淨的河川中游或下游礫石間,較小的獨立入海溪流較容易發現此物種。

洄游型淡水蝦

長臂蝦科

形態特徵

此種沼蝦成熟個體體色略帶墨綠色,體側由頭胸甲段開始至腹節延伸至尾扇會有橙紅色的大小雲點狀碎斑紋,隨著個體越老成,紋路會稍不明顯。額角略細短,長度並不超過第 2 觸角鱗片。上額齒排列間距均勻,額齒末端倒數 3 齒間距稍微較寬些,眼窩後方約有 4 ～ 5 齒。兩第二步足並不對稱,其中一第二步足會略大於另一第二步足,略扁管狀,腕節與掌節會有墨綠色迷彩斑紋。指節長度與掌節長度比例約 1：1,指節內側切緣長有剛毛。

502

貪食沼蝦

Macrobrachium lar

體長

應可達 30cm 以上

| 別名 | 過山蝦、溪斑節蝦 | 分布 | 臺灣全島皆有分布 | 棲息環境 | 河川中游至下游段無鹽度之純淡水域 |

為洄游型淡水蝦，棲息於水流湍急處之河川中游或下游之岩石兩側，較小的獨立入海溪流可在較上游的水域發現此物種，此種蝦性喜水質汙染相對較少的乾淨水域，因此臺灣西部若受到水質汙染較嚴重之溪流，原則上無法發現此種沼蝦。

形態特徵

此種沼蝦應該是臺灣原生種沼蝦中體型最大的物種，成熟個體體色由褐綠色至墨綠色皆有紀錄，體側由頭胸甲段開始至腹節延伸至尾扇體色皆無紋路，唯各腹節交界兩側會有明顯的橙色斑點，隨著個體越老成，有些個體斑點會消逝。額角粗壯，長度並不超過第 2 觸角鱗片。上額齒排列間距均勻，額齒間距相對較寬，眼窩後方僅有 2 ～ 3 齒。

兩第二步足對稱，為長管狀，成熟個體腕節與掌節為暗褐色或藏青，較年幼之個體其腕節與掌節會有橙綠色的碎花狀迷彩斑紋。指節長度與掌節長度比例約 1：1.5，指節不可動指與可動指皆有一明顯大齒與數個小齒，其中可動指的大齒位置較為前端，不可動指大齒位置較接近指節基部。

洄游型淡水蝦

長臂蝦科

503

闊指沼蝦

Macrobrachium latidactylus

分布	臺灣東北部、東部與南部零星地區	棲息環境	河川中、下游至稍有鹽分之河口附近皆有發現紀錄

為 迴游型淡水蝦，棲息於水流較為平緩的泥沙質河川中游或下游岩石間，有時於河口有鹽度之水域環境中亦有零星分布。

註：此種成熟雄性個體有一長指型，其較大的第二步足會發現掌節長度為寬度 1.2 ～ 1.5 倍，且指節長度與掌節長度比例為 1：1，該類個體常會被誤鑑為長指沼蝦（*M. grandimanus*）。

形態特徵

　　此種沼蝦成熟個體體色略呈暗褐色底，體側由頭胸甲段開始至腹節延伸至尾扇會有米白色細狀斑點均勻分布，隨著個體越老成體色越呈暗色。額角上緣略呈圓弧狀向下，下緣亦為向上之圓弧狀，額角長度並不超過第 2 觸角鱗片，約第 2 觸角鱗片 2 / 3 長。上額齒排列間距均勻且密集，額齒數是臺灣產沼蝦物種中最多的物種。兩第二步足並不對稱，其中一第二步足會大於另一第二步足；較大的第二步足呈扁平寬大狀，其掌節長度約寬度的 1.5 ～ 2 倍，掌節內側會有不規則暗棕色花斑紋路，外側會有一明顯暗褐色縱紋，其中內側之掌節暗棕花斑偶有延伸至指節不動指之現象。指節長度與掌節長度比例約 1：2，指節內側長有間距相等的小齒。

短腕沼蝦

Macrobrachium latimanus

| 分布 | 臺灣東北部、東部與南部零星地區 | 棲息環境 | 小型溪流偏上游的流域中，偶爾於中游流域有零星個體 |

為 洄游型淡水蝦，性喜於水流較為湍急的礫石間覓食，棲息環境之水質須較為乾淨的水域。

形態特徵

　　此種沼蝦成熟個體體色由深色的深橄欖色至暗棕褐色皆有紀錄，頭胸甲多為素色，其上部偶有由頭胸甲末端向嘴部延伸之兩條斜橫暗褐色紋路，腹節節間會有金屬藍色斑點，越接近尾扇越明顯。額角粗短且寬，長度並不超過第 2 觸角鱗片。上額齒排列間距略為相等，額齒數並不多。兩第二步足大致對稱，腕節處較粗短，形似一三角錐，掌節長度與指節長度約 1：1，指節可動指與不可動指尖端之爪齒尖細明顯。

洄游型淡水蝦

長臂蝦科

寬掌沼蝦

Macrobrachium lepidactyloides

| 分布 | 臺灣全島皆有分布 | 棲息環境 | 主要棲息於河川中下游流域，偏上游流域中偶發現零星個體 |

為洄游型淡水蝦，棲息於水流較為湍急的河川中游或下游礫石間，偶爾於較偏上游流域中有發現零星個體，性喜水質較為乾淨的水域，因此若汙染程度過高的河川，較不易發現此物種之族群。

註：根據 Holthuis 於 1952 年發表的報告中將 *M. hirtimanus* 與 *M. lepidactyloides* 兩物種之第二步足進行比較，其中 *M. hirtimanus* 的掌節會密生尖刺狀小棘，*M. lepidactyloides* 的掌節則是密生顆粒狀突起。臺灣的寬掌沼蝦掌節特徵為密生顆粒狀突起，故早年被鑑定為 *M. hirtimanus* 應屬誤鑑，根據筆者觀察，目前亦尚未在臺灣有 *M. hirtimanus* 的紀錄。

形態特徵

此種沼蝦成熟個體體色由棕綠色至褐綠色皆有發現，老成個體體側由頭胸甲段開始至腹節皆無明顯斑紋，較年幼之個體，頭胸甲上部偶有 2～3 條不規則暗色縱紋，第三腹節與第四腹節背面會有一明顯淺白褐色斑紋，隨著個體越老成蝦體的斑紋會越來越不明顯。額角略細且短，長度並不超過第 2 觸角鱗片，中段拱起，尖端再轉為平直，上額齒排列間距均勻且約略等距。兩第二步足並不對稱，其中一第二步足會大於另一第二步足；較大的第二步足掌節部甚寬且扁平，較小的第二步足亦為扁平狀，較大的第二步足掌節有細小顆粒突起，表面粗糙。指節長度與掌節長度比例約 1：1，較大第二步足指節內側有兩排縱列顆粒狀突起，較小第二步足指節內側切緣密生長毛。

洄游型淡水蝦

長臂蝦科

506

日本沼蝦

Macrobrachium nipponense

體長　8cm

| 分布 | 臺灣全島皆有分布 | 棲息環境 | 主要棲息於湖泊、水庫、埤塘、河川中下游流域或是稍有鹽分的水域 |

本種為洄游型淡水蝦，但有部分生長於湖泊、水庫或埤塘的為陸封型族群，會降海洄游的洄游型個體其成熟體型會比生存於水庫的陸封型個體之體型來得大。喜棲息於水流較為緩流的靜水域，河川中游或下游沙泥底質的礫石間容易發現此物種，屬於雜食性物種。

形態特徵

此種個體頭胸甲上半部會有墨綠色點條狀縱紋，下半部則有點狀不規則斑紋，偶有 2～3 條不規則橫紋；腹節亦具較深色之細點。額角較細且長，長度超過第 2 觸角鱗片，尖端上揚。上額齒排列間距約略相等，唯上額齒末端最後兩齒間距較寬。兩第二步足細長且左右對稱，呈長管狀。指節長度與掌節長度比例約 1：2，此種第二步足與臺灣沼蝦相近，差別在於日本沼蝦指節的可動指與不可動指內緣密生細毛，臺灣沼蝦之可動指與不可動指內緣則無。

洄游型淡水蝦

長臂蝦科

507

熱帶沼蝦

Macrobrachium placidulum

分布	臺灣全島皆有分布	棲息環境	主要棲息於河川中下游流域

為洄游型淡水蝦，棲息於水流較為湍急的河川中游或下游礫石間，性喜水質較為乾淨的水域，因此若汙染程度過高的河川，較不易發現此物種之族群。

註：此種沼蝦尚未譯有中文名，日本將該種沼蝦稱為「ネツタイテナガエビ」，意思是熱帶產的沼蝦，故筆者先暫將此蝦之中文名定為「熱帶沼蝦」。

洄游型淡水蝦

長臂蝦科

形態特徵

此個體頭胸甲上半部會有 3 ～ 4 條紅褐色縱紋，下半部為暗褐色，有些較年幼個體，會有點狀不規則米黃色點狀斑。腹節中段與尾扇連接處會有兩米黃色橫帶斑，尾扇末端會有米黃色原點斑。額角略粗短，長度不超過第 2 觸角鱗片。額角尖端微向下，上額齒排列間距約略相等。兩第二步足左右不對稱，掌節處會有一明顯黃褐色縱紋，指節長度與掌節長度比例約 1：2，較大的第二步足指節可動指與不可動指內緣有不規則小齒，較小的第二步足可動指與不可動指內緣密生細毛，可動指與不可動指尖端為米黃色，且帶有黑色斑紋。

邵氏沼蝦

Macrobrachium shaoi

分布	臺灣東北部、西北部、東部與南部零星地區	棲息環境	主要棲息於河川中下游流域

為 洄游型淡水蝦，偏好水流較為平緩之河川中游或下游礫石間，水質條件也不能太差，若汙染程度過高的河川，則較不易發現此物種之族群。

註 1：此種沼蝦是 2001 年於臺灣發表的新種，當時僅採獲一隻雄蝦標本，截至目前約有 20 年並未再採獲此個體，筆者有幸於 2020 年發現位在花蓮溪流域之樣本，讓此幾乎消逝之物種能再次呈現在讀者面前。

註 2：此種沼蝦與產於琉球群島的長指沼蝦（*M. grandimanus*）外觀極為相似，因此有些專家認為該蝦可能是長指沼蝦之同種異名，至於事實是否如此，得留待專家學者更進一步的研究方可有所定論。

形態特徵

此種個體頭胸甲有米黃色不規則狀粗線條紋路，腹節下半部有明顯的暗色細點狀紋路，腹節末段背側延伸至尾扇背側有米黃色段帶狀紋。額角略細，長度不超過第 2 觸角鱗片。額角大略平直，上額齒排列間距約略相等。兩第二步足左右不對稱，較大的第二步足其靠近腕節連結處的掌節內緣會有一叢密生的細毛，掌節處會有 2 條明顯暗褐色縱紋，較小的第二步足長有長剛毛，且會有暗褐色不規則斑塊。指節長度與掌節長度比例約 1：1，較大的第二步足指節可動指與不可動指內緣有不規則小齒。

洄游型淡水蝦

長臂蝦科

509

刺足沼蝦

Macrobrachium spinipes

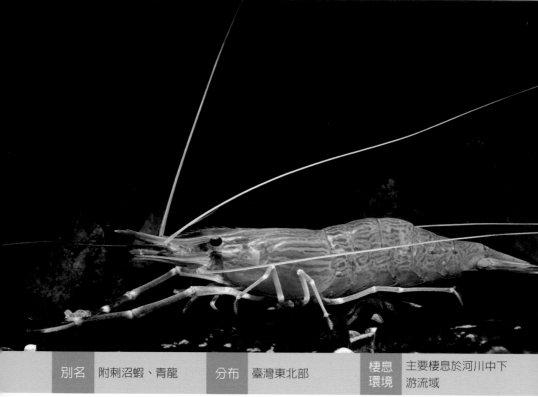

| 別名 | 附刺沼蝦、青龍 | 分布 | 臺灣東北部 | 棲息環境 | 主要棲息於河川中下游流域 |

為洄游型淡水蝦，水流較為平緩之河川中下游障礙物或洞穴間，屬於雜食性物種。

註：此種沼蝦是 2013 年由施志昀教授發表的臺灣新紀錄種，其外觀與俗稱泰國蝦的羅氏沼蝦（*M. rosenbergii*）非常相似。最大的差別在於刺足沼蝦的頭胸甲與腹節體側皆有紋路，羅氏沼蝦則沒有紋路；刺足沼蝦的額角為紅色平直上揚，羅氏沼蝦則是隆起後直接彎曲上揚；另外刺足沼蝦的可動指成熟個體內緣會長絨毛，羅氏沼蝦的可動指於成熟個體內緣與外側皆會長滿絨毛。

形態特徵

此種個體頭胸甲有數條暗褐色縱紋，腹節延伸至尾扇亦有不規則細縱紋與條狀斑，年幼個體紋路相當明顯，隨著個體老成，紋路顏色會轉淡，腹節各節間會有橘紅色小點，越接近尾扇，橘紅色小點會越明顯。額角略細且長，長度超過第 2 觸角鱗片。額角尖端平直且上揚，中段開始往末段明顯隆起，年幼個體額角顏色為鮮紅色，隨著個體老成，額角顏色會轉為淡粉橘色，上額齒於隆起段排列間距約略相等，尖端平直至上揚段之間距甚寬。兩第二步足左右大致對稱，掌節與腕節呈藏青色或淡藍紫色，指節處會有一橘紅色斑塊，由可動指與不可動指交接處往指尖延伸，可動指的橘紅色斑塊較多，不可動指的橘紅色斑塊較小。指節長度與掌節長度比例約 1：1，指節尖端顏色為藏青色或淡藍紫色。

扁掌沼蝦

Macrobrachium sp.

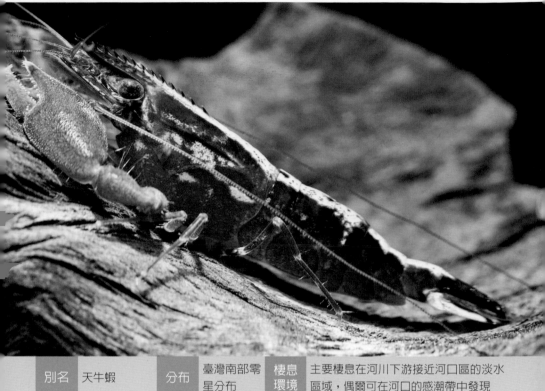

| 別名 | 天牛蝦 | 分布 | 臺灣南部零星分布 | 棲息環境 | 主要棲息在河川下游接近河口區的淡水區域，偶爾可在河口的感潮帶中發現 |

為洄游型淡水蝦，躲藏於下游或是河口的石礫間，晝間較不易發現該蝦。該蝦為雜食性，以河床底部之有機碎屑為食，亦會攝食水生動物之屍體。

形態特徵

　　成熟蝦體背面中線會有一條從頭胸甲延伸至尾扇之黃橙色縱帶，頭胸甲至腹節底色主要以褐色爲主。額角上緣較爲平直，前端略微朝下，額角長略短於第 2 觸角鱗片或等長。額齒排列間距稍密集且間距約略相等。兩第二步足不對稱，雄性成熟個體其中一步足從腕節開始逐漸特化膨大爲扁平狀，掌節面寬度與長度比約 1：1.1，接近方形，另一步足較小亦呈扁平狀且密生長細毛；指節與掌節長度約 1：1.5，色澤爲褐綠色。

洄游型淡水蝦

長臂蝦科

511

潔白長臂蝦

Palaemon concinnus

體長 可達 8cm

分布	全臺灣河流下游與河口皆有分布	棲息環境	河川下游以及稍有鹽度之河口區域

為 迴游型淡水蝦，偏好下游隱蔽性較高處，以河川下游、河口等淡海水交界水域有較多發現紀錄，以撿拾底部碎屑為主。

迴游型淡水蝦

長臂蝦科

形態特徵

　　體色呈潔白略為半透明，除第六腹節接近尾柄處具一明顯黑色斑點外，全身大多無明顯斑紋。頭胸甲光滑不具肝刺，但具有鰓甲刺，為本屬重要的分類依據。額角長度長於第二觸角鱗片之末端，並呈雞冠狀隆起，第二對步足對稱。

秀麗白蝦

Exopalaemon modestus

分布	臺灣北部、西部及南部之湖泊或水庫，以及連接湖泊、水庫之溪流中下游	棲息環境	河川中下游、大型湖泊、水庫

為陸封型淡水蝦，偏好隱蔽性較高處，除了以河川底部的有機碎屑與藻類為食外，亦會取食水生動物之屍體或捕食水域中的小型底棲生物。

形態特徵

　　體呈透明，體側具淺棕色雜斑，由側面觀察時可發現尾部呈明顯山丘狀隆起，額角於眼窩前端上緣處，呈雞冠狀隆起，尖端平直上揚且無額齒，第二步足（螯肢）細長以利攝食或捕食小型底棲生物。

陸封型淡水蝦

長臂蝦科

附刺擬匙指蝦

Atyopsis spinipes

體長
可達 10cm

別名	（金背）網球蝦、刺足仿匙蝦	分布	臺灣北部、東部、南部	棲息環境	河川中下游

附刺擬匙指蝦屬於洄游型淡水蝦，偏好稍有水流且以石塊為底質無汙染之環境，以濾食水中懸浮有機碎屑或浮游動植物為主，當水中可濾食之食物量較少時，也會撿拾河川底部碎屑。

洄游型淡水蝦

匙指蝦科

形態特徵

額角短且向下彎曲，稍微超過第一觸角柄基節前端，下額齒數最高至 8，頭胸甲長等同或稍長於體高，尾柄末緣呈現三角形，體呈金黃、橘紅色居多，前兩對步足特化成網狀結構以利濾食，後三對步足粗壯，體側具 5 ～ 7 條褐色沿頭胸甲至尾部之木質縱紋，體背具金白色縱帶；此種為臺灣目前有紀錄之三種網球蝦中，唯一具木質紋路的種類。

514

石紋擬匙指蝦

Atyopsis pilipes

別名	琥珀網球蝦	分布	臺灣東部、南部	棲息環境	河川中下游

為迴游型淡水蝦，偏好稍有水流之淺水域，具群聚行為，以濾食水中浮游動植物或懸浮有機碎屑為主，當水中可濾食之食物量較少時，也會撿拾河川底部碎屑。

形態特徵

額角短小，頭胸甲長等同或稍長於體高，尾柄末緣呈現三角形，體色隨環境與水質不同而有差異，主要以透明、偏藍或紅色為主，前兩對步足特化成網狀結構以利濾食，後三對步足粗壯，體側具由斑點連成不明顯之紋路，與體色搭配後呈現如琥珀般之顏色表現，又稱「琥珀網球蝦」；此種為臺灣目前有紀錄之三種網球蝦中，唯一具斑點狀紋路的種類。

迴游型淡水蝦

匙指蝦科

515

石隱南匙指蝦

Australatya obscura

體長 可達 5cm

別名	蜜蜂網球蝦、白帶南匙指蝦	分布	臺灣北部、東部	棲息環境	河川中下游

為 洄游型淡水蝦，偏好稍有水流之環境，以撿拾底部碎屑為主，也會濾食水中懸浮有機碎屑。

註：此種蝦是 2015 年於臺灣新發表的物種，並新增南匙指蝦屬。（*Australatya obscura* Han & Klotz, 2015）

洄游型淡水蝦

匙指蝦科

形態特徵

　　此種為目前臺灣所發現的濾食性匙指蝦類中，體型偏小的種類，額角短小，不超過第一觸角柄基節，頭胸甲長約等同於體高，尾柄末緣呈現三角形，體色主要以紅色為主，前兩對步足特化成網狀結構以利濾食，後三對步足粗壯，體側具 3 ～ 4 條橫跨體背之白色橫帶，部分個體背部具白色縱帶，因其明顯之白色帶狀紋路橫跨體背，其外觀與蜜蜂無異，又稱「蜜蜂網球蝦」或「白帶網球蝦」；此種為臺灣目前有紀錄之三種網球蝦中，唯一具帶狀紋路的種類。

短腕米蝦

Caridina brevicarpalis

| 別名 | 琥珀戟蝦、雙色戟蝦 | 分布 | 臺灣東北部、東部、南部 | 棲息環境 | 河川中下游 |

為 洄游型淡水蝦，偏好有水流之環境，以撿拾底部碎屑為主。

形態特徵

雄蝦第一腹足無特化膨大現象，額角細長，超過第一觸角柄前端，身形相較於其他匙指蝦類來的細長，體色以橙色至深褐色為主，體側具 5 ～ 6 條褐色木質縱紋。此種外型與附刺擬匙指蝦（金背網球蝦）類似，皆呈現木質紋路，然而主要可經由三點差異進行區分，第一點為短腕米蝦額角細長且直，附刺擬匙指蝦額角較短且向下彎曲；第二點為此種後三對步足較為纖細，而附刺擬匙指蝦相對較為粗壯；第三點為放入水中觀察時，此種前兩對步足極小甚至不易發現，附刺擬匙指蝦可輕易發現，其前兩對步足張開如網狀或是收起如玉米筍般狀態。

洄游型淡水蝦

匙指蝦科

517

臺灣米蝦

Caridina formosae

| 別名 | 鋸齒米蝦（陸封型）、七星米蝦 | 分布 | 臺灣北部、東北部、西部、南部 | 棲息環境 | 河川上游、小山澗 |

臺灣米蝦終其一生生活於純淡水環境，屬於陸封型淡水蝦，偏好小型溪流之緩水域，以及山區之小山澗，以撿拾底部碎屑為主。

註：過去施與游（1998）以及學者洪明仕（Hung et al.，1993）所紀錄之陸封型鋸齒米蝦（*C. cf serrata*），經學者檢定後，確認其為臺灣米蝦類群。

陸封型淡水蝦

匙指蝦科

形態特徵

雄蝦第一腹足無特化膨大現象，額角短小，尾柄末緣呈現三角形，眼睛大小等同或稍大於體側斑點大小，此種蝦為匙指蝦中體型偏小之種類，體色因不同流域而改變，一般以透明、藍色與紅色為主，少數個體具有白色塊狀斑，眼球顏色通常與體側之斑點顏色一致，體側具 7 個紅色斑點，因此又名「七星米蝦」。

細額米蝦

Caridina gracilirostris

體長　可達 4cm

別名	長戟米蝦、皮諾丘米蝦、犀牛米蝦、蚊子米蝦	分布	臺灣北部、東北部、西部、南部	棲息環境	河川下游

為 洄游型淡水蝦，偏好下游隱蔽性較高處，以撿拾底部碎屑為主。

洄游型淡水蝦

匙指蝦科

形態特徵

　　雄蝦第一腹足無特化膨大現象，體型細長，尾柄末緣呈現等腰三角形，由側面觀察時可發現尾部呈明顯山丘狀隆起，體色透明，額角細長且呈紅色，雄蝦身體具一條由頭延伸至尾部的紅色線條，雌蝦則無；除了額角極為細長外，其額角的上額齒大且較為稀疏，下額齒相對小且密集，為此種的重要辨別依據。

大額米蝦

Caridina grandirostris

體長　可達 3.5cm

分布	臺灣西部、南部	棲息環境	水庫、大型湖泊，以及連接水庫湖泊之河川中游

大額米蝦屬於洄游型淡水蝦，然而筆者曾於水庫、大型湖泊，以及連接水庫與湖泊之河川中游等水域有發現紀錄；偏好流速稍緩且隱蔽性較高處，以撿拾底部碎屑為主。

洄游型淡水蝦

匙指蝦科

形態特徵

雄蝦第一腹足無特化膨大現象，體型細長，尾柄末緣呈現等腰三角形，由側面觀察時可發現尾部呈山丘狀隆起，體色透明，體側具細碎雜斑，以墨綠色為主。外觀與長額米蝦無太大差異，然而可以額角進行初步區分，本種額角尖端額齒數為 2，長額米蝦額角尖端額齒數為 3。

長額米蝦

Caridina leucostica

體長　可達 3.5cm

| 分布 | 臺灣北部、東北部、西部、南部 | 棲息環境 | 河川中下游 |

為洄游型淡水蝦，偏好下游隱蔽性較高處，以撿拾底部碎屑為主。

註：米蝦中額角細長之類群於臺灣早期僅被列為長額米蝦（*C. longirostris*），近年來，因分子生物技術應用於生物分類學後，學者更有把握將這些額角細長之米蝦鑑別出細額米蝦（*C. gracilirostris*）、大額米蝦（*C. grandirostris*）與長額米蝦（*C. leucostica*）等至少三個以上之種類；目前分類學家仍持續依照更多細部特徵進行此類群物種之分類，或許在未來有機會發現更多新種或新紀錄種，屆時臺灣米蝦的分類藍圖將更加明確。

形態特徵

雄蝦第一腹足無特化膨大現象，體型細長，尾柄末緣呈現等腰三角形，由側面觀察時可發現尾部呈山丘狀隆起，體色透明，體側具細碎雜斑，以紅色或深褐色為主，外觀與大額米蝦無太大差異，然而可以額角進行初步區分，本種額角尖端額齒數為 3，大額米蝦額角尖端額齒數為 2。

洄游型淡水蝦

匙指蝦科

521

多齒米蝦

Caridina multidentate

體長 可達 5cm

別名	大和米蝦、大和藻蝦、日本米蝦	分布	臺灣北部、東北部、東部、南部	棲息環境	河川中上游

為洄游型淡水蝦，攀爬能力極強，可攀越近 90 度之垂直面，當水流速度過快時，於河川兩側可發現此種群聚向上游移動，偏好水流稍強之環境，常在河流中以岩盤或石塊為基底的區域，以及隱蔽性較高處發現其蹤跡。

註：過去紀錄之大和米蝦（*C. japonica*）為本種之同種異名。

形態特徵

雄蝦第一腹足無特化膨大現象，額角不超過第一觸角柄前端，尾柄末緣呈現三角形，體色透明，體側具點斑，點斑數量明顯多於臺灣米蝦，且體型相對較大，尾部除了尾巴具藍色點斑外，於接近尾柄具明顯藍色條紋為其主要辨識特徵。

洄游型淡水蝦

匙指蝦科

點帶米蝦

Caridina multidentata

分布	臺灣東北部、東部、南部	棲息環境	河川中下游

為 迴游型淡水蝦，偏好下游隱蔽性較高處，以撿拾底部碎屑為主。

形態特徵

　　雄蝦第一腹足無特化膨大現象，額角不超過第一觸角柄基節前端，尾柄末緣呈現三角形，體色呈透明，體側具連續之縱向點狀及帶狀紋路，體背具5～6條黑白相間且橫跨背部的帶狀紋路，故名「點帶米蝦」；其外觀與多齒米蝦（舊稱為大和米蝦）、普氏米蝦（舊稱為先島米蝦）類似，然而其背部黑白相間橫跨體背的帶狀紋路為其主要辨識特徵。

普氏米蝦

Caridina prashadi

體長 可達 3cm

別名	條紋米蝦、先島米蝦	分布	臺灣東北部、東部、南部	棲息環境	河川中下游

為洄游型淡水蝦，此蝦之棲息環境與多齒米蝦有共域現象，但是較偏好水流稍緩之環境，以撿拾底部碎屑為主，常在河流中以岩盤或石塊為基底的區域，以及隱蔽性較高處發現其蹤跡。

註：過去所紀錄之條紋米蝦（*C. faciata*，Hung et al., 1993）、先島米蝦（*C. sakishimensis*，林，2007）以及琉球群島發現之新種（*C. sakishimensis* Fujino & Shokita, 1975），經學者檢定後皆為普氏米蝦之同種異名。

洄游型淡水蝦

匙指蝦科

形態特徵

雄蝦第一腹足無特化膨大現象，額角等同或稍短於第一觸角柄基節前端，尾柄末緣呈現三角形，體色呈透明，體側具點狀及帶狀紋路，相較於點帶米蝦，此種類之紋路較不規則且無連續性，體背無明顯橫跨之黑白帶狀紋路。

擬多齒米蝦

Caridina pseudodenticulata

體長 可達 3cm

別名	黑殼蝦、假鋸齒米蝦	分布	全臺平地均可發現其蹤跡	棲息環境	河川中下游、水田

擬多齒米蝦屬於陸封型淡水蝦，於中下游隱蔽性較高處可發現其蹤跡，偏好水流較緩區域，以撿拾底部碎屑為主，對於水質環境要求較多齒新米蝦高。

陸封型淡水蝦

匙指蝦科

形態特徵

雄蝦第一腹足無特化膨大現象，體色多變，尾柄末緣呈現三角形且具淺白色邊緣，體側具透明紋路；米蝦屬（*Caridina*）與新米蝦屬（*Neocaridina*）在分類上的差異，藉由觀察雄蝦的第一腹足可發現，新米蝦屬（*Neocaridina*）的成員，其雄蝦第一腹足具特化膨大現象，米蝦屬（*Caridina*）則無此現象，此點可將兩者進行區分。

齒額米蝦

Caridina serratirostris

體長 可達 3cm

別名	花斑米蝦、忍者蝦、貴賓蝦、銀板蝦、姬米蝦	分布	臺灣東北部、東部、南部	棲息環境	河川中下游

為洄游型淡水蝦，偏好中下游隱蔽性較高處，以撿拾底部碎屑為主。

洄游型淡水蝦

匙指蝦科

形態特徵

　　雄蝦第一腹足無特化膨大現象，額角長於第一觸角柄基節前端，尾柄末緣呈現三角形，體色隨環境變化而迅速改變體色，因此又被稱為「忍者蝦」，其額角的上額齒多且排列密集為其主要辨識特徵。

眞米蝦

Caridina typus

| 別名 | 典型米蝦 | 分布 | 臺灣東北部、東部、南部 | 棲息環境 | 河川中下游 |

為洄游型淡水蝦，此蝦之棲息環境與菲氏米蝦有共域現象，常在河流中以岩盤或石塊為基底的緩流區域，以及隱蔽性較高處發現其蹤跡，以撿拾底部碎屑為主。

形態特徵

　　雄蝦第一腹足無特化膨大現象，額角寬短且前端下彎，下額齒數多為 1 或 2，體色透明，體側具細碎雜斑，尾柄末緣呈現三角形，第三對到第五對步足細長而呈現透明；外型與菲氏米蝦類似，而此種額角較寬短且無明顯上緣額齒，下緣額齒數也較少，約 1～2 齒，額角長度僅延伸至第一觸角柄基節與第二節之間為其主要辨識特徵。

洄游型淡水蝦

匙指蝦科

菲氏米蝦

Caridina villadolidi

別名	維氏米蝦、螢光牛奶蝦、螢光蝦、柳丁蝦	分布	臺灣東北部、東部、南部	棲息環境	河川中下游

為 洄游型淡水蝦，此蝦之棲息環境與真米蝦有共域現象，常在河流中以岩盤或石塊為基底的緩流區域，以及隱蔽性較高處發現其蹤跡，以撿拾底部碎屑為主。

洄游型淡水蝦

匙指蝦科

形態特徵

雄蝦第一腹足無特化膨大現象，體色透明，體側具細碎雜斑，尾柄末緣呈現三角形，此種額角細長而較平直，長度延伸至第一觸角柄與第二觸角鱗片末端之間，此外，其額角無上額齒，下額齒數為 3 ～ 5 之間為此種主要辨識特徵。

衛氏米蝦

Caridina weberi

體長  可達 3cm

分布	臺灣北部、東北部、東部、南部	棲息環境	河川中下游

為 洄游型淡水蝦，常在河流中以岩盤或石塊為基底的緩流區域，以及隱蔽性較高處發現其蹤跡，以撿拾底部碎屑為主。

註：衛氏米蝦因型態與體色多變，有學者認為此種類群中應該尚有新種之可能，需待更進一步研究與確認。

形態特徵

　　雄蝦第一腹足無特化膨大現象，額角短，等同或短於第一觸角柄與第二節末端，上額齒數最多可達 20，下額齒數為 4～5 之間，尾柄末緣呈現三角形，體色以紅棕色、褐色為主，體側具細小深褐色斑點，多數個體體背具金白色縱帶。

洄游型淡水蝦

匙指蝦科

多齒新米蝦
Neocaridina denticulate

體長 可達 3.5cm

別名	黑殼蝦、鋸齒新米蝦	分布	全臺平地均可發現其蹤跡	棲息環境	河川中上游、水田

多齒新米蝦屬於陸封型淡水蝦，偏好中上游隱蔽性較高處，水流較緩區域，以撿拾底部碎屑為主，對於環境適應力較強。

陸封型淡水蝦

匙指蝦科

形態特徵

　　雄蝦第一腹足具特化膨大現象，額角平直或稍微下彎，長度介於第一觸角柄之第二節末端，以及第一觸角柄之第三節末端之間，為目前臺灣有紀錄之新米蝦屬中額角最長者，尾柄末緣呈現三角形，體色多變，體側通常不具透明紋路；新米蝦屬（*Neocaridina*）與米蝦屬（*Caridina*）在分類上的差異，藉由觀察雄蝦的第一腹足可發現，新米蝦屬（*Neocaridina*）的成員其雄蝦第一腹足具特化膨大現象，米蝦屬（*Caridina*）則無此現象，此點可將兩者進行區分。

凱達格蘭新米蝦

Neocaridina kataglan

體長 可達 3.5cm

特有種

別名	斑紋新米蝦、斑馬蝦、黑殼蝦	分布	臺灣北部	棲息環境	河川中上游

凱達格蘭新米蝦為陸封型淡水蝦，偏好中上游隱蔽性較高處，水流較緩的砂質底區域，以撿拾底部碎屑為主。

註：此種蝦是 2007 年於臺灣新發表的物種。（*Neocaridina ketagalan* Shih & Cai, 2007）

形態特徵

雄蝦第一腹足具特化膨大現象，額角長度大多延伸至第一觸角柄之第二節末端，體色豐富，腹部具深色縱紋，又名「斑馬蝦」；雖然與赤崁新米蝦以及多齒新米蝦同為一屬，然而可由其額角長度差異進行區分，赤崁新米蝦之額角大多短於第一觸角柄之第二節一半；多齒新米蝦之額角，長度介於第一觸角柄之第二節末端，以及第一觸角柄之第三節末端之間。此種額角長度大多延伸至第一觸角柄之第二節末端，為其主要辨識特徵。

陸封型淡水蝦

匙指蝦科

531

赤崁新米蝦

Neocaridina saccam

體長 可達 3.5cm

特有種

別名	斑紋新米蝦、斑馬蝦、黑殼蝦	分布	臺灣南部	棲息環境	河川中上游

赤崁新米蝦為陸封型淡水蝦，偏好中上游隱蔽性較高處，水流較緩的砂質底區域，以撿拾底部碎屑為主。

註：此種蝦是 2007 年於臺灣新發表的物種。（*Neocaridina saccam* Shih & Cai, 2007）

陸封型淡水蝦

匙指蝦科

形態特徵

雄蝦第一腹足具特化膨大現象，額角短於第一觸角柄之第二節一半，體色豐富，腹部具深色橫紋，又名「斑馬蝦」；雖然與凱達格蘭新米蝦以及多齒新米蝦同為一屬，然而可由其額角長度差異進行區分，凱達格蘭新米蝦之額角，長度大多延伸至第一觸角柄之第二節末端；多齒新米蝦之額角，長度介於第一觸角柄之第二節末端，以及第一觸角柄之第三節末端之間。此種米蝦額角大多不超過第一觸角柄之第二節一半，為其主要辨識特徵。

紫紋袖珍蝦

Potamalpheops sp.

體長

可達 2.5cm

| 別名 | 紫晶蝦 | 分布 | 臺灣南部零星分布（目前僅以臺灣有發現紀錄） | 棲息環境 | 河川下游、魚塭、溝渠 |

為 迴游型淡水蝦，偏好下游隱蔽性較高處，在魚塭、溝渠等淡海水交界水域有較多發現紀錄，以撿拾底部碎屑為主。

形態特徵

　　體呈透明，體側具明顯紫色條紋，無額角，眼睛間距相較其他米蝦短許多。

已入侵淡水魚類

▍飾妝鎧弓魚

學名： *Chitala ornate*

別名：七星飛刀

最大體長：100cm

▍銀高體魮

學名： *Barbonymus gonionotus*

別名：爪哇魮、粗鱗武昌

最大體長：40cm

▍施氏高體魮

學名： *Barbonymus schwanenfeldii*

別名：施瓦氏擬魮、泰國鯽、紅鰭鯽

最大體長：45cm

▍高身鯽

學名： *Carassius cuvieri*

別名：日本鯽、日鯽

最大體長：50cm

▍鯪

學名： *Cirrhinus molitorella*

別名：鯪魚、青鯪魚、土鯪、鯪公、鯪仔

最大體長：60cm

▍草魚

學名： *Ctenopharyngodon idella*

別名：鯇

最大體長：140cm

▌鰱

學名：*Hypophthalmichthys molitrix*

別名：竹葉鰱、白鰱、白葉仔

最大體長：105cm

▌鱅

學名：*Hypophthalmichthys nobilis*

別名：大頭鰱、黑鰱、花鰱、胖頭鰱

最大體長：150cm

▌團頭魴

學名：*Megalobrama amblycephala*

別名：細鱗武昌魚、武昌魚

最大體長：40cm

▌青魚

學名：*Mylopharyngodon piceus*

別名：烏溜

最大體長：200cm

▌橘尾窄口魛

學名：*Systomus rubripinnis*

別名：類無鬚魛、紅胸鯛、馬來鯛

最大體長：30cm

▌平頜鱲

學名：*Zacco platypus*

別名：寬鰭鱲、日本平頜鱲、日本溪哥

最大體長：15〜20cm

▌短蓋肥脂鯉

學名： *Piaractus brachypomus*

別名：淡水白鯧、擬食人魚、銀板

最大體長：45cm

▌雜交翼甲鯰

學名： *Pterygoplichthys* sp.

別名：琵琶鼠、清道夫、垃圾魚

最大體長：50cm

▌蟾鬍鯰

學名： *Clarias batrachus*

別名：泰國土殺、泰國塘虱魚

最大體長：40cm

▌長絲䰶

學名： *Pangasius sanitwongsei*

別名：成吉思汗

最大體長：300cm

▌恆河鱨

學名： *Mystus tengara*

別名：印度四線貓

最大體長：18cm

▌香魚

學名： *Plecoglossus altivelis altivelis*

別名：鰈、年魚

最大體長：40cm

麥奇鉤吻鮭

學名： *Oncorhynchus mykiss*

別名：虹鱒、麥奇鉤吻鱒

最大體長：90cm

小皮頦鱵

學名： *Dermogenys pusilla*

別名：水針

最大體長：10～15cm

食蚊魚

學名： *Gambusia affinis*

別名：大肚魚、三界娘仔

最大體長：6cm

孔雀花鱂

學名： *Poecilia reticulata*

別名：野生孔雀魚

最大體長：4cm

帆鰭花鱂

學名： *Poecilia velifera*

別名：花鱂、摩利魚、胎鱂

最大體長：8cm

劍尾魚

學名： *Xiphophorus hellerii*

別名：單劍

最大體長：8cm

山黃鱔

學名： *Monopterus cuchia*

別名：鱔

最大體長：60cm

蛙副雙邊魚

學名： *Parambassis ranga*

別名：玻璃魚

最大體長：10cm

眼斑擬石首魚

學名： *Sciaenops ocellatus*

別名：紅鼓魚

最大體長：155cm

高體革䖵

學名： *Scortum barcoo*

別名：澳洲寶石鱸魚

最大體長：35cm

大口黑鱸

學名： *Micropterus salmoides*

別名：淡水鱸魚、加州鱸、大嘴黑鱸、黑巴斯

最大體長：60cm以上

九間始麗魚

學名： *Amatitlania nigrofasciata*

別名：九間波羅

最大體長：10cm

橘色雙冠麗魚

學名：*Amphilophus citrinellus*

別名：紅魔鬼

最大體長：25cm

粉紅副尼麗魚

學名：*Paraneetroplus synspilus*

別名：紫紅火口

最大體長：25cm

眼點麗魚

學名：*Cichla ocellaris*

別名：皇冠三間

最大體長：75cm

巴西珠母麗魚

學名：*Geophagus brasiliensis*

別名：西德藍寶石、藍寶石

最大體長：25cm

雙斑伴麗魚

學名：*Hemichromis bimaculatus*

別名：紅寶石、紅鑽石

最大體長：8cm

雜交口孵非鯽

學名：*Oreochromis* sp.

別名：吳郭魚、臺灣鯛

最大體長：30～50cm

▌花身副麗魚

學名：*Parachromis managuensis*

別名：珍珠石斑、淡水石斑

最大體長：50cm

▌黃頰副麗魚

學名：*Parachromis motaguensis*

別名：花鯧長

最大體長：50cm

▌布氏非鯽

學名：*Tilapia buttikoferi*

別名：十間

最大體長：30cm

▌雜交非鯽

學名：*Tilapia* sp.

別名：吳郭魚

最大體長：25cm

▌斑駁尖塘鱧

學名：*Oxyeleotris marmorata*

別名：雲斑尖塘鱧、筍殼魚、竹筍魚

最大體長：50cm

▌絲鰭毛足鬥魚

學名：*Trichopodus trichopterus*

別名：三星攀鱸、三星鬥魚

最大體長：15cm

▍小盾鱧

學名： *Channa micropeltes*

別名：魚虎

最大體長：150cm

▍線鱧

學名： *Channa striata*

別名：泰國姑呆、泰國鱧、魚虎

最大體長：100cm

已入侵淡水蝦類

▍羅氏沼蝦

學名： *Macrobrachium rosenbergii*

別名：泰國蝦

最大體長：應可達30cm以上

▍克氏原螯蝦

學名： *Procambarus clarkia*

別名：美國螯蝦

最大體長：15cm

▍破壞者螯蝦

學名： *Cherax destructor*

別名：天空藍魔蝦、Yabbie

最大體長：20cm

▍四脊滑螯蝦

學名： *Cherax quadricarinatus*

別名：澳洲淡水小龍蝦、Redclaw

最大體長：應可達30cm以上

淡水魚中名索引

中名索引

中名索引

淡水蝦
中名索引

淡水魚
學名索引

學名索引

學名索引

學名索引

淡水蝦
學名索引

難字讀音

1.魟ㄏㄨㄥ 8.魻ㄍㄚ 15.鱫ㄞˋ 22.鮻ㄙㄨㄛ 29.髟ㄕ 36.鮐ㄊㄞ

2.鏈ㄌㄧㄢ 9.鱲ㄌㄚˋ 16.鮈ㄐㄩ 23.鯔ㄗ 30.鮍ㄆㄧˊ 37.鰲ㄠˊ

3.鰻ㄇㄢˊ 10.鮊ㄅㄛˊ 17.鰟ㄆㄤˊ 24.鱂ㄐㄧㄤ 31.鯻ㄌㄚˋ

4.鰶ㄐㄧˋ 11.鯛ㄉㄧㄠ 18.鮍ㄆㄧ 25.鱵ㄓㄣ 32.鯯ㄓˋ

5.鯷ㄊㄧˊ 12.鉈ㄊㄨㄛˊ 19.鰍ㄑㄧㄡ 26.鮋ㄧㄡˊ 33.鱧ㄌㄧˇ

6.鯽ㄐㄧˊ 13.魴ㄈㄤˊ 20.鮑ㄅㄠˋ 27.鯵ㄕㄣ 34.鰕ㄒㄧㄚ

7.鯆ㄩˊ 14.鯿ㄅㄧㄢ 21.鱒ㄗㄨㄣ 28.鰏ㄅㄧˋ 35.鰨ㄊㄚˋ

參考文獻

● A new species of Schismatogobius（Teleostei: Gobiidae）from Halmahera（Indonesia）by Philippe Keith*（1）, Hadi Dahruddin（2）, Gino Limmon（3）& Nicolas Hubert（4）

● Freshwater Fish of Western Indonesian & Sulawesi by Anthony J. Whitten, Sri N. Kartikasari Soetikno Wirjoatmodjo

● Indo-Pacific Sicydiine Gobies. Biodiversity, life traits and conservation, by P. Keith C. Lord & K. Maeda 2016

● Liao, T.-Y., S.O. Kullander and H.-D. Lin, 2011. Synonymization of Pararasbora, Yaoshanicus, and Nicholsicypris with Aphyocypris, and description of a new species of Aphyocypris from Taiwan （Teleostei: Cyprinidae）. Zool. Stud. 50（5）:657-664. Liao, T.-Y., S.O. Kullander, etc. 2011

● SFI Received: 1 Dec. 2016 Accepted: 20 Feb. 2017 Editor: J.Y. Sire Review of Schismatogobius（Gobiidae） from Papua New Guinea to Samoa, with description of seven new species by Philippe Keith*（1）, Clara Lord（1）& Helen K. Larson（2）

● シリーズ・Series 日本の希少魚類の現状と課題 西表島浦内川の魚類魚類学。

● 川那部浩哉、水野信彥。1989。日本の淡水魚。山と渓谷社。

● 川那部浩哉、水野信彥。2001。山渓カラー名鑑 日本の淡水魚（増補改訂版）。山と渓谷社。

● 中坊徹次。2013。日本産魚類検索（第3版）── 全種の同定。東海大学出版部。

● 方力行、陳義雄、吳瑞賢。2002。金門淡水魚及河口魚類誌。

● 方力行、陳義雄、韓僑權。1996。高雄縣河川魚類誌。高雄縣政府及國立海洋生物博物館籌備處。

● 方力行、陳義雄。2001。臺東縣河川魚類誌。臺東縣政府。

● 方力行、韓僑權、陳義雄。1995。高身鯝魚 ── 臺灣溪流中珍貴稀有的原住民。國立海洋生物博物館。

● 方力行、韓僑權。1997。臺南縣河川湖泊魚類誌。國立海洋生物博物館。

● 細谷和海、内山りゅう。2015。日本の淡水魚（山渓ハンディ図鑑）。山と渓谷社

● 前田健、佐伯智史、新里宙也、小柳亮、佐藤矩行。日本産エソハゼ属（ハゼ科）の分類学的再検討と1新種の記載。

● 木村義志。2009。日本の淡水魚（増補改訂）。学研プラス。

● 王漢泉。2006。臺灣河川生態全記錄 ── 河川魚類指標及魚類圖鑑。展翅文化。

● 矢野維幾、鈴木寿之。2004。日本のハゼ決定版。平凡社。

● 伍漢霖、邵廣昭、賴春福、林沛立、莊棣華。2012。拉漢世界魚類系統名典。水產出版社。

● 伍漢霖、鍾俊生等編。2008。中國動物誌硬骨魚綱鱸形目（五）鰕虎魚亞目。科學出版社。

● 李嘉亮。2000。臺灣常見魚類圖鑑（5）：溪流與河口魚。戶外生活圖書股份有限公司。

● 汪靜明。1993。臺中縣魚類資源。臺中縣政府。

● 沈世傑、吳高逸。2011。臺灣魚類圖鑑。國立海洋生物博物館。

● 沈世傑。1993。臺灣魚類誌。國立臺灣大學動物系。

● 斉藤憲治、内山りゅう。2015。くらべてわかる淡水魚 ── 識別ポイントで見分ける。山と渓谷社。

● 松沢陽士、松浦啓一。2011 日本の淡水魚 258 ─ポケット図鑑。文一総合出版。

● 林春吉。2007。臺灣淡水魚蝦生態大圖鑑 (上)(下)。天下遠見出版股份有限公司。

● 邵廣昭、伍漢霖、賴春福。1999。拉漢世界魚類名典。水產出版社。

● 邵廣昭、林沛立。1991。溪池釣的魚：淡水與河口的魚。渡假出版社。

● 邵廣昭、邵奕達、林沛立。2013。臺灣珊瑚礁魚圖鑑。晨星出版有限公司

● 邵廣昭、陳靜怡。2003。魚類圖鑑 ── 臺灣七百多種常見魚類圖鑑。遠流出版社。

● 邵廣昭、陳麗淑、黃崑謀、賴百賢。2004。魚類入門。遠流出版社。

● 阿部宗明。2005。原色魚類大圖鑑。北隆館。

● 施志昀，1994。臺灣淡水蝦、蟹類之分類、分布及幼苗變態研究，國立臺灣海洋大學漁業科學研究所，博士論文。

● 施志昀、游祥平。1998。臺灣的淡水蝦。國立海洋生物博物館籌備處。

● 黃鈞漢、陳義雄。2008 。記臺灣 ── 新紀錄屬之臺灣淡水塘鱧屬 ── 丘塘鱧屬魚類 （Bunaka,Herrre 1927）。行政院農委會林業試驗所。

● 張大慶、曾偉杰。2015。鰕虎圖典。魚雜誌社。

● 張瑞宗。2011。概述臺灣淡水環境中的「蝦兵」。科學研習月刊，50（9）：28 ～ 33。

● 陳天任、陳義雄。2018。陽明魚蝦蟹 ── 陽明山魚蝦蟹解說手冊。內政部營建署陽明山國家公園管理處。

● 陳義雄、方力行。1999。臺灣淡水及河口魚類誌。國立海洋生物博物館。

● 陳義雄、方力行。2002。臺東縣河川魚類誌。臺東縣政府及國立海洋生物博物館籌備處。

● 陳義雄、吳瑞賢、方力行。2002。金門淡水及河口魚類誌。金門國家公園管理處。

● 陳義雄、張詠青。2005。臺灣淡水魚類原色圖鑑，第一卷：鯉形目。水產出版社。

● 陳義雄、曾晴賢、邵廣昭。2012。臺灣淡水魚類紅皮書。行政院農業委員會林務局。

● 陳義雄、黃世彬、劉建秦。2010。臺灣的外來入侵淡水魚類。國立臺灣海洋大學。

● 陳義雄、鄭又華、陳玠廷、黃鈞漢、楊倩慧、江敏嘉。2006。基隆市溪流生態。基隆市政府。

● 陳義雄。2009。臺灣河川溪流的指標魚類：初級淡水魚類。國立臺灣海洋大學。

● 陳義雄。2009。臺灣河川溪流的指標魚類：兩側洄游魚類。國立臺灣海洋大學。

● 陶天麟。2004。臺灣淡水魚地圖。晨星出版社。

● 曾晴賢。1986。臺灣的淡水魚類。臺灣省政府教育廳。

● 黃鈞漢、陳義雄。2008。記臺灣──新記錄屬之淡水塘鱧屬：丘塘鱧屬魚類 (Bunaka Herre,1927)。行政院農業委員會林業試驗所。

● 楊正雄、曾子榮、林瑞興、曾晴賢、廖德裕。2017。臺灣淡水魚類紅皮書名錄。特有生物研究保育中心。

● 經濟部水資源局。2000。後龍溪河川生態教育。經濟部水利署臺北辦公區。

● 詹見平。1996。臺中縣大甲溪魚類誌。臺中縣立文化中心。

● 鈴木寿之。2016 年 4 月 25 日発行。雑誌 63（1）：39 ～ 43。

● 韓僑權、方力行。1997。臺南縣河川湖泊魚類誌。臺南縣政府。

● 韓僑權。2017。臺灣的淡水匙指蝦。國立海洋生物博物館館訊 90：14 ～ 17。

● 豊田幸詞、関慎太郎。2014。日本の淡水性エビ・カニ：日本産淡水性・汽水性甲殼類102種。誠文堂新光社。

● 瀬能宏、矢野維幾、鈴木寿之、渋川浩一。2004。日本のハゼ。平凡社。

● 臺灣魚類資料庫 https://fishdb.sinica.edu.tw/

謝誌／周銘泰

　　這本書是由 2011 年出版的《臺灣淡水及河口魚圖鑑》之延續，雖然篇幅不是很足夠，但也感謝主編許裕苗小姐再一次給我這個機會，持續完成更完整的臺灣淡水及河口魚類介紹。

　　2011 年以後網路資訊蓬勃發展，FB 社群的強大讓我認識了更多愛好臺灣淡水魚類生態的朋友，並涉獵不少魚類資訊，更有一群不顧及利益的熱心朋友，幫忙提供了一些我未曾拍攝過或者是未採集到的物種給敝人。這幾年來，消費型潛水相機盛行，因而認識了好友孫文謙先生，他讓我直接潛進水中見識了水中世界，進而發現了一些新的未描述種及新紀錄種，在此由衷感謝。

　　這本修訂版得以完成，要感謝很多朋友的協助，首先是《臺灣野鳥手繪圖鑑》的作者李政霖先生不辭辛勞，常常載著我四處遊蕩；人禾基金會的方韻如小姐給予我機會宣傳淡水魚生態；FB 釣魚人社群的管理員李志祥（杜賓班長）先生不求任何報酬無條件地替我打點一些河口魚；雪霸國家公園武陵工作站主任廖林彥老師給予我機會拍攝櫻花鉤吻鮭；清華大學張瑞宗先生替我執筆淡水蝦類及附錄的外來種內容；臺灣大學的廖竣與黃文謙採集物種；中山大學廖德裕老師實驗室、高二哥高穎、周巨茗、黃瀚嶙以及高瑞卿文化大學的學弟妹等人採集；屏東海洋生物博物館的何宣慶老師、趙寧老師的魚類指導；彰化精誠高中李志穎老師魚類贈與；彰化王廷羽先生、高雄王凱霆博士、基隆海科館的李承祿博士、香港網友 HungTsun Chen 等人的論文提供以及魚類辨識指導。當然，還有很多朋友如徐聖佑先生、崔曉峰先生、徐茂倖先生、莊維誠先生、呂晟智先生、林家弘先生、陳文（雨水兄）、顏曉紅、朱合祥、鄭志皓、張沔、Lin Terry、曾翊倫、何彬宏、吳首賢、郭哲瑋等人，非常感謝你們的無私幫忙。除了上述的朋友外，在 2011 年出版圖鑑時，感謝幫助我的魚類攝影專家張詠青大哥、海洋大學海洋生物研究所陳義雄教授、黃世彬先生及蘇世華先生、臺南大學的王一匡教授、林弘都教授、慈濟大學張永州先生、八甲魚場的黃玉明大哥、臺灣原生魚協會的鍾宸瑞先生、孫仲平先生、陳泳丞先生、謝其城先生及曾朝民先生、王世鵬先生、陳立倫先生等人的鼎力協助；而河口魚與周緣性魚類的探索要感謝北部的林春吉先生、吳明書先生、張大慶先生、海洋大學陳浩明先生、邱垂堃先生、汐止的賴大哥、南部的許勛傑先生、朱銘輝先生、趙壽宏先生、中山大學的廖震亨先

生、居住東港的小川老師、臺南大學的郭瑞霖先生、謝伊潔小姐等人的採集魚隻及一些魚種的協助拍照與贈與；當然要完成此書也得感謝一些前輩無私的奉獻與研究，特別感謝的有：陳兼善教授、梁潤生教授、鄧火土先生、鄭昭任先生、沈世傑教授、于名振教授、李信徹教授、邵廣昭教授、方力行教授、曾晴賢教授、汪靜明教授、王漢泉先生、李嘉亮先生、詹見平先生、陶天麟先生等，大陸學者如伍漢霖教授、鍾俊生教授等；歐美學者 Güther、Boulenger、Regan、Pellegrin、Jordan、Banarescu、Nalbant、Bate、Steindachner 等；日籍學者大島正滿、青木赴雄、小林彥四郎、近代的川那部浩哉、水野信彥、細谷和海、鈴木壽之、瀨能宏等。因為有這些前輩們無私的研究，才能使臺灣的淡水魚類得以明朗化，有了這些基礎，才使得此書順利完成，在此一併答謝。

謝誌／張瑞宗

　　能夠成就一本好書，除了知識的累積與嘔心瀝血的創作外，更重要的莫過於共同支持這本圖鑑撰寫的幕後親朋好友。在一一的向各位好友致謝前，我想先對在圖鑑中所參與到的所有生物，不管是臺灣原生的物種或是已入侵的外來種致上我最深的歉意與謝意，這些物種有些在拍攝完照片後即被移除（已入侵外來物種），有些則是在拍攝後再被放回原棲地，但就是因為這些被採集到的生物才成就了這本百來頁的專書，當我們將這些天然的生物資源做蒐集與研究時，同時也應該懷抱感恩的心來感謝臺灣生物多樣性的恩賜。

　　能夠參與本書的撰寫，並不是上天所賜與的機會，而是創作本書的靈魂人物 ── 周銘泰大哥。周大哥所給予我的不僅僅只是個撰寫的機會，而是對我與廖竣在淡水蝦領域中的完全信任與對我們攝影創作的支持；此外，對於物種鑑別的分享、相關文獻之提供等資源，周大哥從不吝惜分享與指導。我對周銘泰大哥的感謝或許已無法用言語來表達，更重要的是將他對臺灣原生種魚類的熱愛與執著傳承下去。

　　廖竣是我大學的學弟，在本書臺灣原生淡水蝦篇章撰寫的過程中，

若沒有他的協助與共同創作，或許就無法達到今日的完整度。在臺灣原生淡水蝦領域鑽研的道路上，廖竣就像個亦師亦友的好友，讓我在研究臺灣原生淡水蝦領域的道路上並不孤單。或許在臺灣原生淡水蝦的領域還有許許多多的可能，但不變的是我與廖竣的好交情與對這領域的執著，亦感謝他包容我的任性與支持，將許多共同的夢想從不可能變可能。

　　本書的完成，除了作者群之協助，有更多的是在鑽研過程中的貴人。感謝於清華大學研讀碩士時的恩師 ——「曾晴賢教授」給予我參與實驗室的研究工作外，更容許我能自主深入研究外來入侵淡水生物相關議題，也因此釐清了許多過往對臺灣已入侵淡水魚類鑑種上的誤判，更發現了數種新興的已入侵淡水魚類，倘若無恩師的支持，或許就無法逐步揭開已入侵淡水魚類的層層面紗。感謝現在任職於臺灣海洋科技研究中心的劉名允助理研究員，他是引領我進入臺灣淡水蝦領域的學長，如果沒有他，或許也沒有成就本書的我；同任職於臺灣海洋科技研究中心的王豐寓助理研究員，是引領我進入生物攝影的學長，感謝有他讓我可以在生物拍攝技巧上精進不少。詹見平校長、賴擁憲老師與師母、林文斌老師、李秉光老師，感謝您們給予機會讓我可以在宜蘭的溪流中摸魚看蝦，並在調查過程中，擁憲老師與師母提供了最溫暖美麗的落腳處與飽足的美食，讓我們能夠放寬心地進行調查。除此之外，曾經與我多次到野外採集的黃文謙與王韋閔，有您們的陪伴，讓再疲累的採集也會增添趣味。現在仍持續指導與照顧我的林貴祥大哥與湯栢玲大嫂，數十年的溪流採捕經驗與霸氣的溪邊烹飪，是我在野外找尋物種時的最強後援，感謝您們讓我在研究的過程中像吃了大補丸般功力大增。感謝在工作上黃貞瑜與華子恩的協助與分工，讓出野外調查的工作可以減輕一些辛勞；得力助手學弟林威任與學妹陳若尹，不管在烈日高照、滂沱大雨或是寒風刺骨的天氣下，總是陪我完成一次又一次的野外調查工作。尚有許多前輩以及朋友，感謝有您們的相挺與支持，才成就了今日的我。

謝誌／廖竣

　　能夠參與本書的撰寫過程，實在是感到無比榮幸。首先，非常感謝的是本書第一版的作者周銘泰周大哥，假若沒有第一版的《臺灣淡水及河口魚圖鑑》的介紹，我對於物種的認知與辨識程度也無法更上一層樓；此外，當我對於一些辨識特徵有疑問的時候，周大哥也不厭其煩地逐一敘述與講解，直到問題解決才願意罷休，有些時候當我們聊到魚的習性時，一不小心聊 2 ～ 3 個小時，周大哥對於魚類的熱情可想而知。而這次出版爲 2011 年的《臺灣淡水及河口魚圖鑑》的延續，另外增加沼蝦與米蝦的基礎辨識與簡介，也再次感謝周大哥給予這個機會讓我能夠參與其中。

　　另外一位也是對於我大學及研究所階段意義非凡的貴人 —— 張瑞宗學長，於大學期間因緣際會下相互認識後，學長屢次帶著我們一群人上山下海，也費盡心力地引領我們進入何謂「研究」的領域，除了教導我們做研究該有的態度，鼓勵我們多參加各種生物相關的研討會，以拓寬我們的視野與想法，同時更引見許多前輩讓我們認識；能夠與周大哥接觸也是因爲學長的介紹下才有機會認識的。能夠參與這次的出版也是因學長的盛情邀約下才能有如此美好的機會，也再次感謝學長的提拔與照顧。

　　除了周大哥與張瑞宗學長外，也有許多老師、前輩與朋友的協助下才能琢磨出這部作品。主要感謝的老師朋友如下：清華大學的曾晴賢老師給予我多次參與貴實驗室的計畫，學習在淡水水域棲地中，不同的棲地環境與生物之間的相互關係。臺灣大學的蕭仁傑老師與魏志潾老師在我就讀研究所時期，授予我許多有關海洋生物及洄游性生物的遷徙條件等知識。詹見平校長不遺餘力地邀請我們一同參加調查與數次的水下拍攝。宜蘭頭城國小的賴擁憲老師與師母，在數次與賴老師、詹校長合作的調查過程中，賴老師提供許多資訊與幫助，讓我們能夠放寬心地進行調查。研究所同學黃文謙、呂翰駿、隨宗達、張宏安，於研究所期間我們三不五時半夜跑去宜蘭或是其他縣市採集，若沒有這群朋友我想我不會有這麼多有趣的體驗。國小同窗好友黃柏文與范智皓，兩位從小就相識的好友，也是陪同我多次前往各縣市遊蕩的好夥伴。尚有許多前輩以及朋友，非常感謝各位的相挺與支持，因爲你們才有我今日的表現。

國家圖書館出版品預行編目（CIP）資料

臺灣淡水及河口魚蝦圖鑑 -
The freshwater estuarine fish and shrimp of taiwan/
周銘泰等 -- 初版 . -- 臺中市：晨星，2020.09
　　面；　公分 . -- (台灣自然圖鑑；48)

ISBN 978-986-5529-26-0(平裝)

1. 魚 2. 蝦 3. 動物圖鑑 4. 臺灣
388.533025　　　　　　　　　　　109008377

台灣自然圖鑑 048

臺灣淡水及河口魚蝦圖鑑

作者	周銘泰、高瑞卿、張瑞宗、廖竣
審定	邵廣昭
主編	徐惠雅
執行主編	許裕苗
版型設計	許裕偉

創辦人	陳銘民
發行所	晨星出版有限公司
	臺中市 407 西屯區工業三十路 1 號
	TEL：04-23595820　FAX：04-23550581
	行政院新聞局局版臺業字第 2500 號
法律顧問	陳思成律師
初版	西元 2020 年 09 月 06 日
	西元 2022 年 08 月 15 日（三刷）

讀者專線	TEL：02-23672044 / 04-23595819#212
	FAX：02-23635741 / 04-23595493
	E-mail：service@morningstar.com.tw
網路書店	http://www.morningstar.com.tw
郵政劃撥	15060393（知己圖書股份有限公司）
印刷	上好印刷股份有限公司

定價 990 元
ISBN 978-986-5529-26-0

詳填晨星線上回函
50 元購書優惠券立即送
（限晨星網路書店使用）